深智數位

深智數位

序

在這個充滿機遇和挑戰的時代，軟體開發領域不斷發展和創新，特別是圖形界面開發方面，Python 的應用日益廣泛。在我自己的工作和學習中，深刻體會到了 PyQt 在軟體開發中的重要性，並且也發現 PyQt 的相關資源相對稀缺。

由於我是一個熱愛網頁前端技術、多媒體設計以及 Python 的網路作家（應該是吧），所以我決定寫下這本《一本精通 - PyQt5 & PyQt6 軟體介面開發》，希望能夠為大家提供一個全面且實用的學習資源，幫助大家更快地掌握 PyQt 的相關知識，進而開發出更加出色的應用程式。

在本書中，我主要從 PyQt 的基礎知識、介面與視窗元件、介面佈局方法、行為與事件、樣式、影像和繪圖等方面進行了全面深入的介紹和講解。每一個章節都包含了 PyQt5 和 PyQt6 版本的程式碼示例，並且分別使用一般寫法和 class 寫法，讓讀者可以更好地理解和掌握。

在撰寫這本書籍的過程中，我不斷反思和檢討自己的寫作風格和思路，希望能夠通過簡潔明瞭的文字、大量豐富的範例程式碼，幫助讀者更好地理解和學習 PyQt 的相關知識，感謝所有在我寫作過程中給予支持和鼓勵的人，包括我的家人、朋友和出版社，希望這本書籍能夠為大家的學習和工作帶來幫助，並且透過 PyQt 開發出更加出色的應用程式，為我們的世界做出更大的貢獻！

目 錄

• • • • • • • ● ●   ● ● • • • • • •

A　附錄

第 1 章

認識 PyQt

前　言

PyQt 是 Python 的一個第三方函式庫,是 Python 用來設計使用者介面
(GUI) 的函式庫,而 PyQt5 和 PyQt6 則是目前市面上最常見的版本,
如果要設計比較美觀,或程式碼比較容易理解的介面,往往會使用
PyQt5 或 PyQt6 來取代 Python 內建的 Tkinter,這個章節會介紹如何安
裝 PyQt5 或 PyQt6 函式庫、兩者的差異以及相關功能的基本介紹。

❖　本章節的範例程式碼:

　　https://github.com/oxxostudio/book-code/tree/master/pyqt/ch01

1-1 什麼是 PyQt？

　　Qt 本身是 C++ 的函式庫，而 PyQt 則是 Qt 的分支，主要是使用 Python 搭配 Qt 進行介面的設計開發，PyQt 除了能利用 Python 語法，也保留了 Qt 的強大功能，大多數使用 Python 所開發出來的功能，都可以搭配 PyQt 來做應用。

　　PyQt5 和 PyQt6 是兩種 PyQt 的版本，它們提供了在 Python 中編輯 GUI 程式的功能。PyQt5 是目前最穩定的版本，而 PyQt6 則是最新版。在這篇文章中，我將會介紹 PyQT5 和 PyQt6 的一些特點和應用。

1-2 PyQt 的特色

　　PyQt5 和 PyQt6 都具有以下的特色：

- 跨平台

  PyQt5 和 PyQt6 可以在不同的平台上運行，包括 Windows、Mac OS、Linux…等

- 可以使用 Qt Designer 設計 GUI

  Qt Designer 是一個圖形化的工具，可以幫助開發人員設計 GUI。PyQt5 和 PyQt6 可以使用 Qt Designer 設計 GUI，這使得 GUI 開發變得更加容易。

- 提供豐富的控制元件

  PyQt5 和 PyQt6 提供了豐富的控制元件，包括按鈕、文本框、下拉列表、樹狀列表、進度條 … 等。

1-3 安裝 PyQt5 或 PyQt6 函式庫

因為 Google Colab 不支援 GUI 介面編輯，所以學習 PyQt 必須使用 Anaconda Jupyter 或 Python 虛擬環境，進入 Jupyter 或虛擬環境後，輸入下列指令，就能安裝函式庫 (如果是 Jupyter，要使用 !pip)。

參考：

- 使用 Anaconda：https://steam.oxxostudio.tw/category/python/info/anaconda.html
- 使用 Python 虛擬環境：https://steam.oxxostudio.tw/category/python/info/virtualenv.html

PyQt5 安裝指令：

```
pip install PyQt5
```

PyQt6 安裝指令：

```
pip install PyQt6
```

1-4 PyQt5 和 PyQt6 的初體驗

函式庫安裝完成後，執行下方程式碼，就會出現一個 300x200 的視窗，在視窗左上角會有一個 hello world 的文字。

這個範例 PyQt5 和 PyQt6 沒有太大差異，只有在 import 時載入不同函式庫，以及 PyQt5 使用 exec_() 而 PyQt6 使用 exec() 有所不同而已。

PyQt5 版本：

```
from PyQt5 import QtWidgets
import sys

app = QtWidgets.QApplication(sys.argv)

Form = QtWidgets.QWidget()              # 建立視窗元件
Form.setWindowTitle('oxxo.studio')      # 設定視窗標題
Form.resize(300, 200)                   # 設定視窗尺寸

label = QtWidgets.QLabel(Form)          # 在 Form 裡加入標籤
label.setText('hello world')            # 設定標籤文字

Form.show()                             # 顯示視窗
sys.exit(app.exec_())
```

❖ 範例程式碼：ch01/code01.py

PyQt6 版本：

```
from PyQt6 import QtWidgets
import sys

app = QtWidgets.QApplication(sys.argv)

Form = QtWidgets.QWidget()              # 建立視窗元件
Form.setWindowTitle('oxxo.studio')      # 設定視窗標題
Form.resize(300, 200)                   # 設定視窗尺寸

label = QtWidgets.QLabel(Form)          # 在 Form 裡加入標籤
label.setText('hello world')            # 設定標籤文字

Form.show()                             # 顯示視窗
sys.exit(app.exec())
```

❖ 範例程式碼：ch01/code02.py

1-5 使用 class 寫法

　　除了平鋪直述的「一般寫法」，對於比較複雜的介面設計，或是透過
QtDesigner 產生的 Python 程式碼，採用 class 的寫法會較容易管理和維護，
因此前一段的程式碼也可以採用 class 的寫法（在這個步驟看不懂沒有關
係，後面的章節會依序介紹）：

PyQt5 版本：

```python
from PyQt5 import QtWidgets
import sys

class MyWidget(QtWidgets.QWidget):
    def __init__(self):
        super().__init__()
        self.setWindowTitle('oxxo.studio')   # 設定視窗標題
        self.resize(300, 200)                 # 設定視窗尺寸
        self.setUpdatesEnabled(True)
        self.ui()                             # 執行 ui() 方法

    def ui(self):
        self.label = QtWidgets.QLabel(self)   # 在 Form 裡加入標籤
        self.label.setText('hello world')     # 設定標籤文字

if __name__ == '__main__':
    app = QtWidgets.QApplication(sys.argv)
    Form = MyWidget()                         # 建立視窗元件
```

```
      Form.show()                          # 顯示視窗
      sys.exit(app.exec_())
```

✤ 範例程式碼：ch01/code03.py

PyQt6 版本：

```
from PyQt6 import QtWidgets
import sys

class MyWidget(QtWidgets.QWidget):
    def __init__(self):
        super().__init__()
        self.setWindowTitle('oxxo.studio')   # 設定視窗標題
        self.resize(300, 200)                # 設定視窗尺寸
        self.setUpdatesEnabled(True)
        self.ui()                            # 執行 ui() 方法

    def ui(self):
        self.label = QtWidgets.QLabel(self) # 在 Form 裡加入標籤
        self.label.setText('hello world')    # 設定標籤文字

if __name__ == '__main__':
    app = QtWidgets.QApplication(sys.argv)
    Form = MyWidget()                        # 建立視窗元件
    Form.show()                              # 顯示視窗
    sys.exit(app.exec())
```

✤ 範例程式碼：ch01/code04.py

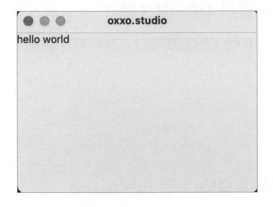

1-6 PyQt5 和 PyQt6 的差異

雖然 PyQt6 和 PyQt5 的寫法大同小異，但因為 PyQt6 是 PyQt5 的下一個版本，仍然會有一些細節上的不同，下方列出 PyQt6 和 PyQt5 的差異：

🔗 適用版本的不同

PyQt5 適用於 Python 2.7 和 Python 3，而 PyQt6 則只適用於 Python 3.6 以上版本。因此，如果專案需要支援 Python 2.7，只能使用 PyQt5。

🔗 PyQt6 將 .exec_() 改為 .exec()

在 Python 2.7 中，exec 是一個保留字，使用者不可將這個字作為變數、函數或方法的名稱的字，在 PyQt 的早期版本中，該方法被重命名為 .exec_()，並在後面加上底線避免命名衝突。然而在 Python 3.0 之後的版本刪除了 exec 關鍵字，也由於 PyQt6 只支援 Python 3.6 以上版本，所以就將 .exec_() 改為 .exec()。

> PyQt5 支援 .exec_() 和 .exec() 寫法，但 PyQt6 只支援 .exec() 寫法。

🔗 PyQt6 不需要高 DPI 縮放屬性

因為高 DPI 是 PyQt6 的預設設定，因此不需要再使用下列高 DPI 縮放屬性的設定。

```
Qt.AA_EnableHighDpiScaling
Qt.AA_DisableHighDpiScaling
Qt.AA_UseHighDpiPixmaps
```

🔗 PyQt6 不支援 Qt's resource

PyQt6 已經不再支援 Qt 資源框架（Qt's resource），如果要將程式碼和資源打包成應用程式，可以使用 PyInstaller 進行打包作業。

🔗 PyQt6 棄用特定平台

PyQt6 棄用了 QtWin 和 QtMac 模組中支援特定平台的方法，轉而使用本機調用。

QtWin：

```
try:
    # Include in try/except block if you're also targeting Mac/Linux
    from PyQt5.QtWinExtras import QtWin
    myappid = 'com.learnpyqt.examples.helloworld'
    QtWin.setCurrentProcessExplicitAppUserModelID(myappid)
except ImportError:
    pass
```

Native：

```
try:
    # Include in try/except block if you're also targeting Mac/Linux
    from ctypes import windll  # Only exists on Windows.
    myappid = 'mycompany.myproduct.subproduct.version'
    windll.shell32.SetCurrentProcessExplicitAppUserModelID(myappid)
except ImportError:
    pass
```

🔗 方法的位置或名稱改變

PyQt6 針對各個種類的 Enums 位置進行重大的改變。所有的 Enums 被歸類到標準 Python 的 Enum 類裡作為子類別，並需要全名才能使用，下方列出 PyQt5 和 PyQt6 主要的方法與名稱差異：

函式庫安裝

PyQt5	PyQt6
pip install PyQtWebEngine	pip install PyQt6-WebEngine

數值調整滑桿

PyQt5	PyQt6
QtWidgets.QLineEdit.Password	QtWidgets.QLineEdit.EchoMode.Password
setOrientation(1)	setOrientation(QtCore.Qt.Orientation.Horizontal)
setOrientation(2)	setOrientation(QtCore.Qt.Orientation.Vertical)
QSlider.TicksAbove	QSlider.TickPosition.TicksAbove
QSlider.TicksBelow	QSlider.TickPosition.TicksBelow
QSlider.TicksBothSides	QSlider.TickPosition.TicksBothSides
QSlider.TicksLeft	QSlider.TickPosition.TicksLeft
QSlider.TicksRight	QSlider.TickPosition.TicksRight

訊息檔案對話視窗

PyQt5	PyQt6
QMessageBox.Information	QMessageBox.Icon.Information
QMessageBox.Warning	QMessageBox.Icon.Warning
QMessageBox.Critical	QMessageBox.Icon.Critical
QMessageBox.Question	QMessageBox.Icon.Question
QMessageBox.Question	QMessageBox.Icon.Question
QMessageBox.Ok	QMessageBox.StandardButton.Ok
QMessageBox.Open	QMessageBox.StandardButton.Open
QMessageBox.Save	QMessageBox.StandardButton.Save
QMessageBox.Cancel	QMessageBox.StandardButton.Cancel
QMessageBox.Close	QMessageBox.StandardButton.Close
QMessageBox.Discard	QMessageBox.StandardButton.Discard
QMessageBox.Apply	QMessageBox.StandardButton.Apply

畫筆和顏色

PyQt5	PyQt6
QtWidgets.QAction	QtGui.QAction
QFont.StyleItalic	QFont.Style.StyleItalic
Qt.DotLine	Qt.PenStyle.DotLine
Qt.FlatCap	Qt.PenCapStyle.FlatCap
Qt.MiterJoin	Qt.PenJoinStyle.MiterJoin
QImage.Format_RGB888	QImage.Format.Format_RGB888

對齊相關

PyQt5	PyQt6
QtCore.Qt.AlignLeft	QtCore.Qt.AlignmentFlag.AlignLeft
QtCore.Qt.AlignCenter	QtCore.Qt.AlignmentFlag.AlignCenter
QtCore.Qt.AlignRight	QtCore.Qt.AlignmentFlag.AlignRight
QtCore.Qt.AlignTop	QtCore.Qt.AlignmentFlag.AlignTop
QtCore.Qt.AlignBottom	QtCore.Qt.AlignmentFlag.AlignBottom
QtWidgets.QListView.TopToBottom	QtWidgets.QListView.Flow.TopToBottom
QtWidgets.QListView.LeftToRight	QtWidgets.QListView.Flow.LeftToRight

Layout 佈局

PyQt5	PyQt6
QtCore.Qt.AlignRight	QtCore.Qt.AlignmentFlag.AlignRight
QtCore.Qt.AlignVCenter	QtCore.Qt.AlignmentFlag.AlignVCenter
QtCore.Qt.AlignHCenter	QtCore.Qt.AlignmentFlag.AlignHCenter
QtWidgets.QFormLayout.DontWrapRows	QtWidgets.QFormLayout.RowWrapPolicy.DontWrapRows

QtWidgets.QFormLayout.WrapLongRows	QtWidgets.QFormLayout.RowWrapPolicy.WrapLongRows
QtWidgets.QFormLayout.WrapAllRows	QtWidgets.QFormLayout.RowWrapPolicy.WrapAllRows

滑鼠、鍵盤與視窗

PyQt5	PyQt6
QMouseEvent.x()	QEnterEvent.position(event).x()
QMouseEvent.y()	QEnterEvent.position(event).y()
QMouseEvent.globalX()	QEnterEvent.globalPosition(event).x()
QMouseEvent.globalY()	QEnterEvent.globalPosition(event).y()
QMouseEvent.button()	QEnterEvent.button(event)
QMouseEvent.timestamp()	QEnterEvent.timestamp(event)
QtWidgets.QShortcut	QtGui.QShortcut
Qt.Checked	Qt.CheckState.Checked
QtWidgets.width()	QtWidgets.QApplication.screens()[0].size().width()
QtWidgets.height()	QtWidgets.QApplication.screens()[0].size().height()

🔗 其他細節差異

● QDesktopWidget 已經被移除，使用 QScreen 代替 (可以使用 QWidget.
screen()，QGuiApplication.primaryScreen()，或 QGuiApplication.screens())。

● QFontMetrics 的 .width() 已重命名為 horizontaladvance()。

● Qt.MidButton 已重命名為 Qt.MiddleButton。

● QRegExp 改為 QRegularExpression。

● 推薦使用 QOpenGLVersionFunctionsFactory() 的 .get() 而不是
QOpenGLContext() 的。

● QWidget.mapToGlobal() 和 QWidget.mapFromGlobal() 返 回 一 個 QPoinF 對象。

小結

　　PyQt5 和 PyQt6 都是非常強大的 GUI 開發框架，它們提供了豐富的功能和工具，可以幫助開發人員快速開發出漂亮且功能強大的應用程式。如果開發者需要一個優秀的 GUI 開發框架，那麼 PyQt5 或 PyQt6 會是一個非常棒的解決方案。

第 2 章

使用 Qt Designer

Qt Designer 是 Qt 框架的一部分，是一款跨平台介面開發工具，旨在簡化用戶界面的設計過程，可以在 Windows、Linux 及 Mac OS 等作業系統運行，這個章節會介紹如何安裝以及使用 Qt Designer。

2-1 認識 Qt Designer

Qt Designer 是一款流行的 GUI 設計工具，它是 Qt 框架的一部分，旨在簡化用戶介面的設計過程。使用者可以使用 Qt Designer 來創建美觀且易於使用的操作介面。

Qt Designer 的操作介面包括工具箱、屬性編輯器和設計區域。工具箱包含各種可用於創建 GUI 的元件，例如按鈕、文字框和標籤 ... 等。屬性編輯器則可以編輯每個元件的屬性，例如顏色、字體和大小 ... 等。設計區域則用於放置和排列這些元件。

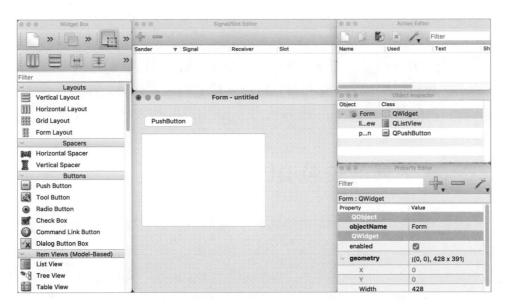

除了基本的元件，Qt Designer 也支援自定義元件和對話框。使用者可以使用 Python 程式語言編寫元件和對話框，並將它們新增到 Qt Designer 的工具箱中，方便以後使用。如此一來就可以更方便地重複使用和共享自己的代碼，提高了代碼的可重用性和可維護性。

Qt Designer 還支援拖拉元件的功能，使用者可以輕鬆地將元件拖放到設計區域中，並改變大小或移動到所需的位置。這種直覺的設計介面讓即使沒有 GUI 程式編輯經驗的人，也能輕鬆地設計出美觀且功能齊全的操作介面。

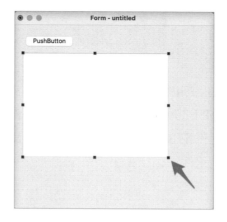

此外，Qt Designer 還支援導出使用者介面到 XML 檔案或 Python 程式碼中，不僅可以輕鬆地保存和共享自己的程式碼，更能將設計的介面直接嵌入到自己的應用程式裡。

2-2 下載並安裝 Qt Designer

前往 Qt Designer 下載頁面，挑選作業系統對應的軟體下載安裝。

下載頁面：https://build-system.fman.io/qt-designer-download

2-3　Qt Designer 操作介面說明

安裝 Qt Designer 後就可以開啟 Qt Designer，開啟後先選擇 Widget 作為主畫面的基底元件，打開完全空白的視窗頁面。

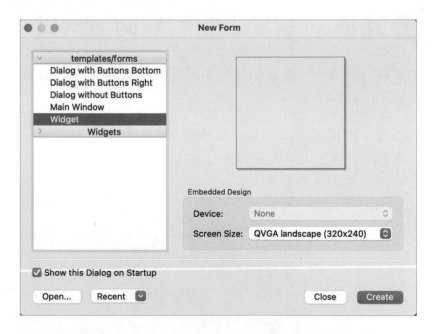

開啟後的 Qt Designer 會出現許多設定面板，中間 Form 為主要的視窗界面，從左側將元件或版型 (Layout、Spacers、Buttons 或 Widgets... 等)，透過「滑鼠拖拉」的方式放到視窗裡，然後就可以透過 Property Editor 面板設定元件的屬性。

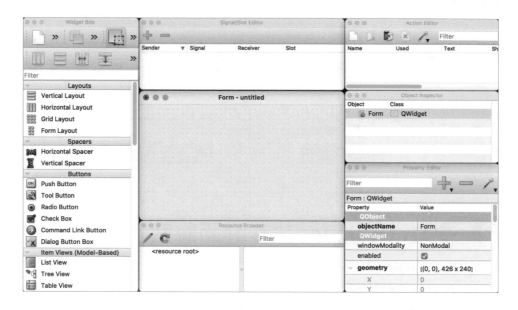

2-4 產生 .ui 檔案並轉換為 .py 程式碼

從左側的元件面板，拖拉一些元件到視窗裡，範例中放入一個 Label 和一個 PushButton。

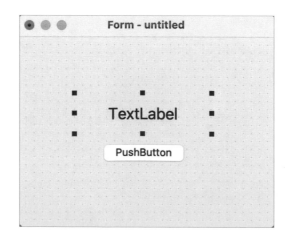

完成後，就可以將其儲存為 .ui 檔案。

回到輸入指令的畫面，輸入下列指令，就能將 .ui 檔案轉換為 .py 的程式碼檔案。

```
pyuic5 -x qt_test.ui -o qt_test.py
```

接著使用編輯器 (Anaconda 或 VSCodc... 等)，開啟轉換後的 .py 檔案，就能看到如下方的程式碼，執行後就可以看見 Python 搭配 PyQt5 做出來的程式介面 (下方的程式碼為轉換後自動產生)。

```python
from PyQt5 import QtCore, QtGui, QtWidgets

class Ui_Form(object):
    def setupUi(self, Form):
        Form.setObjectName("Form")
        Form.resize(320, 240)
        self.pushButton = QtWidgets.QPushButton(Form)
        self.pushButton.setGeometry(QtCore.QRect(100, 130, 113, 32))
        self.pushButton.setObjectName("pushButton")
        self.label = QtWidgets.QLabel(Form)
        self.label.setGeometry(QtCore.QRect(70, 70, 171, 51))
        font = QtGui.QFont()
        font.setPointSize(20)
        self.label.setFont(font)
        self.label.setAlignment(QtCore.Qt.AlignCenter)
        self.label.setObjectName("label")
```

```
        self.retranslateUi(Form)
        QtCore.QMetaObject.connectSlotsByName(Form)

    def retranslateUi(self, Form):
        _translate = QtCore.QCoreApplication.translate
        Form.setWindowTitle(_translate("Form", "Form"))
        self.pushButton.setText(_translate("Form", "PushButton"))
        self.label.setText(_translate("Form", "TextLabel"))

if __name__ == "__main__":
    import sys
    app = QtWidgets.QApplication(sys.argv)
    Form = QtWidgets.QWidget()
    ui = Ui_Form()
    ui.setupUi(Form)
    Form.show()
    sys.exit(app.exec_())
```

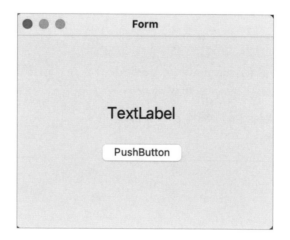

小結

　　對於不想花太多時間和精力來學習透過程式撰寫 GUI 的使用者來說，Qt Designer 絕對是一個值得考慮的選擇。即使對於有經驗的 GUI 開發者而言，Qt Designer 也可以大大簡化開發過程，並提高程式碼的重複可用性和可維護性。

　　最後，Qt Designer 與 PyQt 框架緊密相關，需要安裝 PyQt 並且掌握一些基礎的 Python 程式語法，一旦熟悉了這些基礎，使用 Qt Designer 就會變得非常容易，並且可以幫助使用者大幅縮短開發週期和提高開發效率。

第 3 章

建立應用程式視窗

前言

QWidget 和 QDialog 是 PyQt 中非常重要的兩個類別,它們提供了建立和設計 GUI 應用程式所需的所有基本功能,QWidget 是所有 PyQt 元件的基礎類別,表示了一個獨立的視窗,通常用於構建應用程式的主畫面,QDialog 則是一個特殊的 QWidget,它用於創建對話框,這個章節會介紹 QWidget 和 QDialog。

❖ 本章節的範例程式碼:

https://github.com/oxxostudio/book-code/tree/master/pyqt/ch03

本章節所有的範例裡,使用 PyQt5 和 PyQt6 並沒有什麼差異,只需要將 PyQt6 換成 PyQt5,就能改用 PyQt5。

3-1 建立 QWidget 視窗

　　QWidget 是 PyQt 中最基本的 GUI 元件，是所有其他元件的基礎，也是所有窗口類的基礎類型。在 QWidget 中，可以添加其他的子元件，例如 QLabel、QPushButton、QLineEdit…等等，也可以設定背景、大小等屬性。

　　以下列出三個使用 QWidget 所建立的基礎視窗範例：

使用 QLabel 顯示文字

　　建立 PyQt QWidget 視窗物件後，透過 QtWidgets.QLabel(widget) 方法，就能在指定的元件中建立標籤，下方的程式碼執行後，會加入一個 QLabel 標籤，並使用 setText() 方法加入文字。

```
from PyQt6 import QtWidgets    # 將 PyQt6 換成 PyQt5 就能改用 PyQt5
import sys

app = QtWidgets.QApplication(sys.argv)        # 建立應用程式

Form = QtWidgets.QWidget()                    # 建立視窗物件
Form.setWindowTitle('oxxo.studio')
Form.resize(320, 240)                         # 設定視窗大小

label = QtWidgets.QLabel(Form)                # 在 Form 裡加入標籤
label.setText('hello world')                  # 設定標籤文字

Form.show()                                   # 顯示視窗
sys.exit(app.exec())
```

✦ 範例程式碼：ch03/code01.py

使用 class 寫法：

```
from PyQt6 import QtWidgets    # 將 PyQt6 換成 PyQt5 就能改用 PyQt5
import sys

class MyWidget(QtWidgets.QWidget):
    def __init__(self):
        super().__init__()
        self.setWindowTitle('oxxo.studio')
```

```
        self.resize(320, 240)               # 設定視窗大小
        self.ui()                            # 放入 UI

    def ui(self):
        self.label = QtWidgets.QLabel(self)  # 在 Form 裡加入標籤
        self.label.setText('hello world')    # 設定標籤文字

if __name__ == '__main__':
    app = QtWidgets.QApplication(sys.argv)    # 建立應用程式
    Form = MyWidget()                         # 建立視窗
    Form.show()                               # 顯示視窗
    sys.exit(app.exec())
```

✦ 範例程式碼：ch03/code01_class.py

使用 QPushButton 製作按鈕

建立 PyQt QWidget 視窗物件後，透過 QtWidgets.QPushButton(widget) 方法，就能在指定的元件中建立按鈕，下方的程式碼執行後，會加入一個 QPushButton 按鈕 ，並使用 setText() 方法加入文字。

```
from PyQt6 import QtWidgets   # 將 PyQt6 換成 PyQt5 就能改用 PyQt5
import sys

app = QtWidgets.QApplication(sys.argv)          # 建立應用程式

Form = QtWidgets.QWidget()                       # 建立視窗物件
Form.setWindowTitle('oxxo.studio')               # 視窗標題
Form.resize(320, 240)                            # 視窗大小
```

```
btn = QtWidgets.QPushButton(Form)              # 在 Form 中加入一個 QPushButton
btn.setText(' 我是按鈕 ')                        # 按鈕文字

Form.show()                                     # 顯示視窗
sys.exit(app.exec())
```

❖ 範例程式碼：ch03/code02.py

使用 class 寫法：

```
from PyQt6 import QtWidgets    # 將 PyQt6 換成 PyQt5 就能改用 PyQt5
import sys

class MyWidget(QtWidgets.QWidget):
    def __init__(self):
        super().__init__()
        self.setWindowTitle('oxxo.studio')          # 視窗標題
        self.resize(320, 240)                       # 視窗大小
        self.ui()

    def ui(self):
        self.btn = QtWidgets.QPushButton(self)      # 在 Form 中加入一個
QPushButton
        self.btn.setText(' 我是按鈕 ')               # 按鈕文字

if __name__ == '__main__':
    app = QtWidgets.QApplication(sys.argv)          # 建立應用程式
    Form = MyWidget()                               # 建立視窗物件
    Form.show()                                     # 顯示視窗
    sys.exit(app.exec())
```

❖ 範例程式碼：ch03/code02_class.py

使用 QTimeEdit 調整時間

建立 PyQt QWidget 視窗物件後，透過 QtWidgets.QTimeEdit(widget) 方法，就能在指定的元件中建立時間調整元件。

```python
from PyQt6 import QtWidgets    # 將 PyQt6 換成 PyQt5 就能改用 PyQt5
import sys
app = QtWidgets.QApplication(sys.argv)  # 建立應用程式

Form = QtWidgets.QWidget()               # 建立視窗元件
Form.setWindowTitle('oxxo.studio')       # 視窗標題
Form.resize(300, 200)                    # 視窗大小

timeedit = QtWidgets.QTimeEdit(Form)     # 加入時間調整元件
timeedit.setGeometry(20,20,100,30)       # 設定位置

Form.show()                              # 顯示視窗
sys.exit(app.exec())
```

✤ 範例程式碼：ch03/code03.py

使用 class 寫法：

```python
from PyQt6 import QtWidgets    # 將 PyQt6 換成 PyQt5 就能改用 PyQt5
import sys

class MyWidget(QtWidgets.QWidget):
    def __init__(self):
        super().__init__()
        self.setWindowTitle('oxxo.studio')          # 視窗標題
        self.resize(300, 200)                        # 視窗大小
        self.ui()

    def ui(self):
        self.timeedit = QtWidgets.QTimeEdit(self)    # 加入時間調整元件
        self.timeedit.setGeometry(20,20,100,30)      # 設定位置

if __name__ == '__main__':
    app = QtWidgets.QApplication(sys.argv)           # 建立應用程式
    Form = MyWidget()                                # 建立視窗元件
    Form.show()                                      # 顯示視窗
    sys.exit(app.exec())
```

✤ 範例程式碼：ch03/code03_class.py

建立 **QDialog** 視窗

　　QDialog 是一個特殊的 QWidget，使用後會建立一個 modal 對話框。modal 對話框是一個具有較高優先級別的視窗，如果使用者想要操作對話框以外的應用程式，必須先與對該對話框進行互動，因此通常會運用在取得使用者輸入的內容，或優先向使用者顯示重要信息。QDialog 類提供了許多有用的方法，例如 setModal()，以將對話框設置為 modal。此外，QDialog 還可以用於創建標準對話框，如文件選擇器、字體選擇器和顏色選擇器等。

　　以下列出三個使用 QDialog 所建立的基礎視窗範例：

🔗 使用 QLabel 顯示文字

　　建立 PyQt QDialog 視窗物件後，透過 QLabel(dialog) 方法，就能在指定的元件中建立標籤，下方的程式碼執行後，會加入一個 QLabel 標籤，setModal(True) 如果設定為 True，則需要觸發對話框互動事件後，才能開始使用父視窗。

```
from PyQt6.QtWidgets import QApplication, QDialog, QLabel
# 將 PyQt6 換成 PyQt5 就能改用 PyQt5
import sys
app = QApplication(sys.argv)              # 建立應用程式
dialog = QDialog()                        # 建立 QDialog 視窗元件

label = QLabel('Hello, world!', dialog)   # 文字元件
```

```
dialog.setWindowTitle('oxxo.studio QDialog') # 視窗標題
dialog.setModal(True)            # 設置 modal 對話框,對話框關閉後才能使用父窗口
dialog.resize(300,200)           # 視窗尺寸
dialog.show()                    # 顯示視窗

sys.exit(app.exec())
```

❖ 範例程式碼:ch03/code04.py

使用 class 寫法:

```
from PyQt6.QtWidgets import QApplication, QDialog, QLabel
# 將 PyQt6 換成 PyQt5 就能改用 PyQt5
import sys

class Example(QDialog):
    def __init__(self):
        super().__init__()
        self.initUI()

    def initUI(self):
        self.label = QLabel('Hello, world!', self)   # 文字元件

        self.setWindowTitle('oxxo.studio QDialog') # 視窗標題
        self.setModal(True)      # 設置 modal 對話框,對話框關閉後才能使用父窗口
        self.resize(300,200)     # 視窗尺寸
        self.show()              # 顯示視窗

if __name__ == '__main__':
    app = QApplication(sys.argv)  # 建立應用程式
    ex = Example()                # 建立 QDialog 視窗元件
    sys.exit(app.exec())
```

❖ 範例程式碼:ch03/code04_class.py

使用 **QColorDialog** 建立顏色對話框

建立 PyQt QDialog 視窗物件後，使用 QLabel 和 QPushButton 加入文字與按鈕，並建立一個名為 showColorDialog 的函式處理按鈕的點擊事件，這個函式會打開顏色對話框，取得所選顏色，如果選擇的顏色有效，就將所選顏色名稱顯示在控制台。

```python
from PyQt6.QtWidgets import QApplication, QDialog, QLabel, QPushButton,
QColorDialog   # 將 PyQt6 換成 PyQt5 就能改用 PyQt5
import sys

app = QApplication(sys.argv)
dialog = QDialog()
dialog.setWindowTitle('oxxo.studio QDialog')
dialog.resize(300, 200)

label = QLabel(' 挑選喜歡的顏色 ', dialog)  # 顯示文字
label.move(20, 20)
button = QPushButton(' 選擇顏色 ', dialog) # 按鈕
button.move(20, 60)

def showColorDialog():
    color = QColorDialog.getColor() # 打開顏色對話框，獲取所選顏色
    if color.isValid():                # 如果選擇的顏色有效
        print('Selected color:', color.name())  # 將所選顏色名稱顯示在控制台

button.clicked.connect(showColorDialog) # 連接按鈕的點擊事件

dialog.show()
sys.exit(app.exec())
```

❖ 範例程式碼：ch03/code05.py

使用 class 寫法：

```python
from PyQt6.QtWidgets import QApplication, QDialog, QLabel, QPushButton,
QColorDialog    # 將 PyQt6 換成 PyQt5 就能改用 PyQt5
import sys

class Example(QDialog):
    def __init__(self):
        super().__init__()
```

```
        self.initUI()

    def initUI(self):
        label = QLabel(' 挑選喜歡的顏色 ', self)    # 顯示文字
        label.move(20,20)
        button = QPushButton(' 選擇顏色 ', self)  # 按鈕
        button.move(20,60)
        button.clicked.connect(self.showColorDialog)  # 連接按鈕的點擊事件
        # 設置窗口屬性
        self.setWindowTitle('oxxo.studio QDialog')
        self.resize(300,200)
        self.show()

    def showColorDialog(self):
        color = QColorDialog.getColor()  # 打開顏色對話框，獲取所選顏色
        if color.isValid():                        # 如果選擇的顏色有效
            print('Selected color:', color.name())
                                        # 將所選顏色名稱顯示在控制台

if __name__ == '__main__':
    app = QApplication(sys.argv)
    ex = Example()
    sys.exit(app.exec())
```

❖ 範例程式碼：ch03/code05_class.py

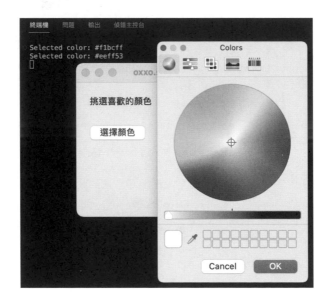

使用 QFileDialog 建立文件對話框

建立 PyQt QDialog 視窗物件後，使用 QLabel 和 QPushButton 加入文字與按鈕，並建立一個名為 showFileDialog 的函式處理按鈕的點擊事件，這個函式會打開檔案選擇對話框，取得所選的檔案名稱與路徑，如果選擇的檔案有效，就將所選檔案名稱和路徑顯示在控制台。

```python
from PyQt6.QtWidgets import QApplication, QDialog, QLabel, QPushButton,
QFileDialog  # 將 PyQt6 換成 PyQt5 就能改用 PyQt5
import sys

app = QApplication(sys.argv)
dialog = QDialog()
dialog.setWindowTitle('oxxo.studio QDialog')
dialog.resize(300,200)
label = QLabel('選擇你喜歡的檔案', dialog)
label.move(20,20)
button = QPushButton('選擇檔案', dialog)
button.move(20,50)

def showFileDialog():
    filename, _ = QFileDialog.getOpenFileName(dialog, 'Open File')
    # 打開文件對話框，獲取所選文件名和文件類型過濾器
    if filename: # 如果選擇了文件
        print('Selected file:', filename) # 將所選文件名顯示在控制台

button.clicked.connect(showFileDialog) # 按鈕的點擊事件

dialog.show()
sys.exit(app.exec())
```

✦ 範例程式碼：ch03/code06.py

使用 class 寫法：

```python
from PyQt6.QtWidgets import QApplication, QDialog, QLabel, QPushButton,
QFileDialog  # 將 PyQt6 換成 PyQt5 就能改用 PyQt5
import sys

class Example(QDialog):
    def __init__(self):
        super().__init__()
```

```
        self.initUI()

    def initUI(self):
        # 創建控件
        label = QLabel(' 選擇你喜歡的檔案 ', self)
        label.move(20,20)
        button = QPushButton(' 選擇檔案 ', self)
        button.move(20,50)
        button.clicked.connect(self.showFileDialog) # 按鈕的點擊事件
        self.setWindowTitle('oxxo.studio QDialog')
        self.resize(300,200)
        self.show()

    def showFileDialog(self):
        filename, _ = QFileDialog.getOpenFileName(self, 'Open File')
# 打開文件對話框，獲取所選文件名和文件類型過濾器
        if filename: # 如果選擇了文件
            print('Selected file:', filename) # 將所選文件名顯示在控制台

if __name__ == '__main__':
    app = QApplication(sys.argv)
    ex = Example()
    sys.exit(app.exec())
```

❖ 範例程式碼：ch03/code06_class.py

3-3 QWidget 視窗和 QDialog 視窗的差異

QWidget 和 QDialog 之間的主要區別在於 QWidget 是所有 PyQt 介面元件的基礎，是一個獨立的視窗，通常用於建立應用程式的主視窗。QWidget 類提供了許多方法和屬性，可用於自定義視窗的外觀和行為。例如，開發人員可以使用 QWidget 來添加各種元素，如標籤、按鈕、輸入框等。此外，QWidget 還可以用於設置視窗的背景、樣式和佈局。

QDialog 則是一個特殊的 QWidget，主要在建立 modal 對話框，通常用於顯示警告對話框、文件對話框等等需要和使用者互動的操作，QDialog 可以通過回傳值來傳遞使用者所輸入的結果，而 QWidget 則不具備這個功能。此外，QDialog 也可以通過繼承 QDialog 來創建自定義的對話框。

小結

QWidget 和 QDialog 是 PyQt 中非常重要的兩個類別，它們提供了建立和設計應用程式介面所需的所有基本功能。開發人員可以使用這些類別來設計自己的自定義窗口和對話框，並通過添加各種元素和屬性來實現不同的功能。

第 **4** 章

介面元件
（顯示與按鈕）

前 言

在這個章節中，將介紹 PyQt5 和 PyQt6 最常使用的幾個元件：QLabel（顯示文字或圖片）、QPushButton（按鈕）、QRadioButton（單選按鈕）、QCheckBox（多選按鈕）和 QGraphicsView（顯示圖片）。

❖ 本章節的範例程式碼：

https://github.com/oxxostudio/book-code/tree/master/pyqt/ch04

本章節所有的範例裡，使用 PyQt5 和 PyQt6 並沒有什麼差異，只需要將 PyQt6 換成 PyQt5，就能改用 PyQt5。

4-1　QLabel 標籤

　　QLabel 是 PyQt 裡用來建立文字或圖片的標籤元件，這個小節會介紹如何在 PyQt5 和 PyQt6 的視窗裡加入 QLabel 標籤，並進行像是文字字型、大小、顏色和位置 ... 等參數設定。

加入 QLabel 標籤

　　建立 PyQt 的 QWidget 視窗物件後，透過 QtWidgets.QLabel(widget) 方法，就能在指定的元件中建立標籤，下方的程式碼執行後，會加入一個 QLabel 標籤，並使用 setText() 方法加入文字。

```
from PyQt6 import QtWidgets    # 將 PyQt6 換成 PyQt5 就能改用 PyQt5
import sys

app = QtWidgets.QApplication(sys.argv)

Form = QtWidgets.QWidget()
Form.setWindowTitle('oxxo.studio')
Form.resize(320, 240)

label = QtWidgets.QLabel(Form)    # 在 Form 裡加入標籤
label.setText('hello world')      # 設定標籤文字

Form.show()
sys.exit(app.exec())
```

❖ 範例程式碼：ch04/code01.py

使用 class 寫法：

```
from PyQt6 import QtWidgets    # 將 PyQt6 換成 PyQt5 就能改用 PyQt5
import sys

class MyWidget(QtWidgets.QWidget):
    def __init__(self):
        super().__init__()
        self.setWindowTitle('oxxo.studio')
        self.resize(320, 240)
        self.ui()                          # 執行元件裡的 ui() 方法
```

```
    def ui(self):
        self.label = QtWidgets.QLabel(self)        # 在 Form 裡加入標籤
        self.label.setText('hello world')          # 設定標籤文字

if __name__ == '__main__':
    app = QtWidgets.QApplication(sys.argv)
    Form = MyWidget()                    # 建立視窗元件
    Form.show()                          # 顯示視窗
    sys.exit(app.exec())
```

❖ 範例程式碼：ch04/code01_class.py

🔗 QLabel 位置設定

透過下列 QLabel 方法，可以將 QLabel 元件定位到指定的位置：

方法	參數	說明
move()	x, y	設定 QLabel 在擺放的父元件中的 xy 座標，x 往右為正，y 往下為正，尺寸根據內容自動延伸。
setGeometry()	x, y, w, h	設定 QLabel 在擺放的父元件中的 xy 座標和長寬尺寸，x 往右為正，y 往下為正，如果超過長寬尺寸，預設會被裁切無法顯示。
setContentsMargins()	left, top, right, bottom	QLabel 的邊界寬度。

下方的程式碼執行後會放入兩個 QLabel，一個使用 move() 定位在

(50,50) 位置，另外一個使用 setGeometry() 方法定位在 (50, 80) 的位置並設
定大小為 100x100。

```
from PyQt6 import QtWidgets   # 將 PyQt6 換成 PyQt5 就能改用 PyQt5
import sys

app = QtWidgets.QApplication(sys.argv)

Form = QtWidgets.QWidget()
Form.setWindowTitle('oxxo.studio')
Form.resize(320, 240)

label1 = QtWidgets.QLabel(Form)              # 在視窗上建立第一組 QLabel 元件
label1.setText('hello world, how are you?')  # 放入文字
label1.move(50, 50)                          # 設定位置

label2 = QtWidgets.QLabel(Form)              # 在視窗上建立第二組 QLabel 元件
label2.setText('hello world, how are you?')  # 放入文字
label2.setGeometry(50, 80, 100, 100)         # 設定位置和長寬
Form.show()
sys.exit(app.exec())
```

❖ 範例程式碼：ch04/code02.py

使用 calss 寫法：

```
from PyQt6 import QtWidgets   # 將 PyQt6 換成 PyQt5 就能改用 PyQt5
import sys

class MyWidget(QtWidgets.QWidget):
    def __init__(self):
        super().__init__()
        self.setWindowTitle('oxxo.studio')
        self.resize(320, 240)
        self.ui()

    def ui(self):
        self.label1 = QtWidgets.QLabel(self)              # 在視窗上建立第
一組 QLabel 元件
        self.label1.setText('hello world, how are you?') # 放入文字
        self.label1.move(50, 50)                          # 設定位置

        self.label2 = QtWidgets.QLabel(self)              # 在視窗上建立第
```

```
二組 QLabel 元件
        self.label2.setText('hello world, how are you?')  # 放入文字
        self.label2.setGeometry(50, 80, 100, 100)          # 設定位置和長寬

if __name__ == '__main__':
    app = QtWidgets.QApplication(sys.argv)
    Form = MyWidget()
    Form.show()
    sys.exit(app.exec())
```

❖ **範例程式碼**：ch04/code02_class.py

🔗 QLabel 文字設定

透過下列常用的 QLabel 方法，可以設定 QLabel 中的文字樣式（設定字體需要搭配 QtGui，設定對齊要搭配 QtCore，需要額外載入對應模組）：

方法	參數	說明
setWordWrap()	bool	是否換行，預設 Fasle 不換行，設定 True 換行。
setAlignment()	QtCore.Qt.Align	對齊方式，預設 QtCore.Qt.AlignLeft，可設定 QtCore.Qt.AlignCenter、QtCore.Qt.AlignRight。
setFont()	QtGui.QFont()	文字樣式設定，需搭配 QtGui.QFont()。

使用 QtGui.QFont() 產生的文字樣式，可以使用下列方法設定：

方法	參數	說明
font.setFamily()	name	字體名稱。
setPointSize	int	字體大小。
setBold()	bool	是否粗體，預設 False。
setItalic()	bool	是否斜體，預設 False。
setStrikeOut()	bool	是否加入刪除線，預設 False。
setUnderline()	bool	是否加入底線，預設 False。

下方的程式碼執行後，開啟的視窗中會出現一個設定過樣式的 QLabel。

```python
from PyQt6 import QtWidgets, QtGui, QtCore    # 將 PyQt6 換成 PyQt5 就能改
用 PyQt5
import sys

app = QtWidgets.QApplication(sys.argv)

Form = QtWidgets.QWidget()
Form.setWindowTitle('oxxo.studio')
Form.resize(320, 240)

label = QtWidgets.QLabel(Form)
label.setText('hello world, how are you?')
label.setGeometry(30, 30, 100, 100)

label.setContentsMargins(0,0,0,0)                  # 設定邊界
label.setWordWrap(True)                            # 可以換行
label.setAlignment(QtCore.Qt.AlignmentFlag.AlignCenter)    # 對齊方式

font = QtGui.QFont()                               # 建立文字樣式元件
font.setFamily('Verdana')                          # 設定字體
font.setPointSize(20)                              # 文字大小
font.setBold(True)                                 # 粗體
font.setItalic(True)                               # 斜體
font.setStrikeOut(True)                            # 刪除線
font.setUnderline(True)                            # 底線
label.setFont(font)                                # 設定文字樣式

Form.show()
```

```
sys.exit(app.exec())
```

❖ 範例程式碼：ch04/code03.py

使用 calss 寫法：

```python
from PyQt6 import QtWidgets, QtGui, QtCore    # 將 PyQt6 換成 PyQt5 就能
改用 PyQt5
import sys

class MyWidget(QtWidgets.QWidget):
    def __init__(self):
        super().__init__()
        self.setWindowTitle('oxxo.studio')
        self.resize(320, 240)
        self.ui()

    def ui(self):
        self.label = QtWidgets.QLabel(self)
        self.label.setText('hello world, how are you?')
        self.label.setGeometry(30, 30, 100, 100)

        self.label.setContentsMargins(0,0,0,0)        # 設定邊界
        self.label.setWordWrap(True)                   # 可以換行
        self.label.setAlignment(QtCore.Qt.AlignmentFlag.AlignCenter) # 對齊方式

        font = QtGui.QFont()                           # 建立文字樣式元件
        font.setFamily('Verdana')                      # 設定字體
        font.setPointSize(20)                          # 文字大小
        font.setBold(True)                             # 粗體
        font.setItalic(True)                           # 斜體
        font.setStrikeOut(True)                        # 刪除線
        font.setUnderline(True)                        # 底線
        self.label.setFont(font)                       # 設定文字樣式

if __name__ == '__main__':
    app = QtWidgets.QApplication(sys.argv)
    Form = MyWidget()
    Form.show()
    sys.exit(app.exec())
```

❖ 範例程式碼：ch04/code03_class.py

QLabel 加入圖片

如果要在 QLabel 裡加入圖片，需要先使用 QtGui.QImage() 方法讀取圖片，接著使用 setPixmap() 方法加入圖片，詳細步驟可以參考下方程式碼：

```
from PyQt6 import QtWidgets, QtGui   # 將 PyQt6 換成 PyQt5 就能改用 PyQt5
import sys

app = QtWidgets.QApplication(sys.argv)

Form = QtWidgets.QWidget()
Form.setWindowTitle('oxxo.studio')
Form.resize(320, 240)

label = QtWidgets.QLabel(Form)
label.setGeometry(20, 20, 200, 150)

img = QtGui.QImage('mona.jpg')                      # 讀取圖片
label.setPixmap(QtGui.QPixmap.fromImage(img))       # 加入圖片

Form.show()
sys.exit(app.exec())
```

❖ 範例程式碼：ch04/code04.py

使用 class 寫法：

```
from PyQt6 import QtWidgets, QtGui, QtCore   # 將 PyQt6 換成 PyQt5 就能
改用 PyQt5
import sys
```

```
class MyWidget(QtWidgets.QWidget):
    def __init__(self):
        super().__init__()
        self.setWindowTitle('oxxo.studio')
        self.resize(320, 240)
        self.ui()

    def ui(self):
        self.label = QtWidgets.QLabel(self)
        self.label.setGeometry(20, 20, 200, 150)

        img = QtGui.QImage('mona.jpg')                          # 讀取圖片
        self.label.setPixmap(QtGui.QPixmap.fromImage(img))      # 加入圖片

if __name__ == '__main__':
    app = QtWidgets.QApplication(sys.argv)
    Form = MyWidget()
    Form.show()
    sys.exit(app.exec())
```

❖ 範例程式碼：ch04/code04_class.py

🔗 使用 StyleSheet 設定 QLabel 樣式

如果會使用網頁 CSS 語法，就能透過 setStyleSheet() 設定 QLabel 樣式，在設計樣式上也較為彈性好用，下方的程式碼執行後，會套用 CSS 樣式語法，實現一個黑色虛線外框的 QLabel (不支援 CSS3 相關語法)。

```
from PyQt6 import QtWidgets, QtGui   # 將 PyQt6 換成 PyQt5 就能改用 PyQt5
```

```
import sys

app = QtWidgets.QApplication(sys.argv)

Form = QtWidgets.QWidget()
Form.setWindowTitle('oxxo.studio')
Form.resize(320, 240)

label = QtWidgets.QLabel(Form)
label.setText('hello world, how are you?')
label.setGeometry(20, 20, 200, 150)
label.setWordWrap(True)      # 設定可以換行

label.setStyleSheet('''
    background:#fff;
    color:#f00;
    font-size:20px;
    font-weight:bold;
    border:2px dashed #000;
    padding:20px;
    text-align:center;
''')

Form.show()
sys.exit(app.exec())
```

❖ 範例程式碼：ch04/code05.py

使用 class 寫法：

```
from PyQt6 import QtWidgets, QtGui, QtCore    # 將 PyQt6 換成 PyQt5 就能
改用 PyQt5
import sys

class MyWidget(QtWidgets.QWidget):
    def __init__(self):
        super().__init__()
        self.setWindowTitle('oxxo.studio')
        self.resize(320, 240)
        self.ui()

    def ui(self):
        self.label = QtWidgets.QLabel(self)
        self.label.setText('hello world, how are you?')
```

```
        self.label.setGeometry(20, 20, 200, 150)
        self.label.setWordWrap(True)     # 設定可以換行

        self.label.setStyleSheet('''
            background:#fff;
            color:#f00;
            font-size:20px;
            font-weight:bold;
            border:2px dashed #000;
            padding:20px;
            text-align:center;
        ''')

if __name__ == '__main__':
    app = QtWidgets.QApplication(sys.argv)
    Form = MyWidget()
    Form.show()
    sys.exit(app.exec())
```

❖ 範例程式碼：ch04/code05_class.py

4-2 QPushButton 按鈕

　　QPushButton 是 PyQt 裡的按鈕元件，這個小節會介紹如何在 PyQt5 和 PyQt6 視窗裡加入 QPushButton 按鈕，並進行一些基本的樣式設定，以及設定點擊按鈕後的行為事件。

加入 QPushButton 按鈕

建立 PyQt 視窗物件後，透過 QtWidgets.QPushButton(widget) 方法，就能在指定的元件中建立按鈕，下方的程式碼執行後，會加入一個 QPushButton 按鈕 ，並使用 setText() 方法加入文字。

```python
from PyQt6 import QtWidgets    # 將 PyQt6 換成 PyQt5 就能改用 PyQt5
import sys

app = QtWidgets.QApplication(sys.argv)

Form = QtWidgets.QWidget()
Form.setWindowTitle('oxxo.studio')
Form.resize(320, 240)

btn = QtWidgets.QPushButton(Form)     # 在 Form 中加入一個 QPushButton
btn.setText('我是按鈕')                 # 按鈕文字

Form.show()
sys.exit(app.exec())
```

✦ 範例程式碼：ch04/code06.py

使用 class 寫法：

```python
from PyQt6 import QtWidgets    # 將 PyQt6 換成 PyQt5 就能改用 PyQt5
import sys

class MyWidget(QtWidgets.QWidget):
    def __init__(self):
        super().__init__()
        self.setWindowTitle('oxxo.studio')
        self.resize(320, 240)
        self.ui()

    def ui(self):
        self.btn = QtWidgets.QPushButton(self)     # 在 Form 中加入一個
QPushButton
        self.btn.setText('我是按鈕')                    # 按鈕文字

if __name__ == '__main__':
    app = QtWidgets.QApplication(sys.argv)
```

```
Form = MyWidget()
Form.show()
sys.exit(app.exec())
```

❖ 範例程式碼：ch04/code06_class.py

QPushButton 位置設定

透過下列 QPushButton 方法，可以將 QPushButton 元件定位到指定的位置：

方法	參數	說明
move()	x, y	設定 QPushButton 在擺放的父元件中的 xy 座標，x 往右為正，y 往下為正，尺寸根據內容自動延伸。
setGeometry()	x, y, w, h	設定 QPushButton 在擺放的父元件中的 xy 座標和長寬尺寸，x 往右為正，y 往下為正，如果超過長寬尺寸，預設會被裁切無法顯示。

下方的程式碼執行後會放入兩個 QPushButton，一個使用 move() 定位在 (50,30) 位置，另外一個使用 setGeometry() 方法定位在 (50,60) 的位置並設定大小為 100x50。

```
from PyQt6 import QtWidgets    # 將 PyQt6 換成 PyQt5 就能改用 PyQt5
import sys

app = QtWidgets.QApplication(sys.argv)

Form = QtWidgets.QWidget()
```

```
Form.setWindowTitle('oxxo.studio')
Form.resize(320, 240)

btn1 = QtWidgets.QPushButton(Form)      # 第一個按鈕
btn1.setText(' 按鈕 1')                  # 按鈕文字
btn1.move(50,30)                        # 移動到 (50,30)

btn2 = QtWidgets.QPushButton(Form)      # 第二個按鈕
btn2.setText(' 按鈕 2')                  # 按鈕文字
btn2.setGeometry(50,60,100,50)          # 移動到 (50,60)，大小 100x50

Form.show()
sys.exit(app.exec())
```

❖ 範例程式碼：ch04/code07.py

使用 class 寫法：

```
from PyQt6 import QtWidgets    # 將 PyQt6 換成 PyQt5 就能改用 PyQt5
import sys

class MyWidget(QtWidgets.QWidget):
    def __init__(self):
        super().__init__()
        self.setWindowTitle('oxxo.studio')
        self.resize(320, 240)
        self.ui()

    def ui(self):
        self.btn1 = QtWidgets.QPushButton(self)         # 第一個按鈕
        self.btn1.setText(' 按鈕 1')                     # 按鈕文字
        self.btn1.move(50,30)                           # 移動到 (50,30)

        self.btn2 = QtWidgets.QPushButton(self)         # 第二個按鈕
        self.btn2.setText(' 按鈕 2')                     # 按鈕文字
        self.btn2.setGeometry(50,60,100,50)             # 移動到 (50,60)，大小
100x50

if __name__ == '__main__':
    app = QtWidgets.QApplication(sys.argv)
    Form = MyWidget()
    Form.show()
    sys.exit(app.exec())
```

❖ 範例程式碼：ch04/code07_class.py

🔗 QPushButton 樣式設定

如果會使用網頁 CSS 語法，就能透過 setStyleSheet() 設定 QPushButton 樣式，在設計樣式上也較為彈性好用，下方的程式碼執行後，會套用 CSS 樣式語法，將 QPushButton 變成黃底紅字黑色外框的樣式（不支援 CSS3 相關語法）。

```python
from PyQt6 import QtWidgets   # 將 PyQt6 換成 PyQt5 就能改用 PyQt5
import sys

app = QtWidgets.QApplication(sys.argv)

Form = QtWidgets.QWidget()
Form.setWindowTitle('oxxo.studio')
Form.resize(320, 240)

btn = QtWidgets.QPushButton(Form)    # 建立按鈕
btn.setText(' 按鈕 ')                # 設定按鈕文字
btn.setGeometry(50,50,100,50)        # 設定位置和長寬
# 設定樣式
btn.setStyleSheet('''
    background:#ff0;
    color:#f00;
    font-size:20px;
    border:2px solid #000;
''')

Form.show()
```

```
sys.exit(app.exec())
```

❖ 範例程式碼：ch04/code08.py

使用 class 寫法：

```python
from PyQt6 import QtWidgets    # 將 PyQt6 換成 PyQt5 就能改用 PyQt5
import sys

class MyWidget(QtWidgets.QWidget):
    def __init__(self):
        super().__init__()
        self.setWindowTitle('oxxo.studio')
        self.resize(320, 240)
        self.ui()

    def ui(self):
        self.btn = QtWidgets.QPushButton(self)   # 建立按鈕
        self.btn.setText(' 按鈕 ')                 # 設定按鈕文字
        self.btn.setGeometry(50,50,100,50)        # 設定位置和長寬
        # 設定樣式
        self.btn.setStyleSheet('''
            background:#ff0;
            color:#f00;
            font-size:20px;
            border:2px solid #000;
        ''')

if __name__ == '__main__':
    app = QtWidgets.QApplication(sys.argv)
    Form = MyWidget()
    Form.show()
    sys.exit(app.exec())
```

❖ 範例程式碼：ch04/code08_class.py

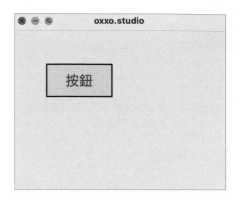

🔗 QPushButton hover 樣式

調整 setStyleSheet() 內容，加入 **QPushButton:hover**，就能做出類似網頁按鈕 hover 的樣式效果，下方的程式碼執行後，當滑鼠移動到按鈕上方，按鈕就會變色。

```python
from PyQt6 import QtWidgets    # 將 PyQt6 換成 PyQt5 就能改用 PyQt5
import sys

app = QtWidgets.QApplication(sys.argv)

Form = QtWidgets.QWidget()
Form.setWindowTitle('oxxo.studio')
Form.resize(320, 240)

btn = QtWidgets.QPushButton(Form)
btn.setText(' 按鈕 ')
btn.setGeometry(50,50,100,50)
# 加入 QPushButton:hover
btn.setStyleSheet('''
    QPushButton {
        font-size:20px;
        color: #f00;
        background: #ff0;
        border: 2px solid #000;
    }
    QPushButton:hover {
        color: #ff0;
        background: #f00;
```

```
        }
'''')

Form.show()
sys.exit(app.exec())
```

❖ 範例程式碼：ch04/code09.py

使用 class 寫法

```python
from PyQt6 import QtWidgets    # 將 PyQt6 換成 PyQt5 就能改用 PyQt5
import sys

class MyWidget(QtWidgets.QWidget):
    def __init__(self):
        super().__init__()
        self.setWindowTitle('oxxo.studio')
        self.resize(320, 240)
        self.ui()

    def ui(self):
        self.btn = QtWidgets.QPushButton(self)
        self.btn.setText(' 按鈕 ')
        self.btn.setGeometry(50,50,100,50)
        self.btn.setStyleSheet('''
            QPushButton {
                font-size:20px;
                color: #f00;
                background: #ff0;
                border: 2px solid #000;
            }
            QPushButton:hover {
                color: #ff0;
                background: #f00;
            }
        ''')

if __name__ == '__main__':
    app = QtWidgets.QApplication(sys.argv)
    Form = MyWidget()
    Form.show()
    sys.exit(app.exec())
```

❖ 範例程式碼：ch04/code09_class.py

🔗 停用 QPushButton

使用 setDisabled() 方法可以「停用」或「啟用」QPushButton，停用的 QPushButton 會以「半透明」的方式呈現。

```python
from PyQt6 import QtWidgets    # 將 PyQt6 換成 PyQt5 就能改用 PyQt5
import sys

app = QtWidgets.QApplication(sys.argv)

Form = QtWidgets.QWidget()
Form.setWindowTitle('oxxo.studio')
Form.resize(320, 240)

btn = QtWidgets.QPushButton(Form)
btn.setText(' 按鈕 ')
btn.setGeometry(50,50,100,50)
btn.setDisabled(True)         # 停用設為 True

Form.show()
sys.exit(app.exec())
```

❖ 範例程式碼：ch04/code10.py

使用 class 寫法：

```python
from PyQt6 import QtWidgets    # 將 PyQt6 換成 PyQt5 就能改用 PyQt5
import sys

class MyWidget(QtWidgets.QWidget):
```

```
    def __init__(self):
        super().__init__()
        self.setWindowTitle('oxxo.studio')
        self.resize(320, 240)
        self.ui()

    def ui(self):
        self.btn = QtWidgets.QPushButton(self)
        self.btn.setText('按鈕')
        self.btn.setGeometry(50,50,100,50)
        self.btn.setDisabled(True)

if __name__ == '__main__':
    app = QtWidgets.QApplication(sys.argv)
    Form = MyWidget()
    Form.show()
    sys.exit(app.exec())
```

❖ 範例程式碼：ch04/code10_class.py

如果是使用 setStyleSheet() 方法設定樣式，可以從 **QPushButton:disabled** 的屬性設定停用按鈕樣式。

```
from PyQt6 import QtWidgets    # 將 PyQt6 換成 PyQt5 就能改用 PyQt5
import sys

app = QtWidgets.QApplication(sys.argv)

Form = QtWidgets.QWidget()
Form.setWindowTitle('oxxo.studio')
Form.resize(320, 240)

btn = QtWidgets.QPushButton(Form)
btn.setText('按鈕')
```

```
btn.setGeometry(50,50,100,50)
btn.setStyleSheet('''
    QPushButton {
        font-size:20px;
        color: #f00;
        background: #ff0;
        border: 2px solid #000;
    }
    QPushButton:disabled {
        color:#fff;
        background:#ccc;
        border: 2px solid #aaa;
    }
''')
btn.setDisabled(True)

Form.show()
sys.exit(app.exec())
```

❖ 範例程式碼：ch04/code11.py

使用 class 寫法：

```
from PyQt6 import QtWidgets    # 將 PyQt6 換成 PyQt5 就能改用 PyQt5
import sys

class MyWidget(QtWidgets.QWidget):
    def __init__(self):
        super().__init__()
        self.setWindowTitle('oxxo.studio')
        self.resize(320, 240)
        self.ui()

    def ui(self):
        self.btn = QtWidgets.QPushButton(self)
        self.btn.setText('按鈕')
        self.btn.setGeometry(50,50,100,50)
        self.btn.setStyleSheet('''
            QPushButton {
                font-size:20px;
                color: #f00;
                background: #ff0;
                border: 2px solid #000;
            }
```

```
            QPushButton:disabled {
                color:#fff;
                background:#ccc;
                border: 2px solid #aaa;
            }
        ''')
        self.btn.setDisabled(True)

if __name__ == '__main__':
    app = QtWidgets.QApplication(sys.argv)
    Form = MyWidget()
    Form.show()
    sys.exit(app.exec())
```

❖ 範例程式碼：ch04/code11_class.py

🔗 QPushButton 點擊事件

　　使用 clicked.connect(fn) 方法可以設定 QPushButton 的點擊事件，
該方法表示「點擊按鈕時，會執行 fn 函式」，下方的程式碼執行後，點
擊按鈕會執行 show 函式，show 函式會不斷地將變數 a 增加 1，再透過
QLabel 顯示數字。

```
from PyQt6 import QtWidgets    # 將 PyQt6 換成 PyQt5 就能改用 PyQt5
import sys

app = QtWidgets.QApplication(sys.argv)

Form = QtWidgets.QWidget()
Form.setWindowTitle('oxxo.studio')
Form.resize(320, 240)
```

```
a = 0                           # a 預設 0
def show():
    global a                    # 定義 a 使用全域變數
    a = a + 1                   # 每次執行時讓 a 增加 1
    label.setText(str(a))       # 更新 QLabel 內容

label = QtWidgets.QLabel(Form)
label.setText('0')
label.setStyleSheet('font-size:20px;')
label.setGeometry(50,30,100,30)

btn = QtWidgets.QPushButton(Form)
btn.setText(' 增加數字 ')
btn.setGeometry(50,60,100,30)
btn.clicked.connect(show)       # 點擊時執行 show 函式

Form.show()
sys.exit(app.exec())
```

❖ 範例程式碼：ch04/code12.py

使用 class 寫法（注意不能使用 show 作為方法名稱，會覆寫基底的 show 方法造成無法顯示）：

```
from PyQt6 import QtWidgets    # 將 PyQt6 換成 PyQt5 就能改用 PyQt5
import sys

class MyWidget(QtWidgets.QWidget):
    def __init__(self):
        super().__init__()
        self.setWindowTitle('oxxo.studio')
        self.resize(320, 240)
        self.a = 0     # 設定 a 屬性為 0
        self.ui()

    def ui(self):
        self.label = QtWidgets.QLabel(self)
        self.label.setText('0')
        self.label.setStyleSheet('font-size:20px;')
        self.label.setGeometry(50,30,100,30)

        self.btn = QtWidgets.QPushButton(self)
```

```
        self.btn.setText(' 增加數字 ')
        self.btn.setGeometry(50,60,100,30)
        self.btn.clicked.connect(self.showNum)   # 點擊時執行 showNum 方法

    # 注意不能使用 show 作為 class 內部方法的名稱
    def showNum(self):
        self.a = self.a + 1              # 每次執行讓 self.a 增加 1
        self.label.setText(str(self.a))   # 更新 QLabel 內容

if __name__ == '__main__':
    app = QtWidgets.QApplication(sys.argv)
    Form = MyWidget()
    Form.show()
    sys.exit(app.exec())
```

❖ 範例程式碼：ch04/code12_class.py

　　如果要執行的函式帶有「參數」，則可以使用 lambda 匿名函式處理，下方的程式碼執行後，點擊 A 按鈕就會出現 A 文字，點擊 B 按鈕就會出現 B 文字。

```
from PyQt6 import QtWidgets    # 將 PyQt6 換成 PyQt5 就能改用 PyQt5
import sys

app = QtWidgets.QApplication(sys.argv)

Form = QtWidgets.QWidget()
Form.setWindowTitle('oxxo.studio')
Form.resize(320, 240)

def show(e):
    label.setText(e)    # 顯示參數內容
```

```
label = QtWidgets.QLabel(Form)
label.setText('A')
label.setStyleSheet('font-size:20px;')
label.setGeometry(50,30,100,30)

btn1 = QtWidgets.QPushButton(Form)
btn1.setText('A')
btn1.setGeometry(50,60,50,30)
btn1.clicked.connect(lambda:show('A'))    # 使用 lambda 函式

btn2 = QtWidgets.QPushButton(Form)
btn2.setText('B')
btn2.setGeometry(110,60,50,30)
btn2.clicked.connect(lambda:show('B'))    # 使用 lambda 函式

Form.show()
sys.exit(app.exec())
```

❖ **範例程式碼：ch04/code13.py**

使用 class 寫法（注意不能使用 show 作為方法名稱，會覆寫基底的 show 方法造成無法顯示）：

```
from PyQt6 import QtWidgets    # 將 PyQt6 換成 PyQt5 就能改用 PyQt5
import sys

class MyWidget(QtWidgets.QWidget):
    def __init__(self):
        super().__init__()
        self.setWindowTitle('oxxo.studio')
        self.resize(320, 240)
        self.ui()

    def ui(self):
        self.label = QtWidgets.QLabel(self)
        self.label.setText('A')
        self.label.setStyleSheet('font-size:20px;')
        self.label.setGeometry(50,30,100,30)

        self.btn1 = QtWidgets.QPushButton(self)
        self.btn1.setText('A')
        self.btn1.setGeometry(50,60,50,30)
```

```
        self.btn1.clicked.connect(lambda:self.showText('A'))   # 使用 lambda 函式

        self.btn2 = QtWidgets.QPushButton(self)
        self.btn2.setText('B')
        self.btn2.setGeometry(110,60,50,30)
        self.btn2.clicked.connect(lambda:self.showText('B'))   # 使用 lambda 函式

    # 注意不能使用 show 作為 class 內部方法的名稱
    def showText(self, text):
        self.label.setText(text)

if __name__ == '__main__':
    app = QtWidgets.QApplication(sys.argv)
    Form = MyWidget()
    Form.show()
    sys.exit(app.exec())
```

❖ 範例程式碼：ch04/code13_class.py

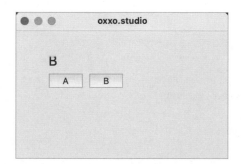

4-3 QRadioButton 單選按鈕

　　QRadioButton 是 PyQt 裡的單選按鈕元件，這個小節會介紹如何在 PyQt5 和 PyQt6 的視窗裡加入 QRadioButton 單選按鈕，並進行一些基本的樣式設定，以及進行按鈕群組和點擊事件的設定。

加入 QRadioButton 單選按鈕

　　建立 PyQt 視窗物件後，透過 QtWidgets.QRadioButton(widget) 方

法，就能在指定的元件中建立單選按鈕，下方的程式碼執行後，會加入兩個 QRadioButton 按鈕 ，並使用 setText() 方法加入文字。

> 注意，放在同樣元件裡的 QRadioButton 視為同一個群組，會套用「單選」的規則，例如下方程式碼的兩個 QRadioButton 都放在 Form 裡，所以只能擇一選擇。

```python
from PyQt6 import QtWidgets    # 將 PyQt6 換成 PyQt5 就能改用 PyQt5
import sys
app = QtWidgets.QApplication(sys.argv)

Form = QtWidgets.QWidget()
Form.setWindowTitle('oxxo.studio')
Form.resize(300, 200)

rb_a = QtWidgets.QRadioButton(Form)        # 單選按鈕 A
rb_a.setGeometry(30, 30, 100, 20)
rb_a.setText('A')

rb_b = QtWidgets.QRadioButton(Form)        # 單選按鈕 B
rb_b.setGeometry(30, 60, 100, 20)
rb_b.setText('B')

Form.show()
sys.exit(app.exec())
```

✿ 範例程式碼：ch04/code14.py

使用 class 寫法：

```python
from PyQt6 import QtWidgets    # 將 PyQt6 換成 PyQt5 就能改用 PyQt5
import sys

class MyWidget(QtWidgets.QWidget):
    def __init__(self):
        super().__init__()
        self.setWindowTitle('oxxo.studio')
        self.resize(320, 240)
        self.ui()

    def ui(self):
```

```
        self.rb_a = QtWidgets.QRadioButton(self)      # 單選按鈕 A
        self.rb_a.setGeometry(30, 30, 100, 20)
        self.rb_a.setText('A')

        self.rb_b = QtWidgets.QRadioButton(self)      # 單選按鈕 B
        self.rb_b.setGeometry(30, 60, 100, 20)
        self.rb_b.setText('B')

if __name__ == '__main__':
    app = QtWidgets.QApplication(sys.argv)
    Form = MyWidget()
    Form.show()
    sys.exit(app.exec())
```

❖ 範例程式碼：ch04/code14_class.py

🔗 建立多組 QRadioButton 單選按鈕

如果有「多組」QRadioButton，則可以使用 QtWidgets.QButtonGroup(widget) 方法建立按鈕群組，然後將歸類為同一組的 QRadioButton 加入同一個 QButtonGroup，就能分別進行單選的動作。

```
from PyQt6 import QtWidgets     # 將 PyQt6 換成 PyQt5 就能改用 PyQt5
import sys

app = QtWidgets.QApplication(sys.argv)

Form = QtWidgets.QWidget()
Form.setWindowTitle('oxxo.studio')
Form.resize(320, 240)
```

```
rb_a = QtWidgets.QRadioButton(Form)        # 單選按鈕 A
rb_a.setGeometry(30, 30, 100, 20)
rb_a.setText('A')

rb_b = QtWidgets.QRadioButton(Form)        # 單選按鈕 B
rb_b.setGeometry(30, 60, 100, 20)
rb_b.setText('B')

group1 = QtWidgets.QButtonGroup(Form)      # 按鈕群組
group1.addButton(rb_a)                     # 加入單選按鈕 A
group1.addButton(rb_b)                     # 加入單選按鈕 B

rb_c = QtWidgets.QRadioButton(Form)        # 單選按鈕 C
rb_c.setGeometry(150, 30, 100, 20)
rb_c.setText('C')

rb_d = QtWidgets.QRadioButton(Form)        # 單選按鈕 D
rb_d.setGeometry(150, 60, 100, 20)
rb_d.setText('D')

group2 = QtWidgets.QButtonGroup(Form)      # 按鈕群組
group2.addButton(rb_c)                     # 加入單選按鈕 C
group2.addButton(rb_d)                     # 加入單選按鈕 D

Form.show()
sys.exit(app.exec())
```

❖ 範例程式碼：ch04/code15.py

使用 class 寫法：

```
from PyQt6 import QtWidgets    # 將 PyQt6 換成 PyQt5 就能改用 PyQt5
import sys

class MyWidget(QtWidgets.QWidget):
    def __init__(self):
        super().__init__()
        self.setWindowTitle('oxxo.studio')
        self.resize(320, 240)
        self.ui()

    def ui(self):
        self.rb_a = QtWidgets.QRadioButton(self)        # 單選按鈕 A
        self.rb_a.setGeometry(30, 30, 100, 20)
```

```
        self.rb_a.setText('A')

        self.rb_b = QtWidgets.QRadioButton(self)      # 單選按鈕 B
        self.rb_b.setGeometry(30, 60, 100, 20)
        self.rb_b.setText('B')

        self.group1 = QtWidgets.QButtonGroup(self)    # 按鈕群組
        self.group1.addButton(self.rb_a)              # 加入單選按鈕 A
        self.group1.addButton(self.rb_b)              # 加入單選按鈕 B

        self.rb_c = QtWidgets.QRadioButton(self)      # 單選按鈕 C
        self.rb_c.setGeometry(150, 30, 100, 20)
        self.rb_c.setText('C')

        self.rb_d = QtWidgets.QRadioButton(self)      # 單選按鈕 D
        self.rb_d.setGeometry(150, 60, 100, 20)
        self.rb_d.setText('D')

        self.group2 = QtWidgets.QButtonGroup(self)    # 按鈕群組
        self.group2.addButton(self.rb_c)              # 加入單選按鈕 C
        self.group2.addButton(self.rb_d)              # 加入單選按鈕 D

if __name__ == '__main__':
    app = QtWidgets.QApplication(sys.argv)
    Form = MyWidget()
    Form.show()
    sys.exit(app.exec())
```

❖ 範例程式碼：ch04/code15_class.py

QRadioButton 位置設定

透過下列 QRadioButton 方法，可以將 QRadioButton 元件定位到指定的位置：

方法	參數	說明
move()	x, y	設定 QRadioButton 在擺放的父元件中的 xy 座標，x 往右為正，y 往下為正，尺寸根據內容自動延伸。
setGeometry()	x, y, w, h	設定 QRadioButton 在擺放的父元件中的 xy 座標和長寬尺寸，x 往右為正，y 往下為正，如果超過長寬尺寸，預設會被裁切無法顯示。

　　下方的程式碼執行後會放入四個 QRadioButton，兩個使用 move() 定位，另外兩個使用 setGeometry() 方法定位。

```python
from PyQt6 import QtWidgets   # 將 PyQt6 換成 PyQt5 就能改用 PyQt5
import sys

app = QtWidgets.QApplication(sys.argv)

Form = QtWidgets.QWidget()
Form.setWindowTitle('oxxo.studio')
Form.resize(320, 240)

rb_a = QtWidgets.QRadioButton(Form)   # 單選按鈕 A
rb_a.move(30, 30)
rb_a.setText('A')

rb_b = QtWidgets.QRadioButton(Form)   # 單選按鈕 B
rb_b.move(30, 60)
rb_b.setText('B')

rb_c = QtWidgets.QRadioButton(Form)   # 單選按鈕 C
rb_c.setGeometry(150, 30, 100, 20)
rb_c.setText('C')

rb_d = QtWidgets.QRadioButton(Form)   # 單選按鈕 D
rb_d.setGeometry(150, 60, 100, 20)
rb_d.setText('D')

Form.show()
sys.exit(app.exec())
```

❖ 範例程式碼：ch04/code16.py

使用 class 寫法：

```python
from PyQt6 import QtWidgets    # 將 PyQt6 換成 PyQt5 就能改用 PyQt5
import sys

class MyWidget(QtWidgets.QWidget):
    def __init__(self):
        super().__init__()
        self.setWindowTitle('oxxo.studio')
        self.resize(320, 240)
        self.ui()

    def ui(self):
        self.rb_a = QtWidgets.QRadioButton(self)    # 單選按鈕 A
        self.rb_a.move(30, 30)
        self.rb_a.setText('A')

        self.rb_b = QtWidgets.QRadioButton(self)    # 單選按鈕 B
        self.rb_b.move(30, 60)
        self.rb_b.setText('B')

        self.rb_c = QtWidgets.QRadioButton(self)    # 單選按鈕 C
        self.rb_c.setGeometry(150, 30, 100, 20)
        self.rb_c.setText('C')

        self.rb_d = QtWidgets.QRadioButton(self)    # 單選按鈕 D
        self.rb_d.setGeometry(150, 60, 100, 20)
        self.rb_d.setText('D')

if __name__ == '__main__':
    app = QtWidgets.QApplication(sys.argv)
    Form = MyWidget()
    Form.show()
    sys.exit(app.exec())
```

❖ 範例程式碼：ch04/code16_class.py

QRadioButton 狀態設定

透過下列幾種方法，可以設定 QRadioButton 的狀態：

方法	參數	說明
setDisabled()	bool	是否停用，預設 False 啟用，可設定 True 停用。
setChecked()	bool	是否勾選，預設 False 不勾選，可設定 True 勾選，若同一組有多個勾選，則以最後一個為主。
toggle()		勾選狀態切換。

下面的程式碼執行後，QRadioButton B 會停用，QRadioButton C 會預先勾選。

```
from PyQt6 import QtWidgets   # 將 PyQt6 換成 PyQt5 就能改用 PyQt5
import sys

app = QtWidgets.QApplication(sys.argv)

Form = QtWidgets.QWidget()
Form.setWindowTitle('oxxo.studio')
Form.resize(320, 240)

rb_a = QtWidgets.QRadioButton(Form)
rb_a.setGeometry(30, 30, 100, 20)
rb_a.setText('A')

rb_b = QtWidgets.QRadioButton(Form)
rb_b.setGeometry(30, 60, 100, 20)
rb_b.setText('B')
```

```
rb_b.setDisabled(True)    # 停用

rb_c = QtWidgets.QRadioButton(Form)
rb_c.setGeometry(30, 90, 100, 20)
rb_c.setText('C')
rb_c.setChecked(True)     # 預先勾選

Form.show()
sys.exit(app.exec())
```

✦ 範例程式碼：ch04/code17.py

使用 class 寫法：

```
from PyQt6 import QtWidgets   # 將 PyQt6 換成 PyQt5 就能改用 PyQt5
import sys

class MyWidget(QtWidgets.QWidget):
    def __init__(self):
        super().__init__()
        self.setWindowTitle('oxxo.studio')
        self.resize(320, 240)
        self.ui()

    def ui(self):
        self.rb_a = QtWidgets.QRadioButton(self)
        self.rb_a.setGeometry(30, 30, 100, 20)
        self.rb_a.setText('A')

        self.rb_b = QtWidgets.QRadioButton(self)
        self.rb_b.setGeometry(30, 60, 100, 20)
        self.rb_b.setText('B')
        self.rb_b.setDisabled(True)    # 停用

        self.rb_c = QtWidgets.QRadioButton(self)
        self.rb_c.setGeometry(30, 90, 100, 20)
        self.rb_c.setText('C')
        self.rb_c.setChecked(True)     # 預先勾選

if __name__ == '__main__':
    app = QtWidgets.QApplication(sys.argv)
    Form = MyWidget()
    Form.show()
    sys.exit(app.exec())
```

✦ 範例程式碼：ch04/code17_class.py

🔗 QRadioButton 樣式設定

如果會使用網頁 CSS 語法，就能透過 setStyleSheet() 設定 QRadioButton 樣式，在設計樣式上也較為彈性好用，下方的程式碼執行後，會套用 CSS 樣式語法，將 QRadioButton 設定為藍色字，當滑鼠移到按鈕上，就會觸發 hover 的樣式而變成紅色字。

```python
from PyQt6 import QtWidgets    # 將 PyQt6 換成 PyQt5 就能改用 PyQt5
import sys

app = QtWidgets.QApplication(sys.argv)

Form = QtWidgets.QWidget()
Form.setWindowTitle('oxxo.studio')
Form.resize(320, 240)

rb_a = QtWidgets.QRadioButton(Form)
rb_a.setGeometry(30, 30, 100, 20)
rb_a.setText('A')

# 設定按鈕 A 的樣式
rb_a.setStyleSheet('''
    QRadioButton {
        color: #00f;
    }
    QRadioButton:hover {
        color:#f00;
    }
''')
```

```
rb_b = QtWidgets.QRadioButton(Form)
rb_b.setGeometry(30, 60, 100, 20)
rb_b.setText('B')

# 設定按鈕 B 的樣式
rb_b.setStyleSheet('''
    QRadioButton {
        color: #00f;
    }
    QRadioButton:hover {
        color:#f00;
    }
''')

Form.show()
sys.exit(app.exec())
```

✤ 範例程式碼：ch04/code18.py

使用 class 寫法：

```
from PyQt6 import QtWidgets    # 將 PyQt6 換成 PyQt5 就能改用 PyQt5
import sys

class MyWidget(QtWidgets.QWidget):
    def __init__(self):
        super().__init__()
        self.setWindowTitle('oxxo.studio')
        self.resize(320, 240)
        self.ui()

    def ui(self):
        self.rb_a = QtWidgets.QRadioButton(self)
        self.rb_a.setGeometry(30, 30, 100, 20)
        self.rb_a.setText('A')

        # 設定按鈕 A 的樣式
        self.rb_a.setStyleSheet('''
            QRadioButton {
                color: #00f;
            }
            QRadioButton:hover {
                color:#f00;
            }
```

```
        ''')

        self.rb_b = QtWidgets.QRadioButton(self)
        self.rb_b.setGeometry(30, 60, 100, 20)
        self.rb_b.setText('B')

        # 設定按鈕 B 的樣式
        self.rb_b.setStyleSheet('''
            QRadioButton {
                color: #00f;
            }
            QRadioButton:hover {
                color:#f00;
            }
        ''')

if __name__ == '__main__':
    app = QtWidgets.QApplication(sys.argv)
    Form = MyWidget()
    Form.show()
    sys.exit(app.exec())
```

❖ 範例程式碼：ch04/code18_class.py

除了使用 setDisabled(True) 將 QRadioButton 設定為「停用」，也可透過 disabled 的樣式表進行樣式的設定，下方的程式碼執行後，單選按鈕 B 會變成淺灰色。

```
from PyQt6 import QtWidgets    # 將 PyQt6 換成 PyQt5 就能改用 PyQt5
import sys
```

```
app = QtWidgets.QApplication(sys.argv)

Form = QtWidgets.QWidget()
Form.setWindowTitle('oxxo.studio')
Form.resize(320, 240)

rb_a = QtWidgets.QRadioButton(Form)
rb_a.setGeometry(30, 30, 100, 20)
rb_a.setText('A')
rb_a.setStyleSheet('''
    QRadioButton {
        color: #00f;
    }
    QRadioButton:hover {
        color:#f00;
    }
''')

rb_b = QtWidgets.QRadioButton(Form)
rb_b.setGeometry(30, 60, 100, 20)
rb_b.setText('B')
rb_b.setStyleSheet('''
    QRadioButton {
        color: #00f;
    }
    QRadioButton:hover {
        color:#f00;
    }
    QRadioButton:disabled {
        color:#ccc;
    }
''')
rb_b.setDisabled(True)      # 停用按鈕 B

Form.show()
sys.exit(app.exec())
```

✦ 範例程式碼：ch04/code19.py

使用 class 寫法：

```
from PyQt6 import QtWidgets     # 將 PyQt6 換成 PyQt5 就能改用 PyQt5
import sys
```

```python
class MyWidget(QtWidgets.QWidget):
    def __init__(self):
        super().__init__()
        self.setWindowTitle('oxxo.studio')
        self.resize(320, 240)
        self.ui()

    def ui(self):
        self.rb_a = QtWidgets.QRadioButton(self)
        self.rb_a.setGeometry(30, 30, 100, 20)
        self.rb_a.setText('A')

        # 設定按鈕 A 的樣式
        self.rb_a.setStyleSheet('''
            QRadioButton {
                color: #00f;
            }
            QRadioButton:hover {
                color:#f00;
            }
        ''')

        self.rb_b = QtWidgets.QRadioButton(self)
        self.rb_b.setGeometry(30, 60, 100, 20)
        self.rb_b.setText('B')

        # 設定按鈕 B 的樣式
        self.rb_b.setStyleSheet('''
            QRadioButton {
                color: #00f;
            }
            QRadioButton:hover {
                color:#f00;
            }
            QRadioButton:disabled {
                color:#ccc;
            }
        ''')
        self.rb_b.setDisabled(True)     # 停用按鈕 B

if __name__ == '__main__':
    app = QtWidgets.QApplication(sys.argv)
    Form = MyWidget()
```

```
    Form.show()
    sys.exit(app.exec())
```

❖ 範例程式碼：ch04/code19_class.py

🔗 QRadioButton 點擊事件

如果要偵測勾選了哪個 QRadioButton，有兩種常用的方法，第一種是透過 QButtonGroup() 將 QRadioButton 包裝成同一個群組，使用 addButton() 添加按鈕時，可設定第二個按鈕的 ID 參數，設定後使用 buttonClicked.connect(fn) 方法，就能偵測是否勾選按鈕，並能夠過函式，執行 checkedId() 取得勾選按鈕的 ID，下方的程式碼執行後，會在勾選不同按鈕時，透過 QLabel 顯示對應的勾選按鈕的 ID。

```
from PyQt6 import QtWidgets    # 將 PyQt6 換成 PyQt5 就能改用 PyQt5
import sys

app = QtWidgets.QApplication(sys.argv)

Form = QtWidgets.QWidget()
Form.setWindowTitle('oxxo.studio')
Form.resize(320, 240)

rb_a = QtWidgets.QRadioButton(Form)
rb_a.setGeometry(30, 60, 100, 20)
rb_a.setText('A')

rb_b = QtWidgets.QRadioButton(Form)
rb_b.setGeometry(150, 60, 100, 20)
```

```
rb_b.setText('B')

def show():
    label.setText(str(group.checkedId()))    # 設定 label 文字為按鈕群組中勾
選按鈕的 ID

group = QtWidgets.QButtonGroup(Form)
group.addButton(rb_a, 1)                      # 添加 QRadioButton A，ID 設定為 1
group.addButton(rb_b, 2)                      # 添加 QRadioButton B，ID 設定為 2
group.buttonClicked.connect(show)            # 綁定點擊事件

label = QtWidgets.QLabel(Form)
label.setGeometry(30, 30, 100, 20)

Form.show()
sys.exit(app.exec())
```

❖ 範例程式碼：ch04/code20.py

使用 class 寫法：

```
from PyQt6 import QtWidgets    # 將 PyQt6 換成 PyQt5 就能改用 PyQt5
import sys

class MyWidget(QtWidgets.QWidget):
    def __init__(self):
        super().__init__()
        self.setWindowTitle('oxxo.studio')
        self.resize(320, 240)
        self.ui()

    def ui(self):
        self.label = QtWidgets.QLabel(self)
        self.label.setGeometry(30, 30, 100, 20)

        self.rb_a = QtWidgets.QRadioButton(self)
        self.rb_a.setGeometry(30, 60, 100, 20)
        self.rb_a.setText('A')

        self.rb_b = QtWidgets.QRadioButton(self)
        self.rb_b.setGeometry(150, 60, 100, 20)
        self.rb_b.setText('B')

        self.group = QtWidgets.QButtonGroup(self)
```

```
        self.group.addButton(self.rb_a, 1)              # 添加 QRadioButton
                                                          A，ID 設定為 1
        self.group.addButton(self.rb_b, 2)              # 添加 QRadioButton
                                                          B，ID 設定為 2
        self.group.buttonClicked.connect(self.showId)   # 綁定點擊事件

    def showId(self):
        self.label.setText(str(self.group.checkedId()))  # 設定 label 文字為按
                                                           鈕群組中勾選按鈕的 ID

if __name__ == '__main__':
    app = QtWidgets.QApplication(sys.argv)
    Form = MyWidget()
    Form.show()
    sys.exit(app.exec())
```

❖ 範例程式碼：ch04/code20_class.py

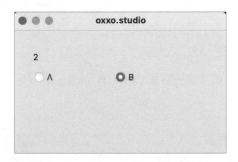

　　第二種方法則是使用 toggled() 的方法，將函式與各個按鈕綁定，接著就能透過 text() 取得按鈕文字，透過 isChecked() 取得按鈕勾選狀態。

```
from PyQt6 import QtWidgets   # 將 PyQt6 換成 PyQt5 就能改用 PyQt5
import sys

app = QtWidgets.QApplication(sys.argv)

Form = QtWidgets.QWidget()
Form.setWindowTitle('oxxo.studio')
Form.resize(320, 240)

def show(rb):
    label.setText(rb.text() + ':' + str(rb.isChecked()))   # 取得按鈕狀態
```

```
rb_a = QtWidgets.QRadioButton(Form)          # 建立 QRadioButton A
rb_a.setGeometry(30, 60, 100, 20)
rb_a.setText('A')
rb_a.toggled.connect(lambda: show(rb_a))     # 綁定函式

rb_b = QtWidgets.QRadioButton(Form)          # 建立 QRadioButton B
rb_b.setGeometry(150, 60, 100, 20)
rb_b.setText('B')
rb_b.toggled.connect(lambda: show(rb_b))     # 綁定函式

group = QtWidgets.QButtonGroup(Form)         # 建立群組
group.addButton(rb_a)                        # 添加 QRadioButton A
group.addButton(rb_b)                        # 添加 QRadioButton A

label = QtWidgets.QLabel(Form)
label.setGeometry(30, 30, 100, 20)

Form.show()
sys.exit(app.exec())
```

❖ **範例程式碼**：ch04/code21.py

class 的寫法（注意不能使用 show 作為方法名稱，會覆寫基底的 show 方法造成無法顯示）：

```
from PyQt6 import QtWidgets
import sys

class MyWidget(QtWidgets.QWidget):
    def __init__(self):
        super().__init__()
        self.setWindowTitle('oxxo.studio')
        self.resize(320, 240)
        self.ui()

    def ui(self):
        self.label = QtWidgets.QLabel(self)
        self.label.setGeometry(30, 30, 100, 20)

        self.rb_a = QtWidgets.QRadioButton(self)  # 建立 QRadioButton A
        self.rb_a.setGeometry(30, 60, 100, 20)
        self.rb_a.setText('A')
```

```
        self.rb_b = QtWidgets.QRadioButton(self)   # 建立 QRadioButton B
        self.rb_b.setGeometry(150, 60, 100, 20)
        self.rb_b.setText('B')
        self.rb_a.toggled.connect(lambda: self.showState(self.rb_a))  # 綁定函式

        self.group = QtWidgets.QButtonGroup(self)  # 建立群組
        self.group.addButton(self.rb_a)            # 添加 QRadioButton A
        self.group.addButton(self.rb_b)            # 添加 QRadioButton B
        self.rb_b.toggled.connect(lambda: self.showState(self.rb_b))  # 綁定函式

    def showState(self, rb):
        self.label.setText(rb.text() + ':' + str(rb.isChecked()))  # 取得按鈕狀態

if __name__ == '__main__':
    app = QtWidgets.QApplication(sys.argv)
    Form = MyWidget()
    Form.show()
    sys.exit(app.exec())
```

❖ 範例程式碼：ch04/code21_class.py

4-4　QCheckBox 複選按鈕

　　QCheckBox 是 PyQt 裡的複選按鈕元件，這個小節會介紹如何在 PyQt5 和 PyQt6 視窗裡加入 QCheckBox 複選按鈕，並進行一些基本的樣式設定，以及進行按鈕群組和點擊事件的設定。

加入 QCheckBox 複選按鈕

建立 PyQt 視窗物件後，透過 QtWidgets.QCheckBox(widget) 方法，就能在指定的元件中建立複選按鈕，下方的程式碼執行後，會加入三個 QCheckBox 按鈕 ，並使用 setText() 方法加入文字。

```python
from PyQt6 import QtWidgets    # 將 PyQt6 換成 PyQt5 就能改用 PyQt5
import sys
app = QtWidgets.QApplication(sys.argv)

Form = QtWidgets.QWidget()
Form.setWindowTitle('oxxo.studio')
Form.resize(300, 200)

cb_a = QtWidgets.QCheckBox(Form)         # 複選按鈕 A
cb_a.setGeometry(30, 60, 50, 20)         # 設定位置
cb_a.setText('A')                        # 設定文字

cb_b = QtWidgets.QCheckBox(Form)         # 複選按鈕 B
cb_b.setGeometry(80, 60, 50, 20)         # 設定位置
cb_b.setText('B')                        # 設定文字

cb_c = QtWidgets.QCheckBox(Form)         # 複選按鈕 C
cb_c.setGeometry(130, 60, 50, 20)        # 設定位置
cb_c.setText('C')                        # 設定文字

Form.show()
sys.exit(app.exec())
```

❖ 範例程式碼：ch04/code22.py

使用 class 寫法：

```python
from PyQt6 import QtWidgets    # 將 PyQt6 換成 PyQt5 就能改用 PyQt5
import sys

class MyWidget(QtWidgets.QWidget):
    def __init__(self):
        super().__init__()
        self.setWindowTitle('oxxo.studio')
        self.resize(300, 200)
        self.ui()
```

```python
    def ui(self):
        self.cb_a = QtWidgets.QCheckBox(self)      # 複選按鈕 A
        self.cb_a.setGeometry(30, 60, 50, 20)      # 設定位置
        self.cb_a.setText('A')                     # 設定文字

        self.cb_b = QtWidgets.QCheckBox(self)      # 複選按鈕 B
        self.cb_b.setGeometry(80, 60, 50, 20)      # 設定位置
        self.cb_b.setText('B')                     # 設定文字

        self.cb_c = QtWidgets.QCheckBox(self)      # 複選按鈕 C
        self.cb_c.setGeometry(130, 60, 50, 20)     # 設定位置
        self.cb_c.setText('C')                     # 設定文字

if __name__ == '__main__':
    app = QtWidgets.QApplication(sys.argv)
    Form = MyWidget()
    Form.show()
    sys.exit(app.exec())
```

✦ 範例程式碼：ch04/code22_class.py

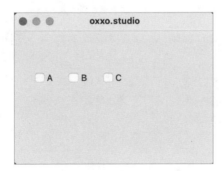

🔗 QCheckBox 位置設定

透過下列 QCheckBox 方法，可以將 QCheckBox 元件定位到指定的位置：

方法	參數	說明
move()	x, y	設定 QCheckBox 在擺放的父元件中的 xy 座標，x 往右為正，y 往下為正，尺寸根據內容自動延伸。

方法	參數	說明
setGeometry()	x, y, w, h	設定 QCheckBox 在擺放的父元件中的 xy 座標和長寬尺寸，x 往右為正，y 往下為正，如果超過長寬尺寸，預設會被裁切無法顯示。

下方的程式碼執行後會放入四個 QCheckBox，兩個使用 move() 定位，另外兩個使用 setGeometry() 方法定位。

```python
from PyQt6 import QtWidgets   # 將 PyQt6 換成 PyQt5 就能改用 PyQt5
import sys
app = QtWidgets.QApplication(sys.argv)

Form = QtWidgets.QWidget()
Form.setWindowTitle('oxxo.studio')
Form.resize(300, 200)

cb_a = QtWidgets.QCheckBox(Form)       # 複選按鈕 A
cb_a.move(30, 60)
cb_a.setText('A')

cb_b = QtWidgets.QCheckBox(Form)       # 複選按鈕 B
cb_b.move(80, 60)
cb_b.setText('B')

cb_c = QtWidgets.QCheckBox(Form)       # 複選按鈕 C
cb_c.setGeometry(130, 60, 50, 20)
cb_c.setText('C')

cb_d = QtWidgets.QCheckBox(Form)       # 複選按鈕 D
cb_d.setGeometry(180, 60, 50, 20)
cb_d.setText('D')

Form.show()
sys.exit(app.exec())
```

❖ 範例程式碼：ch04/code23.py

使用 class 寫法：

```python
from PyQt6 import QtWidgets   # 將 PyQt6 換成 PyQt5 就能改用 PyQt5
import sys
```

```python
class MyWidget(QtWidgets.QWidget):
    def __init__(self):
        super().__init__()
        self.setWindowTitle('oxxo.studio')
        self.resize(300, 200)
        self.ui()

    def ui(self):
        self.cb_a = QtWidgets.QCheckBox(self)      # 複選按鈕 A
        self.cb_a.move(30, 60)
        self.cb_a.setText('A')

        self.cb_b = QtWidgets.QCheckBox(self)      # 複選按鈕 B
        self.cb_b.move(80, 60)
        self.cb_b.setText('B')

        self.cb_c = QtWidgets.QCheckBox(self)      # 複選按鈕 C
        self.cb_c.setGeometry(130, 60, 50, 20)
        self.cb_c.setText('C')

        self.cb_d = QtWidgets.QCheckBox(self)      # 複選按鈕 D
        self.cb_d.setGeometry(180, 60, 50, 20)
        self.cb_d.setText('D')

if __name__ == '__main__':
    app = QtWidgets.QApplication(sys.argv)
    Form = MyWidget()
    Form.show()
    sys.exit(app.exec())
```

❖ 範例程式碼：ch04/code23_class.py

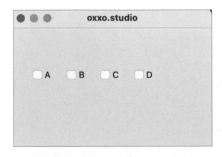

🔗 QCheckBox 狀態設定

透過下列幾種方法，可以設定 QCheckBox 的狀態：

方法	參數	說明
setDisabled()	bool	是否停用，預設 False 啟用，可設定 True 停用。
setChecked()	bool	是否勾選，預設 False 不勾選，可設定 True 勾選，若同一組有多個勾選，則以最後一個為主。
toggle()		勾選狀態切換。

下面的程式碼執行後，QCheckBox B 會停用，QCheckBox A 會預先勾選。

```python
from PyQt6 import QtWidgets   # 將 PyQt6 換成 PyQt5 就能改用 PyQt5
import sys
app = QtWidgets.QApplication(sys.argv)

Form = QtWidgets.QWidget()
Form.setWindowTitle('oxxo.studio')
Form.resize(300, 200)

cb_a = QtWidgets.QCheckBox(Form)      # 複選按鈕 A
cb_a.move(30, 60)
cb_a.setText('A')
cb_a.setChecked(True)                 # 預先選取

cb_b = QtWidgets.QCheckBox(Form)      # 複選按鈕 B
cb_b.move(80, 60)
cb_b.setText('B')
cb_b.setDisabled(True)                # 停用

cb_c = QtWidgets.QCheckBox(Form)
cb_c.setGeometry(130, 60, 50, 20)
cb_c.setText('C')

Form.show()
sys.exit(app.exec())
```

❖ 範例程式碼：ch04/code24_class.py

使用 class 寫法：

```python
from PyQt6 import QtWidgets    # 將 PyQt6 換成 PyQt5 就能改用 PyQt5
import sys

class MyWidget(QtWidgets.QWidget):
    def __init__(self):
        super().__init__()
        self.setWindowTitle('oxxo.studio')
        self.resize(300, 200)
        self.ui()

    def ui(self):
        self.cb_a = QtWidgets.QCheckBox(self)       # 複選按鈕 A
        self.cb_a.move(30, 60)
        self.cb_a.setText('A')
        self.cb_a.setChecked(True)                  # 預先選取

        self.cb_b = QtWidgets.QCheckBox(self)       # 複選按鈕 B
        self.cb_b.move(80, 60)
        self.cb_b.setText('B')
        self.cb_b.setDisabled(True)                 # 停用

        self.cb_c = QtWidgets.QCheckBox(self)
        self.cb_c.setGeometry(130, 60, 50, 20)
        self.cb_c.setText('C')

if __name__ == '__main__':
    app = QtWidgets.QApplication(sys.argv)
    Form = MyWidget()
    Form.show()
    sys.exit(app.exec())
```

❖ 範例程式碼：ch04/code24_class.py

🔗 QCheckBox 樣式設定

如果會使用網頁 CSS 語法，就能透過 setStyleSheet() 設定 QCheckBox 樣式，在設計樣式上也較為彈性好用，下方的程式碼執行後，會套用 CSS 樣式語法，將 QCheckBox 設定為藍色字，當滑鼠移到按鈕上，就會觸發 hover 的樣式而變成紅色字，勾選之後就會變成黑底白字。

```python
from PyQt6 import QtWidgets   # 將 PyQt6 換成 PyQt5 就能改用 PyQt5
import sys
app = QtWidgets.QApplication(sys.argv)

Form = QtWidgets.QWidget()
Form.setWindowTitle('oxxo.studio')
Form.resize(300, 200)

# 設定 QCheckBox
style = '''
    QCheckBox {
        color: #00f;
    }
    QCheckBox:hover {
        color: #f00;
    }
    QCheckBox:checked {
        color: #fff;
        background: #000;
    }
'''

cb_a = QtWidgets.QCheckBox(Form)
cb_a.move(30, 60)
cb_a.setText('A')
cb_a.setStyleSheet(style)      # 套用 style

cb_b = QtWidgets.QCheckBox(Form)
cb_b.move(80, 60)
cb_b.setText('B')
cb_b.setStyleSheet(style)      # 套用 style

cb_c = QtWidgets.QCheckBox(Form)
cb_c.move(130, 60)
```

```
cb_c.setText('C')
cb_c.setStyleSheet(style)      # 套用 style

Form.show()
sys.exit(app.exec())
```

❖ 範例程式碼：ch04/code25.py

使用 class 寫法：

```
from PyQt6 import QtWidgets    # 將 PyQt6 換成 PyQt5 就能改用 PyQt5
import sys

class MyWidget(QtWidgets.QWidget):
    def __init__(self):
        super().__init__()
        self.setWindowTitle('oxxo.studio')
        self.resize(300, 200)
        self.ui()

    def ui(self):
        # 設定 QCheckBox
        style = '''
            QCheckBox {
                color: #00f;
            }
            QCheckBox:hover {
                color: #f00;
            }
            QCheckBox:checked {
                color: #fff;
                background: #000;
            }
        '''

        self.cb_a = QtWidgets.QCheckBox(self)
        self.cb_a.move(30, 60)
        self.cb_a.setText('A')
        self.cb_a.setStyleSheet(style)      # 套用 style

        self.cb_b = QtWidgets.QCheckBox(self)
        self.cb_b.move(80, 60)
        self.cb_b.setText('B')
        self.cb_b.setStyleSheet(style)      # 套用 style
```

```
        self.cb_c = QtWidgets.QCheckBox(self)
        self.cb_c.move(130, 60)
        self.cb_c.setText('C')
        self.cb_c.setStyleSheet(style)    # 套用 style

if __name__ == '__main__':
    app = QtWidgets.QApplication(sys.argv)
    Form = MyWidget()
    Form.show()
    sys.exit(app.exec())
```

❖ 範例程式碼：ch04/code25_class.py

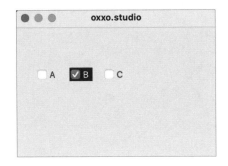

🔗 QCheckBox 點擊事件

如果要偵測勾選了哪個 QCheckBox，可以使用 clicked() 的方法，將函式與各個按鈕綁定，接著就能透過 text() 取得按鈕文字，透過 isChecked() 取得按鈕勾選狀態，下方的程式碼執行後，勾選 QCheckBox 時，就會將勾選的按鈕文字組合，透過 QLabel 輸出顯示。

```
from PyQt6 import QtWidgets  # 將 PyQt6 換成 PyQt5 就能改用 PyQt5
import sys
app = QtWidgets.QApplication(sys.argv)

Form = QtWidgets.QWidget()
Form.setWindowTitle('oxxo.studio')
Form.resize(300, 200)

arr = ['']*3                        # 先新增一個串列放入文字
```

```
def show(cb, i):
    global a
    if cb.isChecked():
        arr[i] = cb.text()      # 如果該按鈕是勾選狀態，在串列的指定位置放入文字
    else:
        arr[i] = ''             # 如果該按鈕是勾選狀態，在串列的指定位置放入空字串
    output = ''.join(arr)       # 組合串列內容為文字
    label.setText(output)       # label 顯示文字

label = QtWidgets.QLabel(Form)
label.setGeometry(30, 30, 100, 30)

cb_a = QtWidgets.QCheckBox(Form)
cb_a.move(30, 60)
cb_a.setText('A')
cb_a.clicked.connect(lambda:show(cb_a, 0))   # 點擊按鈕時，回傳兩個參數給 show 函式

cb_b = QtWidgets.QCheckBox(Form)
cb_b.move(80, 60)
cb_b.setText('B')
cb_b.clicked.connect(lambda:show(cb_b, 1))   # 點擊按鈕時，回傳兩個參數給 show 函式

cb_c = QtWidgets.QCheckBox(Form)
cb_c.move(130, 60)
cb_c.setText('C')
cb_c.clicked.connect(lambda:show(cb_c, 2))   # 點擊按鈕時，回傳兩個參數給 show 函式

Form.show()
sys.exit(app.exec())
```

❖ 範例程式碼：ch04/code26.py

　　使用 class 寫法 (注意不能使用 show 作為方法名稱，會覆寫基底的 show 方法造成無法顯示)：

```
from PyQt6 import QtWidgets    # 將 PyQt6 換成 PyQt5 就能改用 PyQt5
import sys

class MyWidget(QtWidgets.QWidget):
    def __init__(self):
        super().__init__()
        self.setWindowTitle('oxxo.studio')
        self.resize(300, 200)
```

```
            self.ui()

    def ui(self):
        self.arr = ['']*3                    # 先新增一個串列放入文字

        self.label = QtWidgets.QLabel(self)
        self.label.setGeometry(30, 30, 100, 30)

        self.cb_a = QtWidgets.QCheckBox(self)
        self.cb_a.move(30, 60)
        self.cb_a.setText('A')
        self.cb_a.clicked.connect(lambda:self.showText(self.cb_a, 0))
# 點擊按鈕時，回傳兩個參數給 show 函式

        self.cb_b = QtWidgets.QCheckBox(self)
        self.cb_b.move(80, 60)
        self.cb_b.setText('B')
        self.cb_b.clicked.connect(lambda:self.showText(self.cb_b, 1))
# 點擊按鈕時，回傳兩個參數給 show 函式

        self.cb_c = QtWidgets.QCheckBox(self)
        self.cb_c.move(130, 60)
        self.cb_c.setText('C')
        self.cb_c.clicked.connect(lambda:self.showText(self.cb_c, 2))
# 點擊按鈕時，回傳兩個參數給 show 函式

    def showText(self, cb, i):
        if cb.isChecked():
            self.arr[i] = cb.text()   # 如果該按鈕是勾選狀態，在串列的指定位置放入文字
        else:
            self.arr[i] = ''          # 如果該按鈕是勾選狀態，在串列的指定位置放入空字串
        output = ''.join(self.arr)    # 組合串列內容為文字
        self.label.setText(output)    # label 顯示文字

if __name__ == '__main__':
    app = QtWidgets.QApplication(sys.argv)
    Form = MyWidget()
    Form.show()
    sys.exit(app.exec())
```

❖ 範例程式碼：ch04/code26_class.py

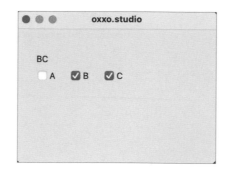

4-5 QGraphicsView 顯示圖片

QGraphicsView 是 PyQt 裡負責顯示圖形的元件，搭配 QGraphicsScene 和 QtGui.QPixmap() 就可以顯示圖片，這篇教學會介紹如何在 PyQt5 和 PyQt6 視窗裡加入 QGraphicsView 元件並顯示圖片。

🔗 QGraphicsView 顯示圖片

建立 PyQt 視窗物件後，透過 QtWidgets.QGraphicsView(widget) 方法，就能在指定的元件中建立顯示圖形元件，QGraphicsView 建立後，需再使用 QtWidgets.QGraphicsScene() 建立場景元件，再透過 QtGui.QPixmap() 於場景中加入圖片，最後將場景加入 QGraphicsView 就可以顯示圖片，如果場景大小超過顯示區域，會自動出現捲軸。

```
rom PyQt6 import QtWidgets, QtGui   # 將 PyQt6 換成 PyQt5 就能改用 PyQt5
import sys
app = QtWidgets.QApplication(sys.argv)

Form = QtWidgets.QWidget()
Form.setWindowTitle('oxxo.studio')
Form.resize(300, 300)

grview = QtWidgets.QGraphicsView(Form) # 加入 QGraphicsView
grview.setGeometry(20, 20, 260, 200)   # 設定 QGraphicsView 位置與大小
scene = QtWidgets.QGraphicsScene()     # 加入 QGraphicsScene
scene.setSceneRect(0, 0, 300, 400)     # 設定 QGraphicsScene 位置與大小
img = QtGui.QPixmap('mona.jpg')        # 加入圖片
```

```
scene.addPixmap(img)                    # 將圖片加入 scene
grview.setScene(scene)                  # 設定 QGraphicsView 的場景為 scene

Form.show()
sys.exit(app.exec())
```

❖ 範例程式碼：ch04/code27.py

使用 class 寫法：

```
from PyQt6 import QtWidgets, QtGui    # 將 PyQt6 換成 PyQt5 就能改用 PyQt5
import sys

class MyWidget(QtWidgets.QWidget):
    def __init__(self):
        super().__init__()
        self.setWindowTitle('oxxo.studio')
        self.resize(300, 300)
        self.ui()

    def ui(self):
        self.grview = QtWidgets.QGraphicsView(self)   # 加入 QGraphicsView
        self.grview.setGeometry(20, 20, 260, 200)     # 設定 QGraphicsView 位置與
                                                      # 大小

        scene = QtWidgets.QGraphicsScene()            # 加入 QGraphicsScene
        scene.setSceneRect(0, 0, 300, 400)    # 設定 QGraphicsScene 位置與大小
        img = QtGui.QPixmap('mona.jpg')               # 加入圖片
        scene.addPixmap(img)                          # 將圖片加入 scene
        self.grview.setScene(scene)           # 設定 QGraphicsView 的場景為 scene

if __name__ == '__main__':
    app = QtWidgets.QApplication(sys.argv)
    Form = MyWidget()
    Form.show()
    sys.exit(app.exec())
```

❖ 範例程式碼：ch04/code27_class.py

🔗 改變圖片尺寸

使用 QtGui.QPixmap() 建立圖片後，就能透過 scaled(w, h) 方法調整圖片大小，下方的程式碼執行後，會顯示縮小後的圖片。

```python
from PyQt6 import QtWidgets, QtGui    # 將 PyQt6 換成 PyQt5 就能改用 PyQt5
import sys
app = QtWidgets.QApplication(sys.argv)

Form = QtWidgets.QWidget()
Form.setWindowTitle('oxxo.studio')
Form.resize(300, 300)                 # 視窗大小

grview = QtWidgets.QGraphicsView(Form)
grview.setGeometry(20, 20, 260, 200)  # QGraphicsView 位置 (20, 20) 和大小
                                      #   260x200
scene = QtWidgets.QGraphicsScene()
scene.setSceneRect(0, 0, 120, 160)    # QGraphicsScene 相對位置 (20, 20) 和大小
                                      #   120x160
img = QtGui.QPixmap('mona.jpg')
img = img.scaled(120,160)             # 調整圖片大小為 120x160
scene.addPixmap(img)
grview.setScene(scene)

Form.show()
sys.exit(app.exec())
```

✦ 範例程式碼：ch04/code28.py

使用 class 寫法：

```
from PyQt6 import QtWidgets, QtGui    # 將 PyQt6 換成 PyQt5 就能改用 PyQt5
import sys

class MyWidget(QtWidgets.QWidget):
    def __init__(self):
        super().__init__()
        self.setWindowTitle('oxxo.studio')
        self.resize(300, 300)
        self.ui()

    def ui(self):
        self.grview = QtWidgets.QGraphicsView(self)
        self.grview.setGeometry(20, 20, 260, 200)   # QGraphicsView 位置
                                    (20, 20) 和大小 260x200

        scene = QtWidgets.QGraphicsScene()
        scene.setSceneRect(0, 0, 120, 160)         # QGraphicsScene 相對位置
                                    (20, 20) 和大小 120x160

        img = QtGui.QPixmap('mona.jpg')
        img = img.scaled(120,160)                  # 調整圖片大小為 120x160
        scene.addPixmap(img)
        self.grview.setScene(scene)

if __name__ == '__main__':
    app = QtWidgets.QApplication(sys.argv)
    Form = MyWidget()
    Form.show()
    sys.exit(app.exec())
```

❖ 範例程式碼：ch04/code28_class.py

🔗 設定圖片位置

　　因為使用 setSceneRect 時定位是以「中心點」為主，如果要改成熟悉的「左上角」定位，可透過簡單的數學公式換算，下方的程式碼執行後，會將定位點改成左上角，修改 x 和 y 的數值，就可以控制圖片左上角的座標。

```python
from PyQt6 import QtWidgets, QtGui    # 將 PyQt6 換成 PyQt5 就能改用 PyQt5
import sys
app = QtWidgets.QApplication(sys.argv)

Form = QtWidgets.QWidget()
Form.setWindowTitle('oxxo.studio')
Form.resize(300, 300)

grview = QtWidgets.QGraphicsView(Form)
gw = 260
gh = 200
grview.setGeometry(20, 20, gw, gh)      # QGraphicsView 的長寬改成變數
scene = QtWidgets.QGraphicsScene()
img = QtGui.QPixmap('mona.jpg')
img_w = 120                             # 顯示圖片的寬度
img_h = 160                             # 顯示圖片的高度
img = img.scaled(img_w, img_h)
x = 20                                  # 左上角 x 座標
y = 20                                  # 左上角 y 座標
dx = int((gw - img_w) / 2) - x         # 修正公式
dy = int((gh - img_h) / 2) - y
scene.setSceneRect(dx, dy, img_w, img_h)
scene.addPixmap(img)
grview.setScene(scene)

Form.show()
sys.exit(app.exec())
```

❖ 範例程式碼：ch04/code29.py

使用 class 寫法：

```python
from PyQt6 import QtWidgets, QtGui    # 將 PyQt6 換成 PyQt5 就能改用 PyQt5
import sys
```

```python
class MyWidget(QtWidgets.QWidget):
    def __init__(self):
        super().__init__()
        self.setWindowTitle('oxxo.studio')
        self.resize(300, 300)
        self.ui()

    def ui(self):
        self.grview = QtWidgets.QGraphicsView(self)
        gw = 260
        gh = 200
        self.grview.setGeometry(20, 20, gw, gh)    # QGraphicsView 的長寬改成變數
        scene = QtWidgets.QGraphicsScene()
        img = QtGui.QPixmap('mona.jpg')
        img_w = 120                                # 顯示圖片的寬度
        img_h = 160                                # 顯示圖片的高度
        img = img.scaled(img_w, img_h)
        x = 20                                     # 左上角 x 座標
        y = 20                                     # 左上角 y 座標
        dx = int((gw - img_w) / 2) - x             # 修正公式
        dy = int((gh - img_h) / 2) - y
        scene.setSceneRect(dx, dy, img_w, img_h)
        scene.addPixmap(img)
        self.grview.setScene(scene)

if __name__ == '__main__':
    app = QtWidgets.QApplication(sys.argv)
    Form = MyWidget()
    Form.show()
    sys.exit(app.exec())
```

❖ 範例程式碼：ch04/code29_class.py

顯示多張圖片

如果要加入多張圖片，就要使用 QItem 的做法，下方的程式碼執行後，會在場景裡放入兩個圖片尺寸不同的 QItem。

```python
from PyQt6 import QtWidgets, QtGui   # 將 PyQt6 換成 PyQt5 就能改用 PyQt5
import sys

app = QtWidgets.QApplication(sys.argv)
MainWindow = QtWidgets.QMainWindow()
MainWindow.setObjectName("MainWindow")
MainWindow.setWindowTitle("oxxo.studio")
MainWindow.resize(300, 300)

grview = QtWidgets.QGraphicsView(MainWindow)       # 加入 QGraphicsView
grview.setGeometry(0, 0, 300, 300)                 # 設定 QGraphicsView 位置與大小
scene = QtWidgets.QGraphicsScene()                 # 加入 QGraphicsScene
scene.setSceneRect(0, 0, 200, 200)                 # 設定 QGraphicsScene 位置與大小
img = QtGui.QPixmap('mona.jpg')                    # 建立圖片
img1 = img.scaled(200,50)                          # 建立不同尺寸圖片
qitem1 = QtWidgets.QGraphicsPixmapItem(img1)       # 設定 QItem，內容是 img1
img2 = img.scaled(100,150)                         # 建立不同尺寸圖片
qitem2 = QtWidgets.QGraphicsPixmapItem(img2)       # 設定 QItem，內容是 img2
scene.addItem(qitem1)                              # 場景中加入 QItem
scene.addItem(qitem2)                              # 場景中加入 QItem
grview.setScene(scene)                             # 設定 QGraphicsView 的場景為 scene

MainWindow.show()
sys.exit(app.exec())
```

✦ 範例程式碼：ch04/code30_class.py

使用 class 寫法：

```python
from PyQt6 import QtWidgets, QtGui   # 將 PyQt6 換成 PyQt5 就能改用 PyQt5
import sys

class MyWidget(QtWidgets.QWidget):
    def __init__(self):
        super().__init__()
        self.setWindowTitle('oxxo.studio')
        self.resize(300, 300)
        self.ui()
```

```
    def ui(self):
        self.grview = QtWidgets.QGraphicsView(self)      # 加入 QGraphicsView
        self.grview.setGeometry(0, 0, 300, 300)  # 設定 QGraphicsView 位置與大小
        scene = QtWidgets.QGraphicsScene()               # 加入 QGraphicsScene
        scene.setSceneRect(0, 0, 200, 200)          # 設定 QGraphicsScene 位置與大小
        img = QtGui.QPixmap('mona.jpg')                  # 建立圖片
        img1 = img.scaled(200,50)                        # 建立不同尺寸圖片
        qitem1 = QtWidgets.QGraphicsPixmapItem(img1)  # 設定 QItem，內容是 img1
        img2 = img.scaled(100,150)                       # 建立不同尺寸圖片
        qitem2 = QtWidgets.QGraphicsPixmapItem(img2)  # 設定 QItem，內容是 img2
        scene.addItem(qitem1)                            # 場景中加入 QItem
        scene.addItem(qitem2)                            # 場景中加入 QItem
        self.grview.setScene(scene)                      # 設定
QGraphicsView 的場景為 scene

if __name__ == '__main__':
    app = QtWidgets.QApplication(sys.argv)
    Form = MyWidget()
    Form.show()
    sys.exit(app.exec())
```

❖ 範例程式碼：ch04/code30_class.py

小結

　　這個章節介紹了 PyQt5 和 PyQt6 最常使用的元件，包括 QLabel、QPushButton、QRadioButton、QCheckBox 和 QGraphicsView，只要熟練掌握這些元件，就可以更有效地創建自定義的 GUI，並為使用者提供更好的操作體驗。

介面元件（輸入與下拉選單）

在 PyQt 中，QLineEdit 可以用來讓使用者輸入單行文字，QTextEdit 和 QPlainTextEdit 可以讓使用者輸入多行文字，而 QListWidget 和 QComboBox 可以用來讓使用者選擇不同的項目，這些元件都有不同的特色和用途，分別負責不同的 GUI 應用程式，這個章節將簡單介紹這些元件的使用方法和特色。

✢ 本章節的範例程式碼：
  https://github.com/oxxostudio/book-code/tree/master/pyqt/ch05

本章節的部分範例，使用 PyQt5 和 PyQt6 有些許差異，請注意程式碼裡的註解和說明。

5-1　QLineEdit 單行輸入框

QLineEdit 是 PyQt 裡的單行輸入框元件，這個小節會介紹如何在 PyQ5 和 PyQt6 視窗裡加入 QLineEdit 單行輸入框，並實作修改樣式以及讀取輸入文字等基本應用。

加入 QLineEdit 單行輸入框

建立 PyQt 視窗物件後，透過 QtWidgets.QLineEdit(widget) 方法，就能在指定的元件中建立單行輸入框元件，下方的程式碼執行後，會在視窗裡加入一個單行輸入框。

```python
from PyQt6 import QtWidgets            # 將 PyQt6 換成 PyQt5 就能改用 PyQt5
import sys
app = QtWidgets.QApplication(sys.argv)

Form = QtWidgets.QWidget()
Form.setWindowTitle('oxxo.studio')
Form.resize(300, 200)

input = QtWidgets.QLineEdit(Form)      # 建立單行輸入框
input.setGeometry(20,20,100,20)        # 設定位置和尺寸

Form.show()
sys.exit(app.exec())
```

✤ 範例程式碼：ch05/code01.py

使用 class 寫法：

```python
from PyQt6 import QtWidgets       # 將 PyQt6 換成 PyQt5 就能改用 PyQt5
import sys

class MyWidget(QtWidgets.QWidget):
    def __init__(self):
        super().__init__()
        self.setWindowTitle('oxxo.studio')
        self.resize(300, 200)
        self.ui()
```

```
    def ui(self):
        self.input = QtWidgets.QLineEdit(self)     # 建立單行輸入框
        self.input.setGeometry(20,20,100,20)        # 設定位置和尺寸

if __name__ == '__main__':
    app = QtWidgets.QApplication(sys.argv)
    Form = MyWidget()
    Form.show()
    sys.exit(app.exec())
```

❖ 範例程式碼：ch05/code01_class.py

QLineEdit 位置設定

透過下列 QLineEdit 方法，可以將 QLineEdit 元件定位到指定的位置：

方法	參數	說明
move()	x, y	設定 QLineEdit 在擺放的父元件中的 xy 座標，x 往右為正，y 往下為正，尺寸根據內容自動延伸。
setGeometry()	x, y, w, h	設定 QLineEdit 在擺放的父元件中的 xy 座標和長寬尺寸，x 往右為正，y 往下為正，如果超過長寬尺寸，輸入的文字會被裁切無法顯示。

下方的程式碼執行後會放入兩個 QLineEdit，一個使用 move() 定位並使用預設寬度，另外一個使用 setGeometry() 方法定位。

```
from PyQt6 import QtWidgets     # 將 PyQt6 換成 PyQt5 就能改用 PyQt5
import sys
app = QtWidgets.QApplication(sys.argv)
```

```
Form = QtWidgets.QWidget()
Form.setWindowTitle('oxxo.studio')
Form.resize(300, 200)

input_1 = QtWidgets.QLineEdit(Form)      # 第一個輸入框
input_1.move(20,20)                      # 移動到 (20, 20)

input_2 = QtWidgets.QLineEdit(Form)      # 第二個輸入框
input_2.setGeometry(20,50,100,20)        # 設定位置與長寬

Form.show()
sys.exit(app.exec())
```

❖ 範例程式碼：ch05/code02.py

使用 class 寫法：

```
from PyQt6 import QtWidgets      # 將 PyQt6 換成 PyQt5 就能改用 PyQt5
import sys

class MyWidget(QtWidgets.QWidget):
    def __init__(self):
        super().__init__()
        self.setWindowTitle('oxxo.studio')
        self.resize(300, 200)
        self.ui()

    def ui(self):
        self.input_1 = QtWidgets.QLineEdit(self)      # 第一個輸入框
        self.input_1.move(20,20)                      # 移動到 (20, 20)

        self.input_2 = QtWidgets.QLineEdit(self)      # 第二個輸入框
        self.input_2.setGeometry(20,50,100,20)        # 設定位置與長寬

if __name__ == '__main__':
    app = QtWidgets.QApplication(sys.argv)
    Form = MyWidget()
    Form.show()
    sys.exit(app.exec())
```

❖ 範例程式碼：ch05/code02_class.py

QLineEdit 樣式設定

透過 setStyleSheet()，可以使用類似網頁的 CSS 語法設定 QLineEdit 樣式，下方的程式碼執行後，第一個輸入框會套用 CSS 樣式語法，當輸入框為焦點時，會變成黃底紅框的樣式，而第二個輸入框則維持原本的樣式。

```python
from PyQt6 import QtWidgets
import sys
app = QtWidgets.QApplication(sys.argv)

Form = QtWidgets.QWidget()
Form.setWindowTitle('oxxo.studio')
Form.resize(300, 200)

input_1 = QtWidgets.QLineEdit(Form)
input_1.move(20,20)
input_1.setStyleSheet('''
    QLineEdit {
        border:1px solid #000;
    }
    QLineEdit:focus {
        border:2px solid #f00;
        background:#ff0;
    }
''')

input_2 = QtWidgets.QLineEdit(Form)
input_2.setGeometry(20,50,100,20)

Form.show()
sys.exit(app.exec())
```

❖ 範例程式碼：ch05/code03.py

使用 class 寫法

```
from PyQt6 import QtWidgets      # 將 PyQt6 換成 PyQt5 就能改用 PyQt5
import sys

class MyWidget(QtWidgets.QWidget):
    def __init__(self):
        super().__init__()
        self.setWindowTitle('oxxo.studio')
        self.resize(300, 200)
        self.ui()

    def ui(self):
        self.input_1 = QtWidgets.QLineEdit(self)
        self.input_1.move(20,20)
        self.input_1.setStyleSheet('''
            QLineEdit {
                border:1px solid #000;
            }
            QLineEdit:focus {
                border:2px solid #f00;
                background:#ff0;
            }
        ''')

        self.input_2 = QtWidgets.QLineEdit(self)
        self.input_2.setGeometry(20,50,100,20)

if __name__ == '__main__':
    app = QtWidgets.QApplication(sys.argv)
    Form = MyWidget()
    Form.show()
    sys.exit(app.exec())
```

✦ 範例程式碼：ch05/code03_class.py

QLineEdit 常用方法

下方列出使用 QLineEdit 的常用方法：

方法	參數	說明
setText()	str	預設輸入的文字內容。
setReadOnly()	bool	設定只能讀取，預設 False。
setDisabled()	bool	設定是否禁用，預設 False。
setMaxLength()	int	輸入的最大字元數。
setFocus()		設定為焦點。
setEchoMode()	mode	設定 QtWidgets.QLineEdit.EchoMode.Password 表示為密碼，看不見輸入內容 (此處方法與 PyQt5 不同)。
textChanged.connect()	fn	文字改變時要執行的函式。
text()		取得輸入框內容。

下方的程式碼執行後，預設會先點擊第二個輸入框，而第一個輸入框最多只能輸入五個字元，並且採用密碼的型態表現。

```
from PyQt6 import QtWidgets
import sys
app = QtWidgets.QApplication(sys.argv)

Form = QtWidgets.QWidget()
Form.setWindowTitle('oxxo.studio')
Form.resize(300, 200)

input_1 = QtWidgets.QLineEdit(Form)
input_1.setGeometry(20,20,100,20)
input_1.setEchoMode(QtWidgets.QLineEdit.EchoMode.Password)  # 設定密碼輸入
input_1.setText('12345')   # 預設文字 12345
input_1.setMaxLength(5)     # 最多五個字元

input_2 = QtWidgets.QLineEdit(Form)
input_2.setGeometry(20,50,100,20)
input_2.setFocus()            # 設定焦點
```

```
Form.show()
sys.exit(app.exec())
```

✦ 範例程式碼：ch05/code04.py

使用 class 寫法：

```
from PyQt6 import QtWidgets
import sys

class MyWidget(QtWidgets.QWidget):
    def __init__(self):
        super().__init__()
        self.setWindowTitle('oxxo.studio')
        self.resize(300, 200)
        self.ui()

    def ui(self):
        self.input_1 = QtWidgets.QLineEdit(self)
        self.input_1.setGeometry(20,20,100,20)
        self.input_1.setEchoMode(QtWidgets.QLineEdit.EchoMode.Password)
# 設定密碼輸入
        self.input_1.setText('12345')      # 預設文字 12345
        self.input_1.setMaxLength(5)        # 最多五個字元

        self.input_2 = QtWidgets.QLineEdit(self)
        self.input_2.setGeometry(20,50,100,20)
        self.input_2.setFocus()             # 設定焦點

if __name__ == '__main__':
    app = QtWidgets.QApplication(sys.argv)
    Form = MyWidget()
    Form.show()
    sys.exit(app.exec())
```

✦ 範例程式碼：ch05/code04_class.py

🔗 取得 QLineEdit 輸入字內容

運用 textChanged.connect(fn) 方法，就能在輸入框內容改變時，執行特定的函式，下方的程式碼執行後，當單行輸入框的內容發生改變，就會透過 QLabel 顯示輸入的內容。

```python
from PyQt6 import QtWidgets        # 將 PyQt6 換成 PyQt5 就能改用 PyQt5
import sys
app = QtWidgets.QApplication(sys.argv)

Form = QtWidgets.QWidget()
Form.setWindowTitle('oxxo.studio')
Form.resize(300, 200)

def show():
    label.setText(input.text())   # 顯示文字

input = QtWidgets.QLineEdit(Form)
input.setGeometry(20,20,100,20)
input.textChanged.connect(show)   # 文字改變時執行函式

label = QtWidgets.QLabel(Form)
label.setGeometry(20,50,100,20)

Form.show()
sys.exit(app.exec())
```

✤ 範例程式碼：ch05/code05.py

使用 class 寫法（注意不能使用 show 作為方法名稱，會覆寫基底的 show 方法造成無法顯示）：

```python
from PyQt6 import QtWidgets     # 將 PyQt6 換成 PyQt5 就能改用 PyQt5
import sys

class MyWidget(QtWidgets.QWidget):
    def __init__(self):
        super().__init__()
        self.setWindowTitle('oxxo.studio')
        self.resize(300, 200)
```

```
        self.ui()

    def ui(self):
        self.input = QtWidgets.QLineEdit(self)
        self.input.setGeometry(20,20,100,20)
        self.input.textChanged.connect(self.showText   # 文字改變時執行函式

        self.label = QtWidgets.QLabel(self)
        self.label.setGeometry(20,50,100,20)

    def showText(self):
        self.label.setText(self.input.text())          # 顯示文字

if __name__ == '__main__':
    app = QtWidgets.QApplication(sys.argv)
    Form = MyWidget()
    Form.show()
    sys.exit(app.exec())
```

❖ 範例程式碼：ch05/code05_class.py

5-2　QTextEdit、QPlainTextEdit 多行輸入框

　　QTextEdit 和 QPlainTextEdit 是 PyQt 裡的多行文字輸入框元件，這個小節會介紹如何在 PyQt5 和 PyQt6 視窗裡加入 QTextEdit 和 QPlainTextEdit 多行文字輸入框，並實作修改樣式以及讀取輸入文字等基本應用。

✏️ QTextEdit、QPlainTextEdit 的差異

QTextEdit、QPlainTextEdit 都是多行文字的輸入框，如果只是要應用多行文字的輸入，兩者的「基本用法完全相同」，不過因為 QPlainTextEdit 是經過更多改良的多行輸入框，輸入的每個段落與字元都可以保留自己的屬性，也支援一些特殊字元的功能（例如 \n 換行符），可以進行更進階的用法（例如點擊某一行，就讓該行文字變色 ... 等），如果單純只是要使用多行文字輸入，只要選擇其中一個使用即可（直接使用 QPlainTextEdit 就可以）

✏️ 加入 QTextEdit、QPlainTextEdit 多行輸入框

建立 PyQt 視窗物件後，透過 QtWidgets.QLineEdit(widget) 方法，就能在指定的元件中建立多行輸入框，下方的程式碼執行後，會在視窗裡加入 QTextEdit 和 QPlainTextEdit 多行輸入框各一個。

```python
from PyQt6 import QtWidgets
import sys
app = QtWidgets.QApplication(sys.argv)

Form = QtWidgets.QWidget()
Form.setWindowTitle('oxxo.studio')
Form.resize(300, 300)

input = QtWidgets.QTextEdit(Form)          # QTextEdit 多行輸入框
input.setGeometry(20,20,200,100)

input_p = QtWidgets.QPlainTextEdit(Form)   # QPlainTextEdit 多行輸入框
input_p.setGeometry(20,130,200,100)

Form.show()
sys.exit(app.exec())
```

✤ 範例程式碼：ch05/code06.py

使用 class 寫法

```python
from PyQt6 import QtWidgets        # 將 PyQt6 換成 PyQt5 就能改用 PyQt5
```

```
import sys

class MyWidget(QtWidgets.QWidget):
    def __init__(self):
        super().__init__()
        self.setWindowTitle('oxxo.studio')
        self.resize(300, 300)
        self.ui()

    def ui(self):
        self.input = QtWidgets.QTextEdit(self)          # QTextEdit 多行輸入框
        self.input.setGeometry(20,20,200,100)

        self.input_p = QtWidgets.QPlainTextEdit(self) # QPlainTextEdit 多行輸入框
        self.input_p.setGeometry(20,130,200,100)

if __name__ == '__main__':
    app = QtWidgets.QApplication(sys.argv)
    Form = MyWidget()
    Form.show()
    sys.exit(app.exec())
```

✚ 範例程式碼：ch05/code06_class.py

多行輸入框位置設定

透過下列方法，可以將 QTextEdit、QPlainTextEdit 元件定位到指定的位置：

方法	參數	說明
move()	x, y	設定擺放在父元件中的 xy 座標，x 往右為正，y 往下為正，尺寸根據內容自動延伸。
setGeometry()	x, y, w, h	設定擺放在父元件中的 xy 座標和長寬尺寸，x 往右為正，y 往下為正，如果超過長寬尺寸，輸入的文字會被裁切無法顯示。

下方的程式碼執行後，會放入兩個 QPlainTextEdit，一個使用 move() 方法定位並使用預設寬度，另外一個使用 setGeometry() 方法定位（ QTextEdit 的作法完全相同)。

```python
from PyQt6 import QtWidgets      # 將 PyQt6 換成 PyQt5 就能改用 PyQt5
import sys
app = QtWidgets.QApplication(sys.argv)

Form = QtWidgets.QWidget()
Form.setWindowTitle('oxxo.studio')
Form.resize(360, 300)

input_1 = QtWidgets.QPlainTextEdit(Form)
input_1.move(20,20)                    # 移動到指定座標

input_2 = QtWidgets.QPlainTextEdit(Form)
input_2.setGeometry(20,230,200,50)     # 移動到指定座標並設定長寬

Form.show()
sys.exit(app.exec())
```

❖ 範例程式碼：ch05/code07.py

使用 class 寫法：

```python
from PyQt6 import QtWidgets      # 將 PyQt6 換成 PyQt5 就能改用 PyQt5
import sys

class MyWidget(QtWidgets.QWidget):
    def __init__(self):
        super().__init__()
        self.setWindowTitle('oxxo.studio')
        self.resize(300, 300)
```

```
        self.ui()

    def ui(self):
        self.input_1 = QtWidgets.QPlainTextEdit(self)
        self.input_1.move(20,20)                    # 移動到指定座標

        self.input_2 = QtWidgets.QPlainTextEdit(self)
        self.input_2.setGeometry(20,230,200,50)   # 移動到指定座標並設定長寬

if __name__ == '__main__':
    app = QtWidgets.QApplication(sys.argv)
    Form = MyWidget()
    Form.show()
    sys.exit(app.exec())
```

❖ 範例程式碼：ch05/code07_class.py

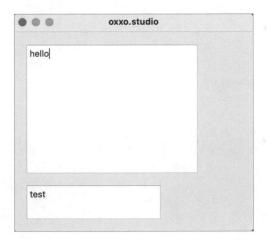

🔗 多行輸入框樣式設定

透過 setStyleSheet()，可以使用類似網頁的 CSS 語法設定 PlainTextEdit 樣式，下方的程式碼執行後，當輸入框為焦點時，會變成白底藍框紅字的樣式 (QTextEdit 的作法完全相同)。

```
from PyQt6 import QtWidgets      # 將 PyQt6 換成 PyQt5 就能改用 PyQt5
import sys
app = QtWidgets.QApplication(sys.argv)
```

```
Form = QtWidgets.QWidget()
Form.setWindowTitle('oxxo.studio')
Form.resize(360, 300)

input = QtWidgets.QPlainTextEdit(Form)
input.setGeometry(20,20,200,100)
input.setStyleSheet('''
    QPlainTextEdit {
        border:1px solid #000;
        background:#ccc;
        color:#f00;
    }
    QPlainTextEdit:focus {
        border:3px solid #09c;
        background:#fff;
    }
''')

Form.show()
sys.exit(app.exec())
```

✤ 範例程式碼：ch05/code08.py

使用 class 寫法：

```
from PyQt6 import QtWidgets      # 將 PyQt6 換成 PyQt5 就能改用 PyQt5
import sys

class MyWidget(QtWidgets.QWidget):
    def __init__(self):
        super().__init__()
        self.setWindowTitle('oxxo.studio')
        self.resize(300, 300)
        self.ui()

    def ui(self):
        self.input = QtWidgets.QPlainTextEdit(self)
        self.input.setGeometry(20,20,200,100)
        self.input.setStyleSheet('''
            QPlainTextEdit {
                border:1px solid #000;
                background:#ccc;
                color:#f00;
            }
```

```
            QPlainTextEdit:focus {
                border:3px solid #09c;
                background:#fff;
            }
        ''')

if __name__ == '__main__':
    app = QtWidgets.QApplication(sys.argv)
    Form = MyWidget()
    Form.show()
    sys.exit(app.exec())
```

❖ 範例程式碼：ch05/code08_class.py

多行輸入框常用方法

下方列出使用多行輸入框的常用方法：

方法	參數	說明
setPlainText()	str	預設輸入的文字內容。
setReadOnly()	bool	設定只能讀取，預設 False。
setDisabled()	bool	設定是否禁用，預設 False。
setFocus()		設定為焦點。
textChanged.connect()	fn	文字改變時要執行的函式。
cursorPositionChanged.connect()	fn	游標位置改變時要執行的函式。
toPlainText()		取得輸入框的所有內容文字。

方法	參數	說明
textCursor().blockNumber()		取得游標在哪一行。
document().findBlockByNumber(n).text()		取得游標所在的 n 行裡的內容文字。

🔗 取得多行輸入框內容

運用 cursorPositionChanged.connect(fn) 方法，就能在輸入框內容的游標位置改變時，執行特定的函式，下方的程式碼執行後，當單行輸入框的內容發生改變，就會透過另外一個輸入框，顯示游標所在的那一行的內容。

```python
from PyQt6 import QtWidgets, QtGui,QtCore      # 將 PyQt6 換成 PyQt5 就能
改用 PyQt5
import sys
app = QtWidgets.QApplication(sys.argv)

Form = QtWidgets.QWidget()
Form.setWindowTitle('oxxo.studio')
Form.resize(360, 300)

def show():
    n = input_1.textCursor().blockNumber()                       # 取得所在行數
    text = input_1.document().findBlockByNumber(n).text()        # 取得該行內容
    input_2.setPlainText(text)                                   # 另外一個輸入框顯示內容

input_1 = QtWidgets.QPlainTextEdit(Form)
input_1.setGeometry(20,20,150,200)
input_1.setStyleSheet('''
    QPlainTextEdit {
        border:1px solid #000;
    }
    QPlainTextEdit:focus {
        border:3px solid #09c;
    }
''')
input_1.cursorPositionChanged.connect(show)   # 游標改變時，執行 show 函式

input_2 = QtWidgets.QPlainTextEdit(Form)
```

```
input_2.setGeometry(180,20,150,200)

Form.show()
sys.exit(app.exec())
```

✤ 範例程式碼：ch05/code09.py

使用 class 寫法 (注意不能使用 show 作為方法名稱，會覆寫基底的
show 方法造成無法顯示)：

```
from PyQt6 import QtWidgets      # 將 PyQt6 換成 PyQt5 就能改用 PyQt5
import sys

class MyWidget(QtWidgets.QWidget):
    def __init__(self):
        super().__init__()
        self.setWindowTitle('oxxo.studio')
        self.resize(360, 300)
        self.ui()

    def ui(self):
        self.input_1 = QtWidgets.QPlainTextEdit(self)
        self.input_1.setGeometry(20,20,150,200)
        self.input_1.setStyleSheet('''
            QPlainTextEdit {
                border:1px solid #000;
            }
            QPlainTextEdit:focus {
                border:3px solid #09c;
            }
        ''')
        self.input_1.cursorPositionChanged.connect(self.showText)
# 游標改變時，執行 showText 函式

        self.input_2 = QtWidgets.QPlainTextEdit(self)
        self.input_2.setGeometry(180,20,150,200)

    def showText(self):
        n = self.input_1.textCursor().blockNumber()
# 取得所在行數
        text = self.input_1.document().findBlockByNumber(n).text()
# 取得該行內容
        self.input_2.setPlainText(text)
```

```
# 另外一個輸入框顯示內容

if __name__ == '__main__':
    app = QtWidgets.QApplication(sys.argv)
    Form = MyWidget()
    Form.show()
    sys.exit(app.exec())
```

❖ 範例程式碼：ch05/code09_class.py

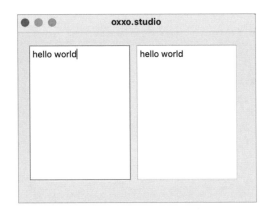

5-3 **QListWidget 列表選擇框**

QListWidget 是 PyQt 裡的列表選擇框元件，這個小節會介紹如何在 PyQt5 和 PyQt6 視窗裡加入 QListWidget 列表選擇框，並簡單介紹與 QListView 的差異，然後實作修改樣式以及點擊選項等基本應用。

🔗 **QListWidget 和 QListView 的差異**

QListWidget 是一個更新且更高級的元件，能夠更方便地進行開發，例如 QListWidget 具有 QStantandardItemModel 無法訪問的類型，也能透過 QListWidgetItem 處理數據，然而如果使用 QListView，許多方法必須要額外定義，屬於比較舊的使用方式。

下方列出兩個方法所建立簡單列表選單的程式碼，可以看出使用

QListWidget 的程式碼更容易閱讀理解：

```python
from PyQt6 import QtWidgets, QtCore
import sys
app = QtWidgets.QApplication(sys.argv)

Form = QtWidgets.QWidget()
Form.setWindowTitle('oxxo.studio')
Form.resize(300, 200)

# 使用 QListView
listview = QtWidgets.QListView(Form)
listview.setGeometry(10,10,120,100)
model = QtCore.QStringListModel()
model.setStringList(['A','B','C','D'])   # 使用 QtCore.QStringListModel() 建立選單
listview.setModel(model)

# 使用 QListWidget
listwidget = QtWidgets.QListWidget(Form)
listwidget.setGeometry(140,10,120,100)
listwidget.addItems(['A','B','C','D'])   # 使用 addItems 建立選單

Form.show()
sys.exit(app.exec())
```

加入 QListWidget 列表選擇框

建立 PyQt 視窗物件後，透過 QtWidgets.QListWidget(widget) 方法，就能在指定的元件中建立列表選擇框，接著使用 addItems() 方法加入列表項目，下方的程式碼執行後，會在視窗裡加入一個有四個項目的列表選擇框。

```python
from PyQt6 import QtWidgets     # 將 PyQt6 換成 PyQt5 就能改用 PyQt5
import sys
app = QtWidgets.QApplication(sys.argv)

Form = QtWidgets.QWidget()
Form.setWindowTitle('oxxo.studio')
Form.resize(300, 200)
```

```
listwidget = QtWidgets.QListWidget(Form)    # 建立列表選擇框元件
listwidget.addItems(['A','B','C','D'])       # 建立選單
listwidget.setGeometry(10,10,120,100)        # 設定位置

Form.show()
sys.exit(app.exec())
```

❖ 範例程式碼：ch05/code10.py

使用 class 寫法：

```
from PyQt6 import QtWidgets        # 將 PyQt6 換成 PyQt5 就能改用 PyQt5
import sys

class MyWidget(QtWidgets.QWidget):
    def __init__(self):
        super().__init__()
        self.setWindowTitle('oxxo.studio')
        self.resize(300, 200)
        self.ui()

    def ui(self):
        self.listwidget = QtWidgets.QListWidget(self)  # 建立列表選擇框元件
        self.listwidget.addItems(['A','B','C','D'])     # 建立選單
        self.listwidget.setGeometry(10,10,120,100)       # 設定位置

if __name__ == '__main__':
    app = QtWidgets.QApplication(sys.argv)
    Form = MyWidget()
    Form.show()
    sys.exit(app.exec())
```

❖ 範例程式碼：ch05/code10_class.py

 QListWidget 刪除選項

　　使用 takeItem(index) 取得指定的項目，index 表示該項目的索引值，第一個項目為 0，取得項目後，就能透過 removeItemWidget(item) 方法移除該項目，下方的程式碼執行後，會將項目裡的 B 移除。

```python
from PyQt6 import QtWidgets     # 將 PyQt6 換成 PyQt5 就能改用 PyQt5
import sys
app = QtWidgets.QApplication(sys.argv)

Form = QtWidgets.QWidget()
Form.setWindowTitle('oxxo.studio')
Form.resize(300, 200)

listwidget = QtWidgets.QListWidget(Form)
listwidget.addItems(['A','B','C','D'])
listwidget.setGeometry(10,10,120,100)
item = listwidget.takeItem(1)         # 取得第二個項目，也就是 B
listwidget.removeItemWidget(item)     # 移除第二個項目

Form.show()
sys.exit(app.exec())
```

❖ 範例程式碼：ch05/code11.py

使用 class 寫法

```python
from PyQt6 import QtWidgets     # 將 PyQt6 換成 PyQt5 就能改用 PyQt5
import sys

class MyWidget(QtWidgets.QWidget):
    def __init__(self):
        super().__init__()
        self.setWindowTitle('oxxo.studio')
        self.resize(300, 200)
        self.ui()

    def ui(self):
        self.listwidget = QtWidgets.QListWidget(self)
        self.listwidget.addItems(['A','B','C','D'])
        self.listwidget.setGeometry(10,10,120,100)
        item = self.listwidget.takeItem(1)          # 取得第二個項目，也就是 B
```

```
            self.listwidget.removeItemWidget(item)    # 移除第二個項目

if __name__ == '__main__':
    app = QtWidgets.QApplication(sys.argv)
    Form = MyWidget()
    Form.show()
    sys.exit(app.exec())
```

❖ 範例程式碼：ch05/code11_class.py

🔗 **QListWidget** 添加選項

　　有兩種方法可以「添加列表項目」，第一種方法使用 addItem(item)
方法將項目加在列表最後方，第二種方法使用 insertItem(index, item) 將
項目加入指定的位置，兩種方法除了可以單純加入「文字」項目，也可以
使用函式的方法，加入帶有 icon 圖示的項目。

　　下面的程式碼執行後，會先使用第一種方法，在最後方添加一個內容
為 X 的項目，並搭配函式在最後加入一個帶有 icon 圖片的選項，接著會使
用第二種方法，將內容為 Y 的項目添加在第一個項目，然後再搭配函式在
第一個項目加入帶有 icon 圖片的選項。

```
from PyQt6 import QtWidgets, QtGui      # 將 PyQt6 換成 PyQt5 就能改用
PyQt5
import sys
app = QtWidgets.QApplication(sys.argv)

Form = QtWidgets.QWidget()
Form.setWindowTitle('oxxo.studio')
Form.resize(300, 200)
```

```
def create_item(text, img):
    item = QtWidgets.QListWidgetItem()          # 建立清單項目
    item.setText(text)                          # 項目文字
    item.setIcon(QtGui.QIcon(img))              # 項目圖片
    return item                                 # 返回清單項目

listwidget = QtWidgets.QListWidget(Form)
listwidget.addItems(['A','B','C','D'])
listwidget.setGeometry(10,10,120,120)
listwidget.addItem('X')                                 # 添加純文字項目
listwidget.addItem(create_item('', 'icon.png')) # 添加使用函式創造的選項

listwidget.insertItem(0, 'Y')                               # 添加純文字項目
listwidget.insertItem(0, create_item('', 'mona.jpg'))   # 添加使用函式創造的選項

Form.show()
sys.exit(app.exec())
```

✦ 範例程式碼：ch05/code12.py

使用 class 寫法

```
from PyQt6 import QtWidgets, QtGui        # 將 PyQt6 換成 PyQt5 就能改用
PyQt5
import sys

class MyWidget(QtWidgets.QWidget):
    def __init__(self):
        super().__init__()
        self.setWindowTitle('oxxo.studio')
        self.resize(300, 200)
        self.ui()

    def ui(self):
        self.listwidget = QtWidgets.QListWidget(self)
        self.listwidget.addItems(['A','B','C','D'])
        self.listwidget.setGeometry(10,10,120,120)
        self.listwidget.addItem('X')                    # 添加純文字項目
        self.listwidget.addItem(self.create_item('', 'icon.png')) # 添加使用函式
                                                          創造的選項

        self.listwidget.insertItem(0, 'Y')             # 添加純文字項目
        self.listwidget.insertItem(0, self.create_item('', 'mona.jpg'))
# 添加使用函式創造的選項
```

```
    def create_item(self, text, img):
        item = QtWidgets.QListWidgetItem()        # 建立清單項目
        item.setText(text)                        # 項目文字
        item.setIcon(QtGui.QIcon(img))            # 項目圖片
        return item                               # 返回清單項目

if __name__ == '__main__':
    app = QtWidgets.QApplication(sys.argv)
    Form = MyWidget()
    Form.show()
    sys.exit(app.exec())
```

❖ 範例程式碼：ch05/code12_class.py

🔗 QListWidget 修改選項

如果要修改項目內容，可以先透過 item(index) 方法可以取得該項目，接著就能使用 setText() 方法修改文字，使用 setIcon() 方法設定圖示。

```
from PyQt6 import QtWidgets, QtGui      # 將 PyQt6 換成 PyQt5 就能改用
PyQt5
import sys
app = QtWidgets.QApplication(sys.argv)

Form = QtWidgets.QWidget()
Form.setWindowTitle('oxxo.studio')
Form.resize(300, 200)

listwidget = QtWidgets.QListWidget(Form)
listwidget.addItems(['A','B','C','D'])
listwidget.setGeometry(10,10,120,100)
item = listwidget.item(1)                # 取得第二個項目（第一個為 0）
```

```
item.setText('ok')                         # 設定文字為 ok
item.setIcon(QtGui.QIcon('icon.png'))     # 設定 icon

Form.show()
sys.exit(app.exec())
```

✦ 範例程式碼：ch05/code13.py

使用 class 寫法：

```
from PyQt6 import QtWidgets, QtGui         # 將 PyQt6 換成 PyQt5 就能改用
PyQt5
import sys

class MyWidget(QtWidgets.QWidget):
    def __init__(self):
        super().__init__()
        self.setWindowTitle('oxxo.studio')
        self.resize(300, 200)
        self.ui()

    def ui(self):
        self.listwidget = QtWidgets.QListWidget(self)
        self.listwidget.addItems(['A','B','C','D'])
        self.listwidget.setGeometry(10,10,120,100)
        item = self.listwidget.item(1)         # 取得第二個項目（第一個為 0）
        item.setText('ok')                     # 設定文字為 ok
        item.setIcon(QtGui.QIcon('icon.png')) # 設定 icon

if __name__ == '__main__':
    app = QtWidgets.QApplication(sys.argv)
    Form = MyWidget()
    Form.show()
    sys.exit(app.exec())
```

✦ 範例程式碼：ch05/code13_class.py

QListWidget 樣式設定

透過 setStyleSheet()，可以使用類似網頁的 CSS 語法設定 QListWidget 樣式，搭配 setFlow() 方法，將列表設定為水平顯示或垂直顯示，下方的程式碼執行後，會將原本垂直顯示列表換成水平顯示，並在選擇項目時，將項目變成黑底紅字。

- PyQt6 的寫法：setFlow(QtWidgets.QListView.Flow.LeftToRight)
- PyQt5 的寫法：setFlow(QtWidgets.QListView.LeftToRight)

```python
from PyQt6 import QtWidgets, QtGui      # 將 PyQt6 換成 PyQt5 就能改用
PyQt5
import sys
app = QtWidgets.QApplication(sys.argv)

Form = QtWidgets.QWidget()
Form.setWindowTitle('oxxo.studio')
Form.resize(300, 200)

def create_item(text):
    item = QtWidgets.QListWidgetItem(listwidget)
    item.setText(text)
    item.setIcon(QtGui.QIcon('icon.png'))
    return item

listwidget = QtWidgets.QListWidget(Form)
listwidget.addItems(['A','B','C','D'])
listwidget.setGeometry(10,10,200,50)
listwidget.addItem(create_item(''))
listwidget.setFlow(QtWidgets.QListView.Flow.LeftToRight)  # PyQt6 寫法，改成水平
                                                           顯示
# listwidget.setFlow(QtWidgets.QListView.LeftToRight)     # 這行是 PyQt5 的寫法
listwidget.setStyleSheet('''
    QListWidget{
        color:#00f;
    }
    QListWidget::item{
        width:30px;
    }
```

```
    QListWidget::item:selected{
        color:#f00;
        background:#000;
    }
''')


Form.show()
sys.exit(app.exec())
```

✦ 範例程式碼：ch05/code14.py

使用 class 寫法：

```
from PyQt6 import QtWidgets, QtGui      # 將 PyQt6 換成 PyQt5 就能改用 PyQt5
import sys

class MyWidget(QtWidgets.QWidget):
    def __init__(self):
        super().__init__()
        self.setWindowTitle('oxxo.studio')
        self.resize(300, 200)
        self.ui()

    def ui(self):
        self.listwidget = QtWidgets.QListWidget(self)
        self.listwidget.addItems(['A','B','C','D'])
        self.listwidget.setGeometry(10,10,200,50)
        self.listwidget.addItem(self.create_item(''))
        self.listwidget.setFlow(QtWidgets.QListView.Flow.LeftToRight)
# PyQt6 寫法，改成水平顯示
        # self.listwidget.setFlow(QtWidgets.QListView.LeftToRight)
# 這行是 PyQt5 的寫法水平顯示
        self.listwidget.setStyleSheet('''
            QListWidget{
                color:#00f;
            }
            QListWidget::item{
                width:30px;
            }
            QListWidget::item:selected{
                color:#f00;
                background:#000;
            }
        ''')
```

```
    def create_item(self, text):
        item = QtWidgets.QListWidgetItem(self.listwidget)
        item.setText(text)
        item.setIcon(QtGui.QIcon('icon.png'))
        return item

if __name__ == '__main__':
    app = QtWidgets.QApplication(sys.argv)
    Form = MyWidget()
    Form.show()
    sys.exit(app.exec())
```

✤ 範例程式碼：ch05/code14_class.py

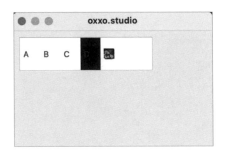

 QListWidget 常用方法

下方列出 QListWidget 的常用方法：

方法	參數	說明
item()	index	取得指定的項目。
addItem()	str	增加單一個項目。
addItems()	list	以串列方式增加多個項目。
takeItem()	index	取得並移除指定項目
removeItemWidget()	item	移除指定項目。
clear()		清空所有項目。

方法	參數	說明
setFlow()	type	設定排列方式。 PyQt6 預設 QtWidgets.QListView.Flow.TopToBottom 從上而下，QtWidgets.QListView.Flow.LeftToRight 從左到右。 PyQt5 預設 QtWidgets.QListView.topToBottom 從上而下，QtWidgets.QListView.LeftToRight 從左到右
setDisabled()	bool	設定是否禁用，預設 False。
clicked.connect()	fn	點擊項目時時要執行的函式。
text()		取得輸入框內容。
currentItem().text()		點擊項目的文字。
currentIndex().row()		點擊項目的列數 (垂直)。
currentIndex().column()		點擊項目的欄數 (水平)。

下方列出 QListWidget 裡 item 的常用方法：

方法	參數	說明
setText()	str	設定項目的文字內容。
setIcon()	QtGui.QIcon(path)	設定項目的圖片。
setSelected()	bool	設定是否選取，預設 False。
text()		項目的文字內容。

🔗 顯示 QListWidget 選擇項目

運用 clicked.connect(fn) 方法，就能在點擊項目時，執行特定的函式，下方的程式碼執行後，會透過 QLabel 顯示點擊的項目內容。

```python
from PyQt6 import QtWidgets, QtCore, QtGui   # 將 PyQt6 換成 PyQt5 就能改用 PyQt5
import sys
app = QtWidgets.QApplication(sys.argv)

Form = QtWidgets.QWidget()
```

```
Form.setWindowTitle('oxxo.studio')
Form.resize(300, 200)

label = QtWidgets.QLabel(Form)
label.setGeometry(10,10,120,30)

def show():
    text = listwidget.currentItem().text()    # 取得項目文字
    num = listwidget.currentIndex().row()      # 取得項目編號
    label.setText(f'{num}:{text}')             # 顯示文字

listwidget = QtWidgets.QListWidget(Form)
listwidget.addItems(['A','B','C','D'])
listwidget.setGeometry(10,50,120,50)
listwidget.setFlow(QtWidgets.QListView.Flow.LeftToRight) # 這行是 PyQt6 的寫法

# listwidget.setFlow(QtWidgets.QListView.LeftToRight)     # 這行是 PyQt5 的寫法
listwidget.setStyleSheet('''
    QListWidget::item{
        font-size:20px;
    }
    QListWidget::item:selected{
        color:#f00;
        background:#000;
    }
''')
listwidget.clicked.connect(show)               # 點擊項目時執行函式

Form.show()
sys.exit(app.exec())
```

✦ 範例程式碼：ch05/code15_class.py

　　使用 class 寫法（注意不能使用 show 作為方法名稱，會覆寫基底的
show 方法造成無法顯示）：

```
from PyQt6 import QtWidgets, QtGui    # 將 PyQt6 換成 PyQt5 就能改用
PyQt5
import sys

class MyWidget(QtWidgets.QWidget):
    def __init__(self):
        super().__init__()
```

```python
        self.setWindowTitle('oxxo.studio')
        self.resize(300, 200)
        self.ui()

    def ui(self):
        self.label = QtWidgets.QLabel(self)
        self.label.setGeometry(10,10,120,30)
        self.listwidget = QtWidgets.QListWidget(self)
        self.listwidget.addItems(['A','B','C','D'])
        self.listwidget.setGeometry(10,50,120,50)
        self.listwidget.setFlow(QtWidgets.QListView.Flow.LeftToRight)
# 這行是 PyQt6 的寫法

        # self.listwidget.setFlow(QtWidgets.QListView.LeftToRight)
# 這行是 PyQt5 的寫法
        self.listwidget.setStyleSheet('''
            QListWidget::item{
                font-size:20px;
            }
            QListWidget::item:selected{
                color:#f00;
                background:#000;
            }
        ''')
        self.listwidget.clicked.connect(self.showText) # 點擊項目時執行函式

    def showText(self):
        text = self.listwidget.currentItem().text()   # 取得項目文字
        num = self.listwidget.currentIndex().row()     # 取得項目編號
        self.label.setText(f'{num}:{text}')            # 顯示文字

if __name__ == '__main__':
    app = QtWidgets.QApplication(sys.argv)
    Form = MyWidget()
    Form.show()
    sys.exit(app.exec())
```

❖ 範例程式碼：ch05/code15_class.py

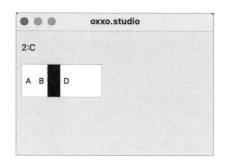

5-4 QComboBox 下拉選單

QComboBox 是 PyQt 裡的下拉選單元件，這個小節會介紹如何在 PyQt5 和 PyQt6 視窗裡加入 QComboBox 下拉選單，並實作修改選單內容以及點讀取選項等基本應用。

🔗 加入 QComboBox 下拉選單

建立 PyQt6 視窗物件後，透過 QtWidgets.QComboBox(widget) 方法，就能在指定的元件中建立下拉選單，接著使用 addItems() 方法加入選單項目，下方的程式碼執行後，會在視窗裡加入一個有四個項目的下拉選單。

```python
from PyQt6 import QtWidgets      # 將 PyQt6 換成 PyQt5 就能改用 PyQt5
import sys
app = QtWidgets.QApplication(sys.argv)

Form = QtWidgets.QWidget()
Form.setWindowTitle('oxxo.studio')
Form.resize(300, 200)

box = QtWidgets.QComboBox(Form)        # 加入下拉選單
box.addItems(['A','B','C','D'])        # 加入四個選項
box.setGeometry(10,10,200,30)

Form.show()
sys.exit(app.exec())
```

❖ 範例程式碼：ch05/code16.py

使用 class 寫法：

```python
from PyQt6 import QtWidgets
import sys

class MyWidget(QtWidgets.QWidget):
    def __init__(self):
        super().__init__()
        self.setWindowTitle('oxxo.studio')
        self.resize(300, 200)
        self.ui()

    def ui(self):
        self.box = QtWidgets.QComboBox(self)      # 加入下拉選單
        self.box.addItems(['A','B','C','D'])       # 加入四個選項
        self.box.setGeometry(10,10,200,30)

if __name__ == '__main__':
    app = QtWidgets.QApplication(sys.argv)
    Form = MyWidget()
    Form.show()
    sys.exit(app.exec())
```

❖ 範例程式碼：ch05/code16_class.py

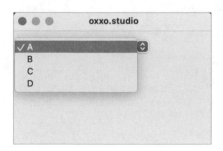

🔗 QComboBox 預設選項

　　有兩種方法可以設定預設選項，使用第一種 setCurrentIndex(index) 方法，可以透過選項的編號指定預設選項，使用第二種 setCurrentText(str) 方法，如果選項的文字為 str 則會指定為預設選項，否則則以第一個選項為主，下方的程式碼執行後，如果選項裡有 D 則預設 D，否則是 B（執行上一段程式碼 setCurrentIndex 的結果）。

```
from PyQt6 import QtWidgets      # 將 PyQt6 換成 PyQt5 就能改用 PyQt5
import sys
app = QtWidgets.QApplication(sys.argv)

Form = QtWidgets.QWidget()
Form.setWindowTitle('oxxo.studio')
Form.resize(300, 200)

box = QtWidgets.QComboBox(Form)
box.addItems(['A','B','C','D'])
box.setGeometry(10,10,200,30)
box.setCurrentIndex(1)        # 預先顯示第二個選項 ( 第一個為 0 )
box.setCurrentText('D')       # 如果選項文字為 D，則顯示 D

Form.show()
sys.exit(app.exec())
```

❖ 範例程式碼：ch05/code17.py

使用 class 寫法：

```
from PyQt6 import QtWidgets      # 將 PyQt6 換成 PyQt5 就能改用 PyQt5
import sys

class MyWidget(QtWidgets.QWidget):
    def __init__(self):
        super().__init__()
        self.setWindowTitle('oxxo.studio')
        self.resize(300, 200)
        self.ui()

    def ui(self):
        self.box = QtWidgets.QComboBox(self)
        self.box.addItems(['A','B','C','D'])
        self.box.setGeometry(10,10,200,30)
        self.box.setCurrentIndex(1)        # 預先顯示第二個選項 ( 第一個為 0 )
        self.box.setCurrentText('D')       # 如果選項文字為 D，則顯示 D

if __name__ == '__main__':
    app = QtWidgets.QApplication(sys.argv)
    Form = MyWidget()
    Form.show()
    sys.exit(app.exec())
```

❖ 範例程式碼：ch05/code17_class.py

🔗 QComboBox 添加、刪除選項

透過 addItem(str) 方法可以在最後方添加選項，insertItem(index, str)
方法可以在指定的位置添加選項，removeItem(index) 方法可以刪除指定
位置的選項，下方的程式碼執行後，選單會變成 ok、A、B、D、apple。

```
from PyQt6 import QtWidgets, QtGui, QtCore   # 將 PyQt6 換成 PyQt5 就能改用 PyQt5
import sys
app = QtWidgets.QApplication(sys.argv)

Form = QtWidgets.QWidget()
Form.setWindowTitle('oxxo.studio')
Form.resize(300, 200)

box = QtWidgets.QComboBox(Form)
box.addItems(['A','B','C','D'])
box.setGeometry(10,10,200,30)

box.addItem('apple')        # 在最後方添加 apple 選項
box.removeItem(2)           # 移除第三個選項 C
box.insertItem(0, 'ok')     # 在最前方加入 ok 為第一個選項

Form.show()
sys.exit(app.exec())
```

❖ 範例程式碼：ch05/code18.py

使用 class 寫法：

```
from PyQt6 import QtWidgets        # 將 PyQt6 換成 PyQt5 就能改用 PyQt5
import sys
```

```
class MyWidget(QtWidgets.QWidget):
    def __init__(self):
        super().__init__()
        self.setWindowTitle('oxxo.studio')
        self.resize(300, 200)
        self.ui()

    def ui(self):
        self.box = QtWidgets.QComboBox(self)
        self.box.addItems(['A','B','C','D'])
        self.box.setGeometry(10,10,200,30)

        self.box.addItem('apple')       # 在最後方添加 apple 選項
        self.box.removeItem(2)          # 移除第三個選項 C
        self.box.insertItem(0, 'ok')    # 在最前方加入 ok 為第一個選項

if __name__ == '__main__':
    app = QtWidgets.QApplication(sys.argv)
    Form = MyWidget()
    Form.show()
    sys.exit(app.exec())
```

❖ 範例程式碼：ch05/code18_class.py

 ## QComboBox 常用方法

下方列出 QComboBox 的常用方法：

方法	參數	說明
addItem()	str	從最後方增加單一個項目。
addItems()	list	以串列方式增加多個項目。

方法	參數	說明
insertItem()	index, str	從指定位置添加項目。
insertItems()	index, list	以串列的方式，在指定位置添加多個項目。
removeItem()	index	移除指定項目。
setDisabled()	bool	設定是否禁用，預設 False。
currentIndexChanged.connect()	fn	選項改變時要執行的函式。
currentText()		選擇項目的文字。
currentIndex()		選擇項目的索引值。
setItemIcon()	index, icon	設定指定選項的 icon，icon 使用 QtGui. QIcon(圖片路徑)。

下方的程式碼執行後，會運用 setItemIcon() 方法，替四個選項都加上
icon 圖示。

```
from PyQt6 import QtWidgets, QtGui      # 將 PyQt6 換成 PyQt5 就能改用 PyQt5
import sys
app = QtWidgets.QApplication(sys.argv)

Form = QtWidgets.QWidget()
Form.setWindowTitle('oxxo.studio')
Form.resize(300, 200)

box = QtWidgets.QComboBox(Form)
box.addItems(['A','B','C','D'])
box.setGeometry(10,10,200,30)
box.setItemIcon(0, QtGui.QIcon('icon.png'))     # 第一個選項
box.setItemIcon(1, QtGui.QIcon('mona.jpg'))     # 第二個選項
box.setItemIcon(2, QtGui.QIcon('orange.jpg'))   # 第三個選項
box.setItemIcon(3, QtGui.QIcon('ok.png'))       # 第四個選項

Form.show()
sys.exit(app.exec())
```

❖ 範例程式碼：ch05/code19.py

使用 class 寫法：

```
from PyQt6 import QtWidgets, QtGui      # 將 PyQt6 換成 PyQt5 就能改用 PyQt5
import sys

class MyWidget(QtWidgets.QWidget):
    def __init__(self):
        super().__init__()
        self.setWindowTitle('oxxo.studio')
        self.resize(300, 200)
        self.ui()

    def ui(self):
        self.box = QtWidgets.QComboBox(self)
        self.box.addItems(['A','B','C','D'])
        self.box.setGeometry(10,10,200,30)
        self.box.setItemIcon(0, QtGui.QIcon('icon.png'))     # 第一個選項
        self.box.setItemIcon(1, QtGui.QIcon('mona.jpg'))     # 第二個選項
        self.box.setItemIcon(2, QtGui.QIcon('orange.jpg'))   # 第三個選項
        self.box.setItemIcon(3, QtGui.QIcon('ok.png'))       # 第四個選項

if __name__ == '__main__':
    app = QtWidgets.QApplication(sys.argv)
    Form = MyWidget()
    Form.show()
    sys.exit(app.exec())
```

✦ 範例程式碼：ch05/code19_class.py

🔗 顯示 QComboBox 選擇項目

運用 currentIndexChanged.connect(fn) 方法，就能在點擊項目時，執行特定的函式，下方的程式碼執行後，會透過 QLabel 顯示選擇的項目內容。

```
from PyQt6 import QtWidgets       # 將 PyQt6 換成 PyQt5 就能改用 PyQt5
import sys
app = QtWidgets.QApplication(sys.argv)

Form = QtWidgets.QWidget()
Form.setWindowTitle('oxxo.studio')
Form.resize(300, 200)

label = QtWidgets.QLabel(Form)
label.setGeometry(10,10,200,30)


def show():
    text = box.currentText()        # 取得目前的文字
    num = box.currentIndex()        # 取得編號
    label.setText(f'{num}:{text}')  # 顯示編號和文字

box = QtWidgets.QComboBox(Form)
box.addItems(['A','B','C','D'])
box.setGeometry(10,50,200,30)
box.currentIndexChanged.connect(show)   # 執行函式

Form.show()
sys.exit(app.exec())
```

✦ 範例程式碼：ch05/code20.py

使用 class 寫法 (注意不能使用 show 作為方法名稱，會覆寫基底的
show 方法造成無法顯示)：

```
from PyQt6 import QtWidgets, QtGui       # 將 PyQt6 換成 PyQt5 就能改用 PyQt5
import sys

class MyWidget(QtWidgets.QWidget):
    def __init__(self):
        super().__init__()
        self.setWindowTitle('oxxo.studio')
        self.resize(300, 200)
        self.ui()

    def ui(self):
        self.label = QtWidgets.QLabel(self)
        self.label.setGeometry(10,10,200,30)
```

```
        self.box = QtWidgets.QComboBox(self)
        self.box.addItems(['A','B','C','D'])
        self.box.setGeometry(10,50,200,30)
        self.box.currentIndexChanged.connect(self.showText)  # 執行函式

    def showText(self):
        text = self.box.currentText()           # 取得目前的文字
        num = self.box.currentIndex()           # 取得編號
        self.label.setText(f'{num}:{text}')     # 顯示編號和文字

if __name__ == '__main__':
    app = QtWidgets.QApplication(sys.argv)
    Form = MyWidget()
    Form.show()
    sys.exit(app.exec())
```

❖ 範例程式碼：ch05/code20_class.py

小結

　　PyQt5 和 PyQt6 提供了豐富的元件和功能，讓使用者可以輕鬆地設計出美觀、實用的 GUI 應用程式。這個章節介紹了 QlineEdit、QTextEdit、QPlainTextEdit、QListWidget 和 QComboBox 的使用方法和特色，透過這些元件，就能夠更加熟練地使用 PyQt5 和 PyQt6 來開發 GUI 應用程式。

第 **6** 章

介面元件（數值調整）

前　言

QSpinBox、QTimeEdit、QDateEdit、QSlider 和 QProgressBar 是 PyQt6 常用的調整元件，QSpinBox 可以用來設定數字的大小，QTimeEdit 和 QDateEdit 可以用來設定時間和日期，而 QSlider 和 QProgressBar 則可以用來顯示滑桿和進度條，這些元件都有不同的特色和用途，可以用來設計不同的 GUI 應用程式，這個章節將簡單介紹這些元件的使用方法和特色。

❖　本章節的範例程式碼：

https://github.com/oxxostudio/book-code/tree/master/pyqt/ch06

本章節的部分範例，使用 PyQt5 和 PyQt6 有些許差異，請注意程式碼裡的註解和說明。

6-1 QSpinBox、QDoubleSpinBox 數值調整元件

QSpinBox 和 QDoubleSpinBox 都 是 PyQt 裡 的 數 值 調 整 元 件，QSpinBox 只能調整整數，QDoubleSpinBox 可以調整浮點數，這個章節會介紹如何在 PyQt5 和 PyQt6 視窗裡加入 QSpinBox 數值調整元件，並實做透過數值調整元件調整數值的基本應用。

加入 QSpinBox、QDoubleSpinBox 數值調整元件

建立 PyQt6 視窗物件後，透過 QtWidgets.QSpinBox(widget) 或 QtWidgets.QDoubleSpinBox(widget) 方法，就能在指定的元件中建立數值調整元件，接著使用 setRange() 方法設定數值調整範圍，下方的程式碼執行後，會在視窗裡加入一個整數調整元件，以及一個浮點數調整元件。

```
from PyQt6 import QtWidgets, QtGui, QtCore   # 將 PyQt6 換成 PyQt5 就能改用 PyQt5
import sys
app = QtWidgets.QApplication(sys.argv)

Form = QtWidgets.QWidget()
Form.setWindowTitle('oxxo.studio')
Form.resize(300, 200)

box1 = QtWidgets.QSpinBox(Form)           # 加入整數調整元件
box1.move(30,10)
box1.setRange(0,100)                      # 設定數值調整區間

box2 = QtWidgets.QDoubleSpinBox(Form)     # 加入浮點數調整元件
box2.move(100,10)
box2.setRange(0,100)                      # 設定數值調整區間

Form.show()
sys.exit(app.exec())
```

❖ 範例程式碼：ch06/code01.py

使用 class 寫法

```
rom PyQt6 import QtWidgets, QtGui   # 將 PyQt6 換成 PyQt5 就能改用 PyQt5
import sys
```

```
class MyWidget(QtWidgets.QWidget):
    def __init__(self):
        super().__init__()
        self.setWindowTitle('oxxo.studio')
        self.resize(300, 200)
        self.ui()

    def ui(self):
        self.box1 = QtWidgets.QSpinBox(self)          # 加入整數調整元件
        self.box1.move(30,10)
        self.box1.setRange(0,100)                      # 設定數值調整區間

        self.box2 = QtWidgets.QDoubleSpinBox(self)    # 加入浮點數調整元件
        self.box2.move(100,10)
        self.box2.setRange(0,100)                      # 設定數值調整區間

if __name__ == '__main__':
    app = QtWidgets.QApplication(sys.argv)
    Form = MyWidget()
    Form.show()
    sys.exit(app.exec())
```

✤ 範例程式碼：ch06/code01_class.py

🔗 數值調整元件常用方法

下方列出 QSpinBox、QDoubleSpinBox 的常用方法：

方法	參數	說明
setRange()	min, max	數值調整的範圍。
setMaximum()	int or float	數值調整的最大值。

方法	參數	說明
setMinimum()	int or float	數值調整的最小值。
setSingleStep()	int or float	數值調整的間距。
setValue()	int or float	數值調整的預設值。
setDisabled()	bool	設定是否禁用，預設 False。
valueChanged.connect()	fn	數值調整時要執行的函式。
value()		數值調整目前的數值。

下方的程式碼執行後，會在畫面中放入兩個數值調整元件，QSpinBox 的區間為 0 ～ 100，預設值 50，調整間距為 10，QDoubleSpinBox 的區間為 0 ～ 100，預設值 50，調整間距為 0.2。

```
from PyQt6 import QtWidgets    # 將 PyQt6 換成 PyQt5 就能改用 PyQt5
import sys
app = QtWidgets.QApplication(sys.argv)

Form = QtWidgets.QWidget()
Form.setWindowTitle('oxxo.studio')
Form.resize(300, 200)

box1 = QtWidgets.QSpinBox(Form)          # 加入整數調整元件
box1.move(30,10)
box1.setRange(0,100)                     # 數值調整區間
box1.setSingleStep(1)                    # 每次調整間隔
box1.setValue(50)                        # 預設值

box2 = QtWidgets.QDoubleSpinBox(Form)    # 加入整數調整元件
box2.move(100,10)
box2.setRange(0,100)                     # 數值調整區間
box2.setSingleStep(0.2)                  # 每次調整間隔
box2.setValue(50)                        # 預設值

Form.show()
sys.exit(app.exec())
```

❖ 範例程式碼：ch06/code02.py

使用 class 寫法：

```
from PyQt6 import QtWidgets    # 將 PyQt6 換成 PyQt5 就能改用 PyQt5
import sys

class MyWidget(QtWidgets.QWidget):
    def __init__(self):
        super().__init__()
        self.setWindowTitle('oxxo.studio')
        self.resize(300, 200)
        self.ui()

    def ui(self):
        self.box1 = QtWidgets.QSpinBox(self)     # 加入整數調整元件
        self.box1.move(30,10)
        self.box1.setRange(0,100)                    # 數值調整區間
        self.box1.setSingleStep(1)                   # 每次調整間隔
        self.box1.setValue(50)                       # 預設值

        self.box2 = QtWidgets.QDoubleSpinBox(self)    # 加入整數調整元件
        self.box2.move(100,10)
        self.box2.setRange(0,100)                    # 數值調整區間
        self.box2.setSingleStep(0.2)                 # 每次調整間隔
        self.box2.setValue(50)                       # 預設值

if __name__ == '__main__':
    app = QtWidgets.QApplication(sys.argv)
    Form = MyWidget()
    Form.show()
    sys.exit(app.exec())
```

❖ 範例程式碼：ch06/code02_class.py

顯示數值調整內容

運用 valueChanged.connect(fn) 方法，就能在調整數值時，執行特定的函式，下方的程式碼執行後，會透過 QLabel 顯示調整的項目數值。

```python
from PyQt6 import QtWidgets    # 將 PyQt6 換成 PyQt5 就能改用 PyQt5
import sys
app = QtWidgets.QApplication(sys.argv)

Form = QtWidgets.QWidget()
Form.setWindowTitle('oxxo.studio')
Form.resize(300, 200)

label = QtWidgets.QLabel(Form)
label.setGeometry(10,10,50,30)

def show():
    label.setText(str(box1.value()))    # 顯示調整數值

box1 = QtWidgets.QSpinBox(Form)
box1.move(80,10)
box1.setRange(0,100)
box1.setSingleStep(1)
box1.setValue(50)
box1.valueChanged.connect(show)        # 調整時執行函式

Form.show()
sys.exit(app.exec())
```

❖ 範例程式碼：ch06/code03.py

使用 class 寫法 (注意不能使用 show 作為方法名稱，會覆寫基底的 show 方法造成無法顯示)：

```python
from PyQt6 import QtWidgets    # 將 PyQt6 換成 PyQt5 就能改用 PyQt5
import sys

class MyWidget(QtWidgets.QWidget):
    def __init__(self):
        super().__init__()
        self.setWindowTitle('oxxo.studio')
        self.resize(300, 200)
```

```
        self.ui()

    def ui(self):
        self.label = QtWidgets.QLabel(self)
        self.label.setGeometry(10,10,50,30)
        self.box1 = QtWidgets.QSpinBox(self)
        self.box1.move(80,10)
        self.box1.setRange(0,100)
        self.box1.setSingleStep(1)
        self.box1.setValue(50)
        self.box1.valueChanged.connect(self.showText)  # 調整時執行函式

    def showText(self):
        self.label.setText(str(self.box1.value()))      # 顯示調整數值

if __name__ == '__main__':
    app = QtWidgets.QApplication(sys.argv)
    Form = MyWidget()
    Form.show()
    sys.exit(app.exec())
```

❖ 範例程式碼：ch06/code03_class.py

6-2　QTimeEdit 時間調整元件

　　QTimeEdit 是 PyQt 裡的時間調整元件，這個小節會介紹如何在 PyQt5 和 PyQt6 視窗裡加入 QTimeEdit 時間調整元件，並實做透過該元件調整時間並將調整的時間顯示出來的簡單應用。

🔗 加入 QTimeEdit 時間調整元件

建立 PyQt 視窗物件後，透過 QtWidgets.QTimeEdit(widget) 方法，就能在指定的元件中建立時間調整元件。

```python
from PyQt6 import QtWidgets    # 將 PyQt6 換成 PyQt5 就能改用 PyQt5
import sys
app = QtWidgets.QApplication(sys.argv)

Form = QtWidgets.QWidget()
Form.setWindowTitle('oxxo.studio')
Form.resize(300, 200)

timeedit = QtWidgets.QTimeEdit(Form)   # 建立時間調整元件
timeedit.setGeometry(20,20,100,30)      # 設定位置和尺寸

Form.show()
sys.exit(app.exec())
```

✛ 範例程式碼：ch06/code04.py

使用 class 寫法：

```python
from PyQt6 import QtWidgets    # 將 PyQt6 換成 PyQt5 就能改用 PyQt5
import sys

class MyWidget(QtWidgets.QWidget):
    def __init__(self):
        super().__init__()
        self.setWindowTitle('oxxo.studio')
        self.resize(300, 200)
        self.ui()

    def ui(self):
        self.timeedit = QtWidgets.QTimeEdit(self)   # 建立時間調整元件
        self.timeedit.setGeometry(20,20,100,30)      # 設定位置和尺寸

if __name__ == '__main__':
    app = QtWidgets.QApplication(sys.argv)
    Form = MyWidget()
    Form.show()
    sys.exit(app.exec())
```

❖ 範例程式碼：ch06/code04_class.py

🔗 時間格式設定

使用 setDisplayFormat() 方法可以調整時間的顯示格式，預設「上午時：分」顯示方式的格式為「ap hh:mm」，若調整為「hh:mm:ss」就會變成 24 小時制並且有秒數，如果調整為「hh:mm:ss ap」，則會變成 12 小時制，上午下午放在最後方，下方的程式碼會列出三組不同格式的時間調整元件。

```python
from PyQt6 import QtWidgets, QtCore   # 將 PyQt6 換成 PyQt5 就能改用 PyQt5
import sys
app = QtWidgets.QApplication(sys.argv)

Form = QtWidgets.QWidget()
Form.setWindowTitle('oxxo.studio')
Form.resize(300, 200)

now = QtCore.QTime.currentTime()

t1 = QtWidgets.QTimeEdit(Form)
t1.setGeometry(20,20,120,30)
t1.setDisplayFormat('hh:mm:ss')    # 24 小時制
t1.setTime(now)

t2 = QtWidgets.QTimeEdit(Form)
t2.setGeometry(20,60,120,30)
t2.setDisplayFormat('hh:mm ap')    # 上午下午制，上午下午在後面
t2.setTime(now)

t3 = QtWidgets.QTimeEdit(Form)
t3.setGeometry(20,100,120,30)
```

```
t3.setDisplayFormat('ap hh:mm:ss')   # 上午下午制，上午下午在前面
t3.setTime(now)

Form.show()
sys.exit(app.exec())
```

❖ 範例程式碼：ch06/code05.py

使用 class 寫法：

```
from PyQt6 import QtWidgets, QtCore    # 將 PyQt6 換成 PyQt5 就能改用 PyQt5
import sys

class MyWidget(QtWidgets.QWidget):
    def __init__(self):
        super().__init__()
        self.setWindowTitle('oxxo.studio')
        self.resize(300, 200)
        self.ui()

    def ui(self):
        now = QtCore.QTime.currentTime()

        self.t1 = QtWidgets.QTimeEdit(self)
        self.t1.setGeometry(20,20,120,30)
        self.t1.setDisplayFormat('hh:mm:ss')    # 24 小時制
        self.t1.setTime(now)

        self.t2 = QtWidgets.QTimeEdit(self)
        self.t2.setGeometry(20,60,120,30)
        self.t2.setDisplayFormat('hh:mm ap')     # 上午下午制，上午下午在後面
        self.t2.setTime(now)

        self.t3 = QtWidgets.QTimeEdit(self)
        self.t3.setGeometry(20,100,120,30)
        self.t3.setDisplayFormat('ap hh:mm:ss')# 上午下午制，上午下午在前面
        self.t3.setTime(now)

if __name__ == '__main__':
    app = QtWidgets.QApplication(sys.argv)
    Form = MyWidget()
    Form.show()
    sys.exit(app.exec())
```

❖ 範例程式碼：ch06/code05_class.py

如果要設定時間調整的範圍，需要搭配 QtCore.QTime(h, m ,s) 方法，下方的程式碼執行後，會將時間調整的範圍限制在 10:00:00 ～ 20:00:00。

```python
from PyQt6 import QtWidgets, QtCore    # 將 PyQt6 換成 PyQt5 就能改用 PyQt5
import sys
app = QtWidgets.QApplication(sys.argv)

Form = QtWidgets.QWidget()
Form.setWindowTitle('oxxo.studio')
Form.resize(300, 200)

t1 = QtWidgets.QTimeEdit(Form)
t1.setGeometry(20,20,120,30)
t1.setDisplayFormat('hh:mm:ss')
t1.setTimeRange(QtCore.QTime(10, 00, 00), QtCore.QTime(20, 00, 00))
# 設定時間範圍

Form.show()
sys.exit(app.exec())
```

❖ 範例程式碼：ch06/code06.py

使用 class 寫法：

```python
from PyQt6 import QtWidgets, QtCore    # 將 PyQt6 換成 PyQt5 就能改用 PyQt5
import sys

class MyWidget(QtWidgets.QWidget):
    def __init__(self):
        super().__init__()
        self.setWindowTitle('oxxo.studio')
        self.resize(300, 200)
        self.ui()
```

```
    def ui(self):
        self.t1 = QtWidgets.QTimeEdit(self)
        self.t1.setGeometry(20,20,120,30)
        self.t1.setDisplayFormat('hh:mm:ss')
        self.t1.setTimeRange(QtCore.QTime(10, 00, 00), QtCore.QTime(20,
00, 00))  # 設定時間範圍

if __name__ == '__main__':
    app = QtWidgets.QApplication(sys.argv)
    Form = MyWidget()
    Form.show()
    sys.exit(app.exec())
```

✤ 範例程式碼：ch06/code06_class.py

 時間調整元件常用方法

下方列出 QTimeEdit 時間調整元件的常用方法：

方法	參數	說明
setTime()	QTime	設定預設時間。
setTimeRange()	start, end	時間調整的範圍。
setDisplayFormat()	format	時間調整的格式。
timeChanged.connect()	fn	時間調整時要執行的函式。
editingFinished.connect()	fn	使用鍵盤上下鍵調整後，按下 enter 要執行的函式。
time()		取得目前調整的時間。
time().toString()		取得目前調整的時間轉換成字串。

方法	參數	說明
QtCore.QTime.currentTime()		取得目前電腦時間。
QtCore.QTime()	h, m, s	設定時間。

🔗 顯示時間調整元件的內容

運用 timeChanged.connect(fn) 方法，就能在調整時間時，執行特定的函式，下方的程式碼執行後，會透過 QLabel 顯示調整的時間。

```
from PyQt6 import QtWidgets, QtCore   # 將 PyQt6 換成 PyQt5 就能改用 PyQt5
import sys
app = QtWidgets.QApplication(sys.argv)

Form = QtWidgets.QWidget()
Form.setWindowTitle('oxxo.studio')
Form.resize(300, 200)

label = QtWidgets.QLabel(Form)
label.setGeometry(20,20,120,30)

def show():
    label.setText(t1.time().toString())   # 顯示時間

now = QtCore.QTime.currentTime()    # 取得目前電腦時間

t1 = QtWidgets.QTimeEdit(Form)
t1.setGeometry(140,20,120,30)
t1.setDisplayFormat('hh:mm:ss')
t1.setTime(now)                       # 設定時間
t1.setTimeRange(QtCore.QTime(3, 00, 00), QtCore.QTime(23, 30, 00))
t1.timeChanged.connect(show)

Form.show()
sys.exit(app.exec())
```

❖ 範例程式碼：ch06/code07.py

使用 class 寫法（注意不能使用 show 作為方法名稱，會覆寫基底的 show 方法造成無法顯示）：

```python
from PyQt6 import QtWidgets, QtCore    # 將 PyQt6 換成 PyQt5 就能改用 PyQt5
import sys

class MyWidget(QtWidgets.QWidget):
    def __init__(self):
        super().__init__()
        self.setWindowTitle('oxxo.studio')
        self.resize(300, 200)
        self.ui()

    def ui(self):
        now = QtCore.QTime.currentTime()    # 取得目前電腦時間

        self.label = QtWidgets.QLabel(self)
        self.label.setGeometry(20,20,120,30)

        self.t1 = QtWidgets.QTimeEdit(self)
        self.t1.setGeometry(140,20,120,30)
        self.t1.setDisplayFormat('hh:mm:ss')
        self.t1.setTime(now)                         # 設定時間
        self.t1.setTimeRange(QtCore.QTime(3, 00, 00), QtCore.QTime(23,
30, 00))
        self.t1.timeChanged.connect(self.showTime)

    def showTime(self):
        self.label.setText(self.t1.time().toString())   # 顯示時間

if __name__ == '__main__':
    app = QtWidgets.QApplication(sys.argv)
    Form = MyWidget()
    Form.show()
    sys.exit(app.exec())
```

❖ 範例程式碼：ch06/code07_class.py

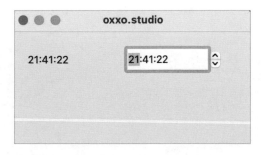

6-3 QDateEdit 日期調整元件

QDateEdit 是 PyQt 裡的日期調整元件，這個章節會介紹如何在 PyQt5 和 PyQt6 視窗裡加入 QDateEdit 日期調整元件，並實做透過該元件調整日期並將調整的日期顯示出來的簡單應用。

加入 QDateEdit 日期調整元件

建立 PyQt 視窗物件後，透過 QtWidgets.QDateEdit(widget) 方法，就能在指定的元件中建立日期調整元件，調整時，需要先點擊要調整的日期位置，就可以針對該位置的日期進行調整。

```python
from PyQt6 import QtWidgets   # 將 PyQt6 換成 PyQt5 就能改用 PyQt5
import sys
app = QtWidgets.QApplication(sys.argv)

Form = QtWidgets.QWidget()
Form.setWindowTitle('oxxo.studio')
Form.resize(300, 200)

date = QtWidgets.QDateEdit(Form)   # 建立日期調整元件
date.setGeometry(20,20,100,30)     # 設定位置

Form.show()
sys.exit(app.exec())
```

✦ 範例程式碼：ch06/code08.py

使用 class 寫法：

```python
from PyQt6 import QtWidgets, QtCore   # 將 PyQt6 換成 PyQt5 就能改用 PyQt5
import sys

class MyWidget(QtWidgets.QWidget):
    def __init__(self):
        super().__init__()
        self.setWindowTitle('oxxo.studio')
        self.resize(300, 200)
        self.ui()
```

```
    def ui(self):
        self.date = QtWidgets.QDateEdit(self)   # 建立日期調整元件
        self.date.setGeometry(20,20,100,30)     # 設定位置

if __name__ == '__main__':
    app = QtWidgets.QApplication(sys.argv)
    Form = MyWidget()
    Form.show()
    sys.exit(app.exec())
```

❖ 範例程式碼：ch06/code08_class.py

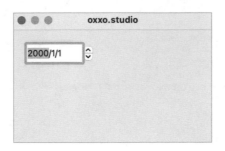

🔗 日期格式設定

　　使用 setDisplayFormat() 方法可以調整日期的顯示格式，預設「西元年 / 月 / 日」顯示方式的格式為「yyyy/MM/dd」（注意大小寫不能有錯），若調整為「dd/MM/yyyy」就會變成「日 / 月 / 西元年」，下方的程式碼會列出兩組不同格式的日期調整元件。

```
from PyQt6 import QtWidgets   # 將 PyQt6 換成 PyQt5 就能改用 PyQt5
import sys
app = QtWidgets.QApplication(sys.argv)

Form = QtWidgets.QWidget()
Form.setWindowTitle('oxxo.studio')
Form.resize(300, 200)

d1 = QtWidgets.QDateEdit(Form)
d1.setGeometry(20,20,100,30)
d1.setDisplayFormat('dd/MM/yyyy')   # 設定格式 西元年 / 月 / 日
```

```
d2 = QtWidgets.QDateEdit(Form)
d2.setGeometry(130,20,100,30)
d2.setDisplayFormat('yyyy/MM/dd')   # 設定格式 日 / 月 / 西元年

Form.show()
sys.exit(app.exec())
```

❖ 範例程式碼：ch06/code09.py

使用 class 寫法

```
from PyQt6 import QtWidgets   # 將 PyQt6 換成 PyQt5 就能改用 PyQt5
import sys

class MyWidget(QtWidgets.QWidget):
    def __init__(self):
        super().__init__()
        self.setWindowTitle('oxxo.studio')
        self.resize(300, 200)
        self.ui()

    def ui(self):
        self.d1 = QtWidgets.QDateEdit(self)
        self.d1.setGeometry(20,20,100,30)
        self.d1.setDisplayFormat('dd/MM/yyyy')   # 設定格式 西元年 / 月 / 日

        self.d2 = QtWidgets.QDateEdit(self)
        self.d2.setGeometry(130,20,100,30)
        self.d2.setDisplayFormat('yyyy/MM/dd')   # 設定格式 日 / 月 / 西元年

if __name__ == '__main__':
    app = QtWidgets.QApplication(sys.argv)
    Form = MyWidget()
    Form.show()
    sys.exit(app.exec())
```

❖ 範例程式碼：ch06/code09_class.py

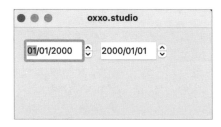

如果要設定日期調整的範圍，需要搭配 QtCore.QDate(y, m, d) 方法，下方的程式碼執行後，會將日期調整的範圍限制在 2000/1/1 ～ 2000/2/1。

```
from PyQt6 import QtWidgets, QtCore   # 將 PyQt6 換成 PyQt5 就能改用 PyQt5
import sys
app = QtWidgets.QApplication(sys.argv)

Form = QtWidgets.QWidget()
Form.setWindowTitle('oxxo.studio')
Form.resize(300, 200)

d1 = QtWidgets.QDateEdit(Form)
d1.setGeometry(20,20,100,30)
d1.setDisplayFormat('dd/MM/yyyy')
d1.setDateRange(QtCore.QDate(2000, 1, 1), QtCore.QDate(2000, 2, 1))
# 設定日期範圍

Form.show()
sys.exit(app.exec())
```

❖ 範例程式碼：ch06/code10.py

使用 class 寫法：

```
from PyQt6 import QtWidgets, QtCore   # 將 PyQt6 換成 PyQt5 就能改用 PyQt5
import sys

class MyWidget(QtWidgets.QWidget):
    def __init__(self):
        super().__init__()
        self.setWindowTitle('oxxo.studio')
        self.resize(300, 200)
        self.ui()

    def ui(self):
        self.d1 = QtWidgets.QDateEdit(self)
        self.d1.setGeometry(20,20,100,30)
        self.d1.setDisplayFormat('dd/MM/yyyy')
        self.d1.setDateRange(QtCore.QDate(2000, 1, 1), QtCore.
QDate(2000, 2, 1))  # 設定日期範圍

if __name__ == '__main__':
    app = QtWidgets.QApplication(sys.argv)
```

```
Form = MyWidget()
Form.show()
sys.exit(app.exec())
```

❖ 範例程式碼：ch06/code10_class.py

 日期調整元件常用方法

下方列出 QDateEdit 日期調整元件的常用方法：

方法	參數	說明
setDate()	QDate	設定預設日期。
setDisplayFormat()	format	日期調整的格式。
setDateRange()	start, end	日期調整的範圍。
setMaximumDate()	QDate	日期調整範圍的最大日期。
setMinimumDate()	QDate	日期調整範圍的最小日期。
dateChanged.connect()	fn	日期調整時要執行的函式。
editingFinished.connect()	fn	使用鍵盤上下鍵調整後，按下 enter 要執行的函式。
date()		取得目前調整的日期。
date().toString()		取得目前調整的日期轉換成字串。
QtCore.QDate().currentDate()		取得目前電腦日期。
QtCore.QDate()	y, m, d	設定日期。

顯示日期調整元件的內容

運用 dateChanged.connect(fn) 方法，就能在調整時間時，執行特定的函式，下方的程式碼執行後，會透過 QLabel 顯示調整的時間。

```python
from PyQt6 import QtWidgets, QtCore   # 將 PyQt6 換成 PyQt5 就能改用 PyQt5
import sys
app = QtWidgets.QApplication(sys.argv)

Form = QtWidgets.QWidget()
Form.setWindowTitle('oxxo.studio')
Form.resize(300, 200)

label = QtWidgets.QLabel(Form)
label.setGeometry(20,20,120,30)

def show():
    label.setText(d1.date().toString())    # 顯示目前日期

d1 = QtWidgets.QDateEdit(Form)
d1.setGeometry(150,20,100,30)
d1.setDisplayFormat('dd/MM/yyyy')
d1.setDate(QtCore.QDate().currentDate())    # 設定日期為目前日期
d1.dateChanged.connect(show)                # 執行函式

Form.show()
sys.exit(app.exec())
```

❖ 範例程式碼：ch06/code11.py

使用 class 的寫法（注意不能使用 show 作為方法名稱，會覆寫基底的 show 方法造成無法顯示）：

```python
from PyQt6 import QtWidgets, QtCore   # 將 PyQt6 換成 PyQt5 就能改用 PyQt5
import sys

class MyWidget(QtWidgets.QWidget):
    def __init__(self):
        super().__init__()
        self.setWindowTitle('oxxo.studio')
        self.resize(300, 200)
        self.ui()
```

```
    def ui(self):
        self.label = QtWidgets.QLabel(self)
        self.label.setGeometry(20,20,120,30)

        self.d1 = QtWidgets.QDateEdit(self)
        self.d1.setGeometry(150,20,100,30)
        self.d1.setDisplayFormat('dd/MM/yyyy')
        self.d1.setDate(QtCore.QDate().currentDate())  # 設定日期為目前日期
        self.d1.dateChanged.connect(self.showDate)      # 執行函式

    def showDate(self):
        self.label.setText(self.d1.date().toString())  # 顯示目前日期

if __name__ == '__main__':
    app = QtWidgets.QApplication(sys.argv)
    Form = MyWidget()
    Form.show()
    sys.exit(app.exec())
```

❖ 範例程式碼：ch06/code11_class.py

6-4 QSlider 數值調整滑桿

　　QSlider 是 PyQt 裡的數值調整滑桿元件，這篇教學會介紹如何在 PyQt5 和 PyQt6 視窗裡加入 QSlider 數值調整滑桿，並實做透過該元件調整數值，進一步將調整的數值顯示出來。

🔗 加入 QSlider 數值調整滑桿

　　建立 PyQt 視窗物件後，透過 QtWidgets.QSlider(widget) 方法，就能在指定的元件中建立數值調整滑桿。

```
from PyQt6 import QtWidgets    # 將 PyQt6 換成 PyQt5 就能改用 PyQt5
import sys
app = QtWidgets.QApplication(sys.argv)

Form = QtWidgets.QWidget()
Form.setWindowTitle('oxxo.studio')
Form.resize(300, 200)

slider = QtWidgets.QSlider(Form)    # 加入數值調整滑桿
slider.move(20,20)

Form.show()
sys.exit(app.exec())
```

✦ 範例程式碼：ch06/code12.py

使用 class 寫法：

```
from PyQt6 import QtWidgets, QtCore    # 將 PyQt6 換成 PyQt5 就能改用 PyQt5
import sys

class MyWidget(QtWidgets.QWidget):
    def __init__(self):
        super().__init__()
        self.setWindowTitle('oxxo.studio')
        self.resize(300, 200)
        self.ui()

    def ui(self):
        self.slider = QtWidgets.QSlider(self)    # 加入數值調整滑桿
        self.slider.move(20,20)

if __name__ == '__main__':
    app = QtWidgets.QApplication(sys.argv)
    Form = MyWidget()
    Form.show()
    sys.exit(app.exec())
```

✦ 範例程式碼：ch06/code12_class.py

QSlider 格式設定

建立 QSlider 時預設採用「**垂直**」方式顯示，透過 setOrientation(type) 方法可以設定顯示方式。

PyQt5 寫法：

- 水平顯示：setOrientation(1)
- 垂直顯示：setOrientation(2)

PyQt6 寫法：

- 水平顯示：setOrientation(QtCore.Qt.Orientation.Horizontal)
- 垂直顯示：setOrientation(QtCore.Qt.Orientation.Vertical)

```
from PyQt6 import QtWidgets, QtCore    # 將 PyQt6 換成 PyQt5 就能改用 PyQt5
import sys
app = QtWidgets.QApplication(sys.argv)

Form = QtWidgets.QWidget()
Form.setWindowTitle('oxxo.studio')
Form.resize(300, 200)

slider_1 = QtWidgets.QSlider(Form)    # 預設垂直
slider_1.move(20,20)

slider_2 = QtWidgets.QSlider(Form)
slider_2.setOrientation(QtCore.Qt.Orientation.Horizontal) # 設定為水平
# slider_2.setOrientation(1)       # 這行是 PyQt5 寫法：設定為水平
slider_2.move(50,20)

Form.show()
```

```
sys.exit(app.exec())
```

❖ 範例程式碼：ch06/code13.py

使用 class 寫法：

```
from PyQt6 import QtWidgets, QtCore    # 將 PyQt6 換成 PyQt5 就能改用 PyQt5
import sys

class MyWidget(QtWidgets.QWidget):
    def __init__(self):
        super().__init__()
        self.setWindowTitle('oxxo.studio')
        self.resize(300, 200)
        self.ui()

    def ui(self):
        self.slider_1 = QtWidgets.QSlider(self)    # 預設垂直
        self.slider_1.move(20,20)

        self.slider_2 = QtWidgets.QSlider(self)
        self.slider_2.setOrientation(QtCore.Qt.Orientation.Horizontal)
# 設定為水平
        # self.slider_2.setOrientation(1)    # 這行是 PyQt5 寫法：設定為水平
        self.slider_2.move(50,20)


if __name__ == '__main__':
    app = QtWidgets.QApplication(sys.argv)
    Form = MyWidget()
    Form.show()
    sys.exit(app.exec())
```

❖ 範例程式碼：ch06/code13_class.py

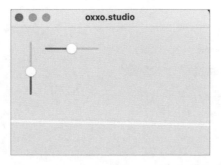

QSlider 加入刻度線

使用 setTickPosition(type) 方法可以加入刻度線，使用 setTickInterval (num) 方法可以設定刻度線間距，下方的程式碼執行後，會呈現兩個刻度不同的 QSlider (預設範圍都是 0 ～ 100)。

PyQt6 寫法：

type	說明
QSlider.TickPosition.TicksAbove	上方加入刻度線。
QSlider.TickPosition.TicksBelow	下方加入刻度線。
QSlider.TickPosition.TicksBothSides	兩側 (上下或左右) 加入刻度線。
QSlider.TickPosition.TicksLeft	左側加入刻度線。
QSlider.TickPosition.TicksRight	右側加入刻度線。

PyQt5 寫法：

type	等同方法	說明
1	QSlider.TicksAbove	上方加入刻度線。
2	QSlider.TicksBelow	下方加入刻度線。
3	QSlider.TicksBothSides	兩側 (上下或左右) 加入刻度線。
4	QSlider.TicksLeft	左側加入刻度線。
5	QSlider.TicksRight	右側加入刻度線。

```
from PyQt6 import QtWidgets, QtCore   # 將 PyQt6 換成 PyQt5 就能改用 PyQt5
import sys
app = QtWidgets.QApplication(sys.argv)

Form = QtWidgets.QWidget()
Form.setWindowTitle('oxxo.studio')
Form.resize(300, 200)
```

```
slider_1 = QtWidgets.QSlider(Form)
slider_1.move(20,20)
slider_1.setOrientation(QtCore.Qt.Orientation.Horizontal)
slider_1.setTickPosition(slider_1.TickPosition.TicksAbove) # 下方加入刻度線
# slider_1.setOrientation(1)    # PyQt5 寫法
# slider_1.setTickPosition(2)   # PyQt5 寫法
slider_1.setTickInterval(10)    # 刻度線間距 ( 會有十條刻度線 )

slider_2 = QtWidgets.QSlider(Form)
slider_2.move(20,60)
slider_2.setOrientation(QtCore.Qt.Orientation.Horizontal)
slider_2.setTickPosition(slider_1.TickPosition.TicksBothSides) # 上下都
加入刻度線
# slider_2.setOrientation(1)    # PyQt5 寫法
# slider_2.setTickPosition(3)   # PyQt5 寫法
slider_2.setTickInterval(20)    # 刻度線間距 ( 會有五條刻度線 )

Form.show()
sys.exit(app.exec())
```

✦ 範例程式碼：ch06/code14.py

使用 class 寫法

```
from PyQt6 import QtWidgets, QtCore   # 將 PyQt6 換成 PyQt5 就能改用 PyQt5
import sys

class MyWidget(QtWidgets.QWidget):
    def __init__(self):
        super().__init__()
        self.setWindowTitle('oxxo.studio')
        self.resize(300, 200)
        self.ui()

    def ui(self):
        self.slider_1 = QtWidgets.QSlider(self)
        self.slider_1.move(20,20)
        self.slider_1.setOrientation(QtCore.Qt.Orientation.Horizontal)
        self.slider_1.setTickPosition(self.slider_1.TickPosition.
TicksAbove) # 下方加入刻度線
        # self.slider_1.setOrientation(1)    # PyQt5 寫法
        # self.slider_1.setTickPosition(2)   # PyQt5 寫法
        self.slider_1.setTickInterval(10)    # 刻度線間距 ( 會有十條刻度線 )
```

```
        self.slider_2 = QtWidgets.QSlider(self)
        self.slider_2.move(20,60)
        self.slider_2.setOrientation(QtCore.Qt.Orientation.Horizontal)
         self.slider_2.setTickPosition(self.slider_1.TickPosition.
TicksBothSides)  # 上下都加入刻度線
        # self.slider_2.setOrientation(1)     # PyQt5 寫法
        # self.slider_2.setTickPosition(3)    # PyQt5 寫法
        self.slider_2.setTickInterval(20)     # 刻度線間距 （ 會有五條刻度線 ）


if __name__ == '__main__':
    app = QtWidgets.QApplication(sys.argv)
    Form = MyWidget()
    Form.show()
    sys.exit(app.exec())
```

❖ 範例程式碼：ch06/code14_class.py

🔗 QSlider 樣式設定

透過 setStyleSheet() 方法，可以使用類似網頁的 CSS 語法設定 QSlider 樣式，下方的程式碼執行後，會將 QSlider 更改為黑底線與紅色調整桿（QSlider::groove:horizontal 表示底線， QSlider::handle:horizontal 表示調整桿，QSlider::sub-page:horizontal 表示調整的顏色）。

```
from PyQt6 import QtWidgets, QtCore   # 將 PyQt6 換成 PyQt5 就能改用 PyQt5
import sys
app = QtWidgets.QApplication(sys.argv)

Form = QtWidgets.QWidget()
Form.setWindowTitle('oxxo.studio')
Form.resize(300, 200)
```

```
slider = QtWidgets.QSlider(Form)
slider.setGeometry(20,20,200,30)
slider.setOrientation(QtCore.Qt.Orientation.Horizontal)
# slider.setOrientation(1)    # PyQt5 寫法
slider.setStyleSheet('''
    QSlider {
        border-radius: 10px;
    }
    QSlider::groove:horizontal {
        height: 5px;
        background: #000;
    }
    QSlider::handle:horizontal{
        background: #f00;
        width: 16px;
        height: 16px;
        margin:-6px 0;
        border-radius:8px;
    }
    QSlider::sub-page:horizontal{
        background:#f90;
    }
''')

Form.show()
sys.exit(app.exec())
```

✦ 範例程式碼：ch06/code15.py

使用 class 寫法：

```
from PyQt6 import QtWidgets, QtCore   # 將 PyQt6 換成 PyQt5 就能改用 PyQt5
import sys

class MyWidget(QtWidgets.QWidget):
    def __init__(self):
        super().__init__()
        self.setWindowTitle('oxxo.studio')
        self.resize(300, 200)
        self.ui()

    def ui(self):
        self.slider = QtWidgets.QSlider(self)
```

```
        self.slider.setGeometry(20,20,200,30)
        self.slider.setOrientation(QtCore.Qt.Orientation.Horizontal)
        # self.slider.setOrientation(1)    # PyQt5 寫法
        self.slider.setStyleSheet('''
            QSlider {
                border-radius: 10px;
            }
            QSlider::groove:horizontal {
                height: 5px;
                background: #000;
            }
            QSlider::handle:horizontal{
                background: #f00;
                width: 16px;
                height: 16px;
                margin:-6px 0;
                border-radius:8px;
            }
            QSlider::sub-page:horizontal{
                background:#f90;
            }
        ''')

if __name__ == '__main__':
    app = QtWidgets.QApplication(sys.argv)
    Form = MyWidget()
    Form.show()
    sys.exit(app.exec())
```

❖ 範例程式碼：ch06/code15_class.py

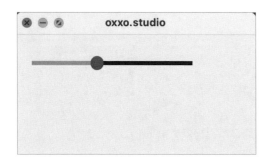

QSlider 常用方法

下方列出 QSlider 數值調整滑桿的常用方法：

方法	參數	說明
setValue()	int	設定預設數值。
setInvertedAppearance()	bool	是否由小到大，預設 False 小到大，True 大到小。
setTickPosition()	type	設定刻度線位置。
setTickInterval()	int	設定刻度線間隔。
setRange()	min, max	設定數值調整範圍。
setMaximum()	int	設定數值調整的最大值。
setMinimum()	int	設定數值調整的最小值。
valueChanged.connect()	fn	數值調整時要執行的函式。
value()		取得目前調整的數值。
tickInterval()		取得目前刻度的間隔。

 ## 顯示數值調整滑桿的數值

運用 valueChanged.connect(fn) 方法，就能在調整時間時，執行特定的函式，下方的程式碼執行後，會透過 QLabel 顯示調整的數值。

```
from PyQt6 import QtWidgets, QtCore    # 將 PyQt6 換成 PyQt5 就能改用 PyQt5
import sys
app = QtWidgets.QApplication(sys.argv)

Form = QtWidgets.QWidget()
Form.setWindowTitle('oxxo.studio')
Form.resize(300, 200)

label = QtWidgets.QLabel(Form)
label.setGeometry(20,20,100,30)

def show():
```

```
        label.setText(str(slider.value()))              # 顯示滑桿數值

slider = QtWidgets.QSlider(Form)
slider.setGeometry(20,40,100,30)
slider.setRange(0, 100)
slider.setOrientation(QtCore.Qt.Orientation.Horizontal)
# slider.setOrientation(1)                          # PyQt5 寫法
slider.valueChanged.connect(show)                    # 數值改變時連動對應函式
Form.show()
sys.exit(app.exec())
```

❖ 範例程式碼：ch06/code16.py

使用 class 寫法：

```
from PyQt6 import QtWidgets, QtCore    # 將 PyQt6 換成 PyQt5 就能改用 PyQt5
import sys

class MyWidget(QtWidgets.QWidget):
    def __init__(self):
        super().__init__()
        self.setWindowTitle('oxxo.studio')
        self.resize(300, 200)
        self.ui()

    def ui(self):
        self.label = QtWidgets.QLabel(self)
        self.label.setGeometry(20,20,100,30)

        self.slider = QtWidgets.QSlider(self)
        self.slider.setGeometry(20,40,100,30)
        self.slider.setRange(0, 100)
        self.slider.setOrientation(QtCore.Qt.Orientation.Horizontal)
        # self.slider.setOrientation(1)    # PyQt5 寫法
        self.slider.valueChanged.connect(self.showNum) # 數值改變時連動對應函式

    def showNum(self):
        self.label.setText(str(self.slider.value()))   # 顯示滑桿數值

if __name__ == '__main__':
    app = QtWidgets.QApplication(sys.argv)
    Form = MyWidget()
    Form.show()
    sys.exit(app.exec())
```

❖ 範例程式碼：ch06/code16_class.py

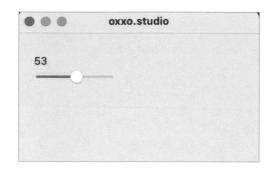

QProgressBar 進度條

QProgressBar 是 PyQt 裡的進度條元件，這篇教學會介紹如何在 PyQt5 和 PyQt6 視窗裡加入 QProgressBar 進度條，並實做使用進度條顯示目前進度的簡單應用。

🔗 加入 QProgressBar 進度條

建立 PyQt6 視窗物件後，透過 QtWidgets.QProgressBar(widget) 方法，就能在指定的元件中建立進度條。

```python
from PyQt6 import QtWidgets    # 將 PyQt6 換成 PyQt5 就能改用 PyQt5
import sys
app = QtWidgets.QApplication(sys.argv)

Form = QtWidgets.QWidget()
Form.setWindowTitle('oxxo.studio')
Form.resize(300, 200)

bar = QtWidgets.QProgressBar(Form)      # 建立進度條
bar.move(20,20)
bar.setRange(0, 100)                    # 進度條範圍
bar.setValue(50)                        # 進度條預設值

Form.show()
sys.exit(app.exec())
```

❖ 範例程式碼：ch06/code17.py

使用 class 寫法：

```
from PyQt6 import QtWidgets    # 將 PyQt6 換成 PyQt5 就能改用 PyQt5
import sys

class MyWidget(QtWidgets.QWidget):
    def __init__(self):
        super().__init__()
        self.setWindowTitle('oxxo.studio')
        self.resize(300, 200)
        self.ui()

    def ui(self):
        self.bar = QtWidgets.QProgressBar(self)  # 建立進度條
        self.bar.move(20,20)
        self.bar.setRange(0, 100)      # 進度條範圍
        self.bar.setValue(50)          # 進度條預設值

if __name__ == '__main__':
    app = QtWidgets.QApplication(sys.argv)
    Form = MyWidget()
    Form.show()
    sys.exit(app.exec())
```

❖ 範例程式碼：ch06/code17_class.py

🔗 QProgressBar 樣式設定

透過 setStyleSheet() 方法，可以使用類似網頁的 CSS 語法設定 QProgressBar 樣式，下方的程式碼執行後，會將兩個 QProgressBar 設定為不同樣式（QProgressBar::chunk 表示目前進度條位置，width 設定為 1），根據作業系統的不同，例如 MacOS 要在設定樣式後，才會出現進度百分比的文字。

```
from PyQt6 import QtWidgets, QtCore   # 將 PyQt6 換成 PyQt5 就能改用 PyQt5
import sys
app = QtWidgets.QApplication(sys.argv)

Form = QtWidgets.QWidget()
Form.setWindowTitle('oxxo.studio')
Form.resize(300, 200)

bar1 = QtWidgets.QProgressBar(Form)
bar1.move(20,20)
bar1.setRange(0, 100)
bar1.setValue(50)
bar1.setStyleSheet('''
    QProgressBar {
        border: 2px solid #000;
        border-radius: 5px;
        text-align:center;
        height: 50px;
        width:80px;
    }
    QProgressBar::chunk {
        background: #09c;
        width:1px;
    }
''')

bar2 = QtWidgets.QProgressBar(Form)
bar2.move(120,20)
bar2.setRange(0, 100)
bar2.setValue(50)
bar2.setStyleSheet('''
    QProgressBar {
        border: 2px solid #000;
        text-align:center;
        background:#aaa;
        color:#fff;
        height: 15px;
        border-radius: 8px;
        width:150px;
    }
    QProgressBar::chunk {
        background: #333;
        width:1px;
```

```
        }
'''')

Form.show()
sys.exit(app.exec())
```

❖ 範例程式碼：ch06/code18.py

使用 class 寫法：

```
from PyQt6 import QtWidgets    # 將 PyQt6 換成 PyQt5 就能改用 PyQt5
import sys

class MyWidget(QtWidgets.QWidget):
    def __init__(self):
        super().__init__()
        self.setWindowTitle('oxxo.studio')
        self.resize(300, 200)
        self.ui()

    def ui(self):
        self.bar1 = QtWidgets.QProgressBar(self)
        self.bar1.move(20,20)
        self.bar1.setRange(0, 100)
        self.bar1.setValue(50)
        self.bar1.setStyleSheet('''
            QProgressBar {
                border: 2px solid #000;
                border-radius: 5px;
                text-align:center;
                height: 50px;
                width:80px;
            }
            QProgressBar::chunk {
                background: #09c;
                width:1px;
            }
        ''')

        self.bar2 = QtWidgets.QProgressBar(self)
        self.bar2.move(120,20)
        self.bar2.setRange(0, 100)
        self.bar2.setValue(50)
        self.bar2.setStyleSheet('''
```

```
            QProgressBar {
                border: 2px solid #000;
                text-align:center;
                background:#aaa;
                color:#fff;
                height: 15px;
                border-radius: 8px;
                width:150px;
            }
            QProgressBar::chunk {
                background: #333;
                width:1px;
            }
        ''')

if __name__ == '__main__':
    app = QtWidgets.QApplication(sys.argv)
    Form = MyWidget()
    Form.show()
    sys.exit(app.exec())
```

❖ 範例程式碼：ch06/code18_class.py

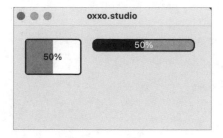

🔗 QProgressBar 進度文字設定

QProgressBar 提供三種文字的顯示格式，透過三種文字顯示格式，能讓進度條的顯示更多變化。

顯示格式	說明
%p	百分比
%v	目前數值
%m	總數值

下方的程式碼執行後，會出現三個不同顯示格式的進度條。

```python
from PyQt6 import QtWidgets   # 將 PyQt6 換成 PyQt5 就能改用 PyQt5
import sys
app = QtWidgets.QApplication(sys.argv)

Form = QtWidgets.QWidget()
Form.setWindowTitle('oxxo.studio')
Form.resize(300, 200)

style = '''
    QProgressBar {
        border: 2px solid #000;
        border-radius: 5px;
        text-align:center;
        height: 20px;
        width:200px;
    }
    QProgressBar::chunk {
        background: #09c;
        width:1px;
    }
'''

bar1 = QtWidgets.QProgressBar(Form)   # 第一種格式進度條
bar1.move(20,20)
bar1.setRange(0, 200)
bar1.setValue(50)
bar1.setStyleSheet(style)
bar1.setFormat('%v/%m')

bar2 = QtWidgets.QProgressBar(Form)   # 第二種格式進度條
bar2.move(20,60)
bar2.setRange(0, 200)
bar2.setValue(50)
bar2.setStyleSheet(style)
bar2.setFormat('%p%')

bar3 = QtWidgets.QProgressBar(Form)   # 第三種格式進度條
bar3.move(20,100)
bar3.setRange(0, 200)
bar3.setValue(50)
bar3.setStyleSheet(style)
```

```
bar3.setFormat('%v')

Form.show()
sys.exit(app.exec())
```

✤ 範例程式碼：ch06/code19.py

使用 class 寫法：

```
from PyQt6 import QtWidgets    # 將 PyQt6 換成 PyQt5 就能改用 PyQt5
import sys

class MyWidget(QtWidgets.QWidget):
    def __init__(self):
        super().__init__()
        self.setWindowTitle('oxxo.studio')
        self.resize(300, 200)
        self.ui()

    def ui(self):
        style = '''
            QProgressBar {
                border: 2px solid #000;
                border-radius: 5px;
                text-align:center;
                height: 20px;
                width:200px;
            }
            QProgressBar::chunk {
                background: #09c;
                width:1px;
            }
        '''

        self.bar1 = QtWidgets.QProgressBar(self)
        self.bar1.move(20,20)
        self.bar1.setRange(0, 200)
        self.bar1.setValue(50)
        self.bar1.setStyleSheet(style)
        self.bar1.setFormat('%v/%m')    # 第一種格式進度條

        self.bar2 = QtWidgets.QProgressBar(self)
        self.bar2.move(20,60)
        self.bar2.setRange(0, 200)
```

```
        self.bar2.setValue(50)
        self.bar2.setStyleSheet(style)
        self.bar2.setFormat('%p%')   # 第三種格式進度條

        self.bar3 = QtWidgets.QProgressBar(self)
        self.bar3.move(20,100)
        self.bar3.setRange(0, 200)
        self.bar3.setValue(50)
        self.bar3.setStyleSheet(style)
        self.bar3.setFormat('%v')   # 第三種格式進度條

if __name__ == '__main__':
    app = QtWidgets.QApplication(sys.argv)
    Form = MyWidget()
    Form.show()
    sys.exit(app.exec())
```

❖ 範例程式碼：ch06/code19_class.py

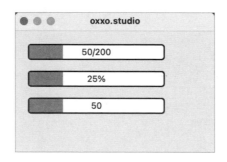

🔗 QProgressBar 常用方法

下方列出 QSlider 數值調整滑桿的常用方法：

方法	參數	說明
setValue()	int	設定進度。
setRange()	min, max	設定進度範圍。
setFormat()	format	設定進度文字格式。
reset()		重設進度條數值。

如果將 setValue() 方法中的最小值與最大值設定為「相同數值」，進度條就會呈現「不斷載入」的狀態。

```
from PyQt6 import QtWidgets    # 將 PyQt6 換成 PyQt5 就能改用 PyQt5
import sys
app = QtWidgets.QApplication(sys.argv)

Form = QtWidgets.QWidget()
Form.setWindowTitle('oxxo.studio')
Form.resize(300, 200)

bar = QtWidgets.QProgressBar(Form)
bar.move(20,20)
bar.setRange(0, 0)          # 兩個數值設定相同
bar.setValue(50)

Form.show()
sys.exit(app.exec())
```

❖ 範例程式碼：ch06/code20.py

使用 class 寫法：

```
from PyQt6 import QtWidgets    # 將 PyQt6 換成 PyQt5 就能改用 PyQt5
import sys

class MyWidget(QtWidgets.QWidget):
    def __init__(self):
        super().__init__()
        self.setWindowTitle('oxxo.studio')
        self.resize(300, 200)
        self.ui()

    def ui(self):
        self.bar = QtWidgets.QProgressBar(self)
        self.bar.move(20,20)
        self.bar.setRange(0, 0)          # 兩個數值設定相同
        self.bar.setValue(50)

if __name__ == '__main__':
    app = QtWidgets.QApplication(sys.argv)
    Form = MyWidget()
    Form.show()
    sys.exit(app.exec())
```

❖ 範例程式碼：ch06/code20_class.py

點擊按鈕增加進度

　　下方的程式碼執行後，會在畫面中增加兩顆按鈕，一顆按鈕按下時會增加進度，另外一顆按鈕按下時則會重設進度。

```python
from PyQt6 import QtWidgets    # 將 PyQt6 換成 PyQt5 就能改用 PyQt5
import sys
app = QtWidgets.QApplication(sys.argv)

Form = QtWidgets.QWidget()
Form.setWindowTitle('oxxo.studio')
Form.resize(300, 200)

style = '''
    QProgressBar {
        border: 2px solid #000;
        border-radius: 5px;
        text-align:center;
        height: 20px;
        width:200px;
    }
    QProgressBar::chunk {
        background: #09c;
        width:1px;
    }
'''

bar = QtWidgets.QProgressBar(Form) # 進度條
bar.move(20,20)
bar.setRange(0, 200)        # 進度條範圍
bar.setValue(0)             # 進度條初始值
```

```
bar.setStyleSheet(style)    # 進度條樣式

n = 0
def more():
    global n
    n = n + 10
    bar.setValue(n)         # 增加進度

def reset():
    global n
    n = 0
    bar.reset()             # 重設進度

btn1 = QtWidgets.QPushButton(Form)    # 增加進度按鈕
btn1.move(20,60)
btn1.setText('增加進度')
btn1.clicked.connect(more)            # 點擊按鈕時執行函式

btn2 = QtWidgets.QPushButton(Form)    # 重設進度按鈕
btn2.move(110,60)
btn2.setText('重設')
btn2.clicked.connect(reset)           # 點擊按鈕時執行函式

Form.show()
sys.exit(app.exec())
```

❖ 範例程式碼：ch06/code21.py

使用 class 寫法：

```
from PyQt6 import QtWidgets    # 將 PyQt6 換成 PyQt5 就能改用 PyQt5
import sys

class MyWidget(QtWidgets.QWidget):
    def __init__(self):
        super().__init__()
        self.setWindowTitle('oxxo.studio')
        self.resize(300, 200)
        self.ui()

    def ui(self):
        style = '''
            QProgressBar {
                border: 2px solid #000;
```

```
            border-radius: 5px;
            text-align:center;
            height: 20px;
            width:200px;
        }
        QProgressBar::chunk {
            background: #09c;
            width:1px;
        }
    '''
    self.n = 0

    self.bar = QtWidgets.QProgressBar(self)      # 進度條
    self.bar.move(20,20)
    self.bar.setRange(0, 200)                    # 進度條範圍
    self.bar.setValue(0)                         # 進度條初始值
    self.bar.setStyleSheet(style)                # 進度條樣式

    self.btn1 = QtWidgets.QPushButton(self)      # 增加進度按鈕
    self.btn1.move(20,60)
    self.btn1.setText('增加進度')
    self.btn1.clicked.connect(self.more)         # 點擊按鈕時執行函式

    self.btn2 = QtWidgets.QPushButton(self)      # 重設進度按鈕
    self.btn2.move(110,60)
    self.btn2.setText('重設')
    self.btn2.clicked.connect(self.reset)        # 點擊按鈕時執行函式

def more(self):
    self.n = self.n + 10
    self.bar.setValue(self.n)            # 增加進度

def reset(self):
    self.n = 0
    self.bar.reset()                     # 重設進度

if __name__ == '__main__':
    app = QtWidgets.QApplication(sys.argv)
    Form = MyWidget()
    Form.show()
    sys.exit(app.exec())
```

❖ 範例程式碼：ch06/code21_class.py

小結

　　這個章節所介紹的 QSpinBox、QTimeEdit、QDateEdit、QSlider 和 QProgressBar，都是非常實用的調整元件，可以用來計調整數值的控制面板、設定時間和日期的應用程式，或是顯示某個任務的進度狀態，通過這個章節的內容，可以更加熟悉這些元件的使用方法和特色，並能夠更加靈活地運用它們來設計自己的 GUI 應用程式。

第 7 章

視窗元件

前言

這個章節會介紹幾個 PyQt 裡與「視窗相關」的實用元件，例如
QMenuBar 可以設計視窗選單、QFileDialog 可以顯示開啟文件對話視
窗、QMessageBox 可以顯訊息對話視窗、QInputDialog 可以顯示輸入
對話視窗，這些元件能夠幫助開發者設計出更加完善的 GUI 應用程式。

❖ 本章節的範例程式碼：

https://github.com/oxxostudio/book-code/tree/master/pyqt/ch07

本章節的部分範例，使用 PyQt5 和 PyQt6 有些許差異，請注意程式碼裡的
註解和說明。

7-1　QMenuBar、QMenu、QAction 視窗選單

QMenuBar、QMenu 和 QAction 是 PyQt 裡的選單元件（視窗最上方的選單），這個小節會介紹如何在 PyQt5 和 PyQt6 視窗裡加入 選單元件，並實作點擊選單後的基本動作。

🔗 QMenuBar、QMenu 和 QAction 的差別

QMenuBar、QMenu 和 QAction 都是 PyQt6 的選單元件，三個的差別如下：

- QMenuBar：選單主元件，通常一個視窗只會有一個。
- QMenu：選單中帶有「子選項」的選項。
- QAction：選單中的選項。

🔗 建立視窗選單

建立 PyQt6 視窗物件後，先透過 QtWidgets.QMenuBar(widget) 方法建立 QMenuBar 視窗選單，接著就能使用 QtWidgets.QMenu(str) 建立帶有「子選項」的選項，使用 QtGui.QAction(str) 建立單一選項（PyQt5 使用 QtWidgets.QAction(str)），建立 QAction 或 QMenu 後，可以將其加入 QMenu，而 QMenuBar 只能加入 QMenu。

> - PyQt5 寫法：QtWidgets.QAction(str) 建立單一選項
> - PyQt6 寫法：QtGui.QAction(str) 建立單一選項

下方的程式碼執行後，會在建立一個具有一個 File 下拉選單的 QMenuBar，File 下拉選單中有 Open 和 Close 兩個選項。

```
from PyQt6 import QtWidgets, QtGui    # 將 PyQt6 換成 PyQt5 就能改用 PyQt5
import sys
app = QtWidgets.QApplication(sys.argv)
```

```
Form = QtWidgets.QWidget()
Form.setWindowTitle('oxxo.studio')
Form.resize(300, 200)

menubar = QtWidgets.QMenuBar(Form)      # 建立 menubar

menu_file = QtWidgets.QMenu('File')      # 建立一個 File 選項 ( QMenu )

action_open = QtGui.QAction('Open')     # 建立一個 Open 選項 ( QAction )
# action_open = QtWidgets.QAction('Open')    # PyQt5 寫法 - 建立一個 Open 選項
( QAction )
menu_file.addAction(action_open)         # 將 Open 選項放入 File 選項裡

action_close = QtGui.QAction('Close') # 建立一個 Close 選項 ( QAction )
# action_close = QtWidgets.QAction('Close')   # PyQt5 寫法 - 建立一個 Close 選項
( QAction )
menu_file.addAction(action_close)         # 將 Close 選項放入 File 選項裡

menubar.addMenu(menu_file)                # 將 File 選項放入 menubar 裡

Form.show()
sys.exit(app.exec())
```

✦ 範例程式碼：ch07/code01.py

使用 class 寫法：

```
from PyQt6 import QtWidgets, QtGui   # 將 PyQt6 換成 PyQt5 就能改用 PyQt5
import sys

class MyWidget(QtWidgets.QWidget):
    def __init__(self):
        super().__init__()
        self.setWindowTitle('oxxo.studio')
        self.resize(300, 200)
        self.ui()

    def ui(self):
        self.menubar = QtWidgets.QMenuBar(self)        # 建立 menubar

        self.menu_file = QtWidgets.QMenu('File')        # 建立一個 File 選項
( QMenu )
```

```
        self.action_open = QtGui.QAction('Open')          # 建立一個 Open 選項
                                                          （ QAction ）
        # self.action_open = QtWidgets.QAction('Open')    # PyQt5 寫法 - 建立一個
                                                           Open 選項（ QAction ）
        self.menu_file.addAction(self.action_open)        # 將 Open 選項放入
                                                            File 選項裡

        self.action_close = QtGui.QAction('Close')        # 建立一個 Close 選項
                                                          （ QAction ）
        # self.action_close = QtWidgets.QAction('Close')  # PyQt5 寫法 - 建立一個
                                                           Open 選項（ QAction ）
        self.menu_file.addAction(self.action_close)       # 將 Close 選項放入 File
                                                            選項裡

        self.menubar.addMenu(self.menu_file)              # 將 File 選項放入
                                                            menubar 裡

if __name__ == '__main__':
    app = QtWidgets.QApplication(sys.argv)
    Form = MyWidget()
    Form.show()
    sys.exit(app.exec())
```

❖ 範例程式碼：ch07/code01_class.py

　　除了使用 addAction() 方法可以加入單一選項，也可以使用 addActions() 的方法，一次加入以串列組成的多個選項，下方的程式碼執行後，會在原本的選單後方加入第二層選單，第二個選單使用 addActions() 添加選項。

```
from PyQt6 import QtWidgets, QtGui   # 將 PyQt6 換成 PyQt5 就能改用 PyQt5
import sys
app = QtWidgets.QApplication(sys.argv)
```

```
Form = QtWidgets.QWidget()
Form.setWindowTitle('oxxo.studio')
Form.resize(300, 200)

menubar = QtWidgets.QMenuBar(Form)

menu_file = QtWidgets.QMenu('File')

action_open = QtGui.QAction('Open')
# action_open = QtWidgets.QAction('Open')        # PyQt5 寫法
menu_file.addAction(action_open)

action_close = QtGui.QAction('Close')
# action_close = QtWidgets.QAction('Close')     # PyQt5 寫法
menu_file.addAction(action_close)

menu_sub = QtWidgets.QMenu('More')              # 建立 More 選項 ( QMenu )
action_A = QtGui.QAction('A')                   # 建立 A 選項 ( QAction )
action_B = QtGui.QAction('B')                   # 建立 B 選項 ( QAction )
# action_A = QtWidgets.Action('A')              # PyQt5 寫法
# action_B = QtWidgets.QAction('B')             # PyQt5 寫法
menu_sub.addActions([action_A, action_B]) # More 選項中加入 A 和 B
menu_file.addMenu(menu_sub)                     # 將 More 選項放入 File 選項裡

menubar.addMenu(menu_file)

Form.show()
sys.exit(app.exec())
```

❖ 範例程式碼：ch07/code02.py

使用 class 寫法：

```
from PyQt6 import QtWidgets, QtGui    # 將 PyQt6 換成 PyQt5 就能改用 PyQt5
import sys

class MyWidget(QtWidgets.QWidget):
    def __init__(self):
        super().__init__()
        self.setWindowTitle('oxxo.studio')
        self.resize(300, 200)
        self.ui()
```

```python
    def ui(self):
        self.menubar = QtWidgets.QMenuBar(self)

        self.menu_file = QtWidgets.QMenu('File')

        self.action_open = QtGui.QAction('Open')
        # self.action_open = QtWidgets.QAction('Open')    # PyQt5 寫法
        self.menu_file.addAction(self.action_open)

        self.action_close = QtGui.QAction('Close')
        # self.action_close = QtWidgets.QAction('Close') # PyQt5 寫法
        self.menu_file.addAction(self.action_close)

        self.menu_sub = QtWidgets.QMenu('More')          # 建立 More 選項 ( QMenu )
        self.action_A = QtGui.QAction('A')               # 建立 A 選項 ( QAction )
        self.action_B = QtGui.QAction('B')               # 建立 B 選項 ( QAction )
        # self.action_A = QtWidgets.QAction('A')          # PyQt5 寫法
        # self.action_B = QtWidgets.QAction('B')          # PyQt5 寫法
        self.menu_sub.addActions([self.action_A, self.action_B])  # More 選項中
加入 A 和 B
        self.menu_file.addMenu(self.menu_sub)            # 將 More 選項放入 File 選項裡

        self.menubar.addMenu(self.menu_file)

if __name__ == '__main__':
    app = QtWidgets.QApplication(sys.argv)
    Form = MyWidget()
    Form.show()
    sys.exit(app.exec())
```

✤ 範例程式碼：ch07/code02_class.py

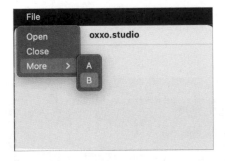

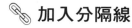 **加入分隔線**

選單的選項順序是按照加入的順序決定，因此在加入選項的過程中，可以使用 addSeparator() 方法在指定的位置加入分隔線。

```python
from PyQt6 import QtWidgets, QtGui    # 將 PyQt6 換成 PyQt5 就能改用 PyQt5
import sys
app = QtWidgets.QApplication(sys.argv)

Form = QtWidgets.QWidget()
Form.setWindowTitle('oxxo.studio')
Form.resize(300, 200)

menubar = QtWidgets.QMenuBar(Form)

menu_file = QtWidgets.QMenu('File')

action_open = QtGui.QAction('Open')
# action_open = QtWidgets.QAction('Open')       # PyQt5 寫法
menu_file.addAction(action_open)

menu_file.addSeparator()                         # 加入分隔線

action_close = QtGui.QAction('Close')
# action_close = QtWidgets.QAction('Close')      # PyQt5 寫法
menu_file.addAction(action_close)

menubar.addMenu(menu_file)

Form.show()
sys.exit(app.exec())
```

✛ 範例程式碼：ch07/code03.py

使用 class 寫法：

```python
from PyQt6 import QtWidgets, QtGui      # 將 PyQt6 換成 PyQt5 就能改用 PyQt5
import sys

class MyWidget(QtWidgets.QWidget):
    def __init__(self):
        super().__init__()
        self.setWindowTitle('oxxo.studio')
```

```
        self.resize(300, 200)
        self.ui()

    def ui(self):
        self.menubar = QtWidgets.QMenuBar(self)

        self.menu_file = QtWidgets.QMenu('File')

        self.action_open = QtGui.QAction('Open')
        # self.action_open = QtWidgets.QAction('Open')        # PyQt5 寫法
        self.menu_file.addAction(self.action_open)

        self.menu_file.addSeparator()                          # 加入分隔線

        self.action_close = QtGui.QAction('Close')
        # self.action_close = QtWidgets.QAction('Close')       # PyQt5 寫法
        self.menu_file.addAction(self.action_close)

        self.menubar.addMenu(self.menu_file)

if __name__ == '__main__':
    app = QtWidgets.QApplication(sys.argv)
    Form = MyWidget()
    Form.show()
    sys.exit(app.exec())
```

✦ 範例程式碼：ch07/code03_class.py

🔗 加入快捷鍵、Icon 圖示

建立選項後，可以透過下列方法設定該選項的快捷鍵、Icon 圖示：

方法	說明
setIcon()	加入 icon 圖示，圖示需要使用 QtGui.QIcon() 方法。
setShortcut()	加入快捷鍵，快捷鍵的格式為 Ctrl、Shift 或 Alt 搭配「+」與大寫字母所組成 (注意，如果快捷鍵和系統預設相同，則不會顯示，例如 Ctrl+Q 是關閉視窗)。

下方的程式碼執行後，會在兩個選項前方加上 icon，並加入快捷鍵的說明。

```python
from PyQt6 import QtWidgets, QtGui   # 將 PyQt6 換成 PyQt5 就能改用 PyQt5
import sys
app = QtWidgets.QApplication(sys.argv)

Form = QtWidgets.QWidget()
Form.setWindowTitle('oxxo.studio')
Form.resize(300, 200)

menubar = QtWidgets.QMenuBar(Form)

menu_file = QtWidgets.QMenu('File')

action_open = QtGui.QAction('Open')
# action_open = QtWidgets.QAction('Open')    # PyQt5 寫法
action_open.setIcon(QtGui.QIcon('icon.png'))
action_open.setShortcut('Ctrl+O')
menu_file.addAction(action_open)

action_close = QtGui.QAction('Close')
# action_close = QtWidgets.QAction('Close') # PyQt5 寫法
action_close.setIcon(QtGui.QIcon('mona.jpg'))
action_close.setShortcut('Shift+Ctrl+Q')
menu_file.addAction(action_close)

menubar.addMenu(menu_file)

Form.show()
sys.exit(app.exec())
```

❖ 範例程式碼：ch07/code04.py

使用 class 寫法：

```python
from PyQt6 import QtWidgets, QtGui    # 將 PyQt6 換成 PyQt5 就能改用 PyQt5
import sys

class MyWidget(QtWidgets.QWidget):
    def __init__(self):
        super().__init__()
        self.setWindowTitle('oxxo.studio')
        self.resize(300, 200)
        self.ui()

    def ui(self):
        self.menubar = QtWidgets.QMenuBar(self)

        self.menu_file = QtWidgets.QMenu('File')

        self.action_open = QtGui.QAction('Open')
        # self.action_open = QtWidgets.QAction('Open')          # PyQt5 寫法
        self.action_open.setIcon(QtGui.QIcon('icon.png'))
        self.action_open.setShortcut('Ctrl+O')
        self.menu_file.addAction(self.action_open)

        self.action_close = QtGui.QAction('Close')
        # self.action_close = QtWidgets.QAction('Close')        # PyQt5 寫法
        self.action_close.setIcon(QtGui.QIcon('mona.jpg'))
        self.action_close.setShortcut('Shift+Ctrl+Q')
        self.menu_file.addAction(self.action_close)

        self.menubar.addMenu(self.menu_file)

if __name__ == '__main__':
    app = QtWidgets.QApplication(sys.argv)
    Form = MyWidget()
    Form.show()
    sys.exit(app.exec())
```

❖ 範例程式碼：ch07/code04_class.py

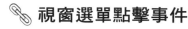 視窗選單點擊事件

使用 triggered.connect(fn) 方法，就能在點擊選單的選項時，執行對應的函式，以下方的程式碼為例，點擊 open 選項時，會開啟選擇檔案的對話視窗，點擊 close 選項時會關閉整個視窗。

```python
from PyQt6 import QtWidgets, QtGui   # 將 PyQt6 換成 PyQt5 就能改用 PyQt5
import sys
app = QtWidgets.QApplication(sys.argv)

Form = QtWidgets.QWidget()
Form.setWindowTitle('oxxo.studio')
Form.resize(300, 200)

def open():
    filePath , filterType = QtWidgets.QFileDialog.getOpenFileNames()
# 選擇檔案對話視窗
    print(filePath , filterType)

def close():
    print('close')
    app.quit()              # 結束應用程式

menubar = QtWidgets.QMenuBar(Form)

menu_file = QtWidgets.QMenu('File')

action_open = QtGui.QAction('Open')
# action_open = QtWidgets.QAction('Open')    # PyQt5 寫法
action_open.triggered.connect(open)
menu_file.addAction(action_open)                # 執行對應函式

action_close = QtGui.QAction('Close')
# action_close = QtWidgets.QAction('OClose') # PyQt5 寫法
action_close.triggered.connect(close)
menu_file.addAction(action_close)               # 執行關閉應用程式函式

menubar.addMenu(menu_file)

Form.show()
sys.exit(app.exec())
```

✦ 範例程式碼：ch07/code05.py

使用 class 寫法：

```python
from PyQt6 import QtWidgets, QtGui    # 將 PyQt6 換成 PyQt5 就能改用 PyQt5
import sys

class MyWidget(QtWidgets.QWidget):
    def __init__(self):
        super().__init__()
        self.setWindowTitle('oxxo.studio')
        self.resize(300, 200)
        self.ui()

    def ui(self):
        self.menubar = QtWidgets.QMenuBar(self)

        self.menu_file = QtWidgets.QMenu('File')

        self.action_open = QtGui.QAction('Open')
        # self.action_open = QtWidgets.QAction('Open')      # PyQt5 寫法
        self.action_open.triggered.connect(self.open)
        self.menu_file.addAction(self.action_open)          # 執行對應函式

        self.action_close = QtGui.QAction('Close')
        # self.action_close = QtWidgets.QAction('Close')    # PyQt5 寫法
        self.action_close.triggered.connect(self.close)
        self.menu_file.addAction(self.action_close)         # 執行關閉應用程式函式

        self.menubar.addMenu(self.menu_file)

    def open(self):
        filePath , filterType = QtWidgets.QFileDialog.getOpenFileNames()   # 選擇檔
案對話視窗
        print(filePath , filterType)

    def close(self):
        print('close')
        app.quit()              # 結束應用程式

if __name__ == '__main__':
    app = QtWidgets.QApplication(sys.argv)
    Form = MyWidget()
    Form.show()
    sys.exit(app.exec())
```

❖ 範例程式碼：ch07/code05_class.py

7-2　QFileDialog 選擇檔案對話視窗

　　QFileDialog 是 PyQt 裡負責選擇檔案的對話視窗元件，通常會搭配按鈕或選單進行開啟檔案的動作，這個小節會介紹如何在 PyQt5 和 PyQt6 視窗裡加入 QFileDialog 選擇檔案對話視窗，最後還會使用內建函式 open 搭配 QPlainTextEdit 顯示開啟檔案的內容。

使用 QFileDialog 選擇檔案對話視窗

　　建立 PyQt6 視窗物件後，先透過 QtWidgets.QPushButton(widget) 方法加入按鈕，使用 clicked.connect() 綁定點擊按鈕時的函式，在函式中使用 QtWidgets.QFileDialog.getOpenFileNames() 方法，就可以在點擊按鈕時，開啟選擇檔案的對話視窗，選擇並選擇檔案後，會回傳兩個值，第一個值是檔案的路徑，第二個值則是檔案篩選器的類型（預設是 All Files）。

```python
from PyQt6 import QtWidgets    # 將 PyQt6 換成 PyQt5 就能改用 PyQt5
import sys
app = QtWidgets.QApplication(sys.argv)

Form = QtWidgets.QWidget()
Form.setWindowTitle('oxxo.studio')
Form.resize(300, 200)

def open():
    filePath , filterType = QtWidgets.QFileDialog.getOpenFileNames()
# 選擇檔案對話視窗
    print(filePath , filterType)

btn = QtWidgets.QPushButton(Form)    # 加入按鈕
btn.move(20, 20)
btn.setText(' 開啟檔案 ')
btn.clicked.connect(open)

Form.show()
sys.exit(app.exec())
```

❖ 範例程式碼：ch07/code06.py

使用 class 寫法：

```python
from PyQt6 import QtWidgets    # 將 PyQt6 換成 PyQt5 就能改用 PyQt5
import sys

class MyWidget(QtWidgets.QWidget):
    def __init__(self):
        super().__init__()
        self.setWindowTitle('oxxo.studio')
        self.resize(300, 200)
        self.ui()

    def ui(self):
        self.btn = QtWidgets.QPushButton(self)    # 加入按鈕
        self.btn.move(20, 20)
        self.btn.setText(' 開啟檔案 ')
        self.btn.clicked.connect(self.open)

    def open(self):
        filePath , filterType = QtWidgets.QFileDialog.getOpenFileNames()    # 選擇
檔案對話視窗
        print(filePath , filterType)

if __name__ == '__main__':
    app = QtWidgets.QApplication(sys.argv)
    Form = MyWidget()
    Form.show()
    sys.exit(app.exec())
```

❖ 範例程式碼：ch07/code06_class.py

QFileDialog 選擇檔案的方法

使用 QFileDialog 可以透過三種方式選擇檔案：

方法	說明
getOpenFileName()	選擇單一檔案。
getOpenFileNames()	選擇多個檔案，回傳值以串列表示。
getExistingDirectory()	選擇一個資料夾。

下方的程式碼執行後，會在畫面中放入兩個按鈕，其中一個可以選取多個檔案，另外一個可以選取指定的資料夾。

```python
from PyQt6 import QtWidgets   # 將 PyQt6 換成 PyQt5 就能改用 PyQt5
import sys
app = QtWidgets.QApplication(sys.argv)

Form = QtWidgets.QWidget()
Form.setWindowTitle('oxxo.studio')
Form.resize(300, 200)

def openFiles():
    filePath, filterType = QtWidgets.QFileDialog.getOpenFileNames()
# 選取多個檔案
    print(filePath, filterType )

def openFolder():
    folderPath = QtWidgets.QFileDialog.getExistingDirectory()
# 選取特定資料夾
    print(folderPath)

btn1 = QtWidgets.QPushButton(Form)
btn1.move(20, 20)
btn1.setText(' 開啟檔案 ')
btn1.clicked.connect(openFiles)        # 點擊執行開啟檔案函式

btn2 = QtWidgets.QPushButton(Form)
btn2.move(120, 20)
btn2.setText(' 開啟資料夾 ')
btn2.clicked.connect(openFolder)        # 點擊執行開啟資料夾函式
```

```
Form.show()
sys.exit(app.exec())
```

❖ 範例程式碼：ch07/code07.py

使用 class 寫法：

```
from PyQt6 import QtWidgets    # 將 PyQt6 換成 PyQt5 就能改用 PyQt5
import sys

class MyWidget(QtWidgets.QWidget):
    def __init__(self):
        super().__init__()
        self.setWindowTitle('oxxo.studio')
        self.resize(300, 200)
        self.ui()

    def ui(self):
        self.btn1 = QtWidgets.QPushButton(self)
        self.btn1.move(20, 20)
        self.btn1.setText('開啟檔案')
        self.btn1.clicked.connect(self.openFiles)     # 點擊執行開啟檔案函式

        self.btn2 = QtWidgets.QPushButton(self)
        self.btn2.move(120, 20)
        self.btn2.setText('開啟資料夾')
        self.btn2.clicked.connect(self.openFolder) # 點擊執行開啟資料夾函式

    def openFiles(self):
        filePath, filterType = QtWidgets.QFileDialog.getOpenFileNames()   # 選取多
個檔案
        print(filePath, filterType )

    def openFolder(self):
        folderPath = QtWidgets.QFileDialog.getExistingDirectory()     # 選取特定
資料夾
        print(folderPath)

if __name__ == '__main__':
    app = QtWidgets.QApplication(sys.argv)
    Form = MyWidget()
    Form.show()
    sys.exit(app.exec())
```

❖ 範例程式碼：ch07/code07_class.py

 ## QFileDialog 參數設定

使用 QFileDialog 開啟檔案時，可以設定四個參數：

參數	說明
parent	父元件。
caption	對話視窗標題。
directory	開啟目錄 (如果沒有設定則使用 py 檔案所在目錄)。
filter	檔案篩選器，寫法參考：TXT (*.txt)。

下方的程式碼執行後，對話視窗會開啟 test 資料夾，並限定只能選擇 txt 檔案。

```python
from PyQt6 import QtWidgets    # 將 PyQt6 換成 PyQt5 就能改用 PyQt5
import sys
app = QtWidgets.QApplication(sys.argv)

Form = QtWidgets.QWidget()
Form.setWindowTitle('oxxo.studio')
Form.resize(300, 200)

def open():
    filename , filetype = QtWidgets.QFileDialog.getOpenFileNames(director
y='test', filter='TXT (*.txt)')
```

```
    print(filename, filetype)

btn = QtWidgets.QPushButton(Form)
btn.move(20, 20)
btn.setText('開啟檔案')
btn.clicked.connect(open)

Form.show()
sys.exit(app.exec())
```

❖ 範例程式碼：ch07/code08.py

使用 class 寫法

```
from PyQt6 import QtWidgets    # 將 PyQt6 換成 PyQt5 就能改用 PyQt5
import sys

class MyWidget(QtWidgets.QWidget):
    def __init__(self):
        super().__init__()
        self.setWindowTitle('oxxo.studio')
        self.resize(300, 200)
        self.ui()

    def ui(self):
        self.btn = QtWidgets.QPushButton(self)
        self.btn.move(20, 20)
        self.btn.setText('開啟檔案')
        self.btn.clicked.connect(self.open)

    def open(self):
        filename , filetype = QtWidgets.QFileDialog.getOpenFileNames(dire
ctory='test', filter='TXT (*.txt)')
        print(filename, filetype)

if __name__ == '__main__':
    app = QtWidgets.QApplication(sys.argv)
    Form = MyWidget()
    Form.show()
    sys.exit(app.exec())
```

❖ 範例程式碼：ch07/code08_class.py

Name	Date Modified	∨	Size	Kind
oxxostudio2.jpg	2022年7月6日 下午4:18		12 KB	JPEG image
japan.jpeg	2022年7月6日 下午2:48		107 KB	JPEG image
test.txt	2022年6月30日 下午3:55		56 bytes	Plain Text
test.jpg	2022年6月29日 上午11:33		6 KB	JPEG image
requirements.txt	2022年6月29日 上午10:59		28 bytes	Plain Text
oxxostudio.wav	2022年6月20日 下午3:46		586 KB	Waveform audi
test2.mp3	2022年6月15日 下午4:24		117 KB	MP3 audio
output.mp4	2022年6月10日 下午2:10		8.8 MB	MPEG-4 movie
output.mp3	2022年5月31日 上午10:51		175 KB	MP3 audio

🔗 開啟 txt 檔案並顯示內容

　　能夠取得檔案路徑後，就能透過 open 內建函式開啟檔案，並搭配 QPlainTextEdit 多行輸入框元件顯示開啟的檔案內容。

```python
from PyQt6 import QtWidgets   # 將 PyQt6 換成 PyQt5 就能改用 PyQt5
import sys
app = QtWidgets.QApplication(sys.argv)

Form = QtWidgets.QWidget()
Form.setWindowTitle('oxxo.studio')
Form.resize(300, 300)

def show():
    filePath , filetype = QtWidgets.QFileDialog.getOpenFileName(filter='TXT
(*.txt)')
    file = open(filePath,'r')         # 根據檔案路徑開啟檔案
    text = file.read()                # 讀取檔案內容
    input.setPlainText(text)          # 設定變數為檔案內容
    file.close()                      # 關閉檔案

input = QtWidgets.QPlainTextEdit(Form)  # 放入多行輸入框
input.move(10,50)

btn = QtWidgets.QPushButton(Form)
btn.move(10, 10)
btn.setText(' 開啟檔案 ')
btn.clicked.connect(show)

Form.show()
sys.exit(app.exec())
```

❖ 範例程式碼：ch07/code09.py

使用 class 寫法：

```
from PyQt6 import QtWidgets   # 將 PyQt6 換成 PyQt5 就能改用 PyQt5
import sys

class MyWidget(QtWidgets.QWidget):
    def __init__(self):
        super().__init__()
        self.setWindowTitle('oxxo.studio')
        self.resize(300, 300)
        self.ui()

    def ui(self):
        self.input = QtWidgets.QPlainTextEdit(self)   # 放入多行輸入框
        self.input.move(10,50)

        self.btn = QtWidgets.QPushButton(self)
        self.btn.move(10, 10)
        self.btn.setText(' 開啟檔案 ')
        self.btn.clicked.connect(self.showText)

    def showText(self):
        filePath , filetype = QtWidgets.QFileDialog.
getOpenFileName(filter='TXT (*.txt)')
        file = open(filePath,'r')        # 根據檔案路徑開啟檔案
        text = file.read()               # 讀取檔案內容
        self.input.setPlainText(text)    # 設定變數為檔案內容
        file.close()                     # 關閉檔案

if __name__ == '__main__':
    app = QtWidgets.QApplication(sys.argv)
    Form = MyWidget()
    Form.show()
    sys.exit(app.exec())
```

❖ 範例程式碼：ch07/code09_class.py

7-3 QMessageBox 對話視窗

QMessageBox 是 PyQt 裡的對話視窗元件，通常會搭配按鈕或選單，開啟對話視窗與使用者互動，這個小節會介紹如何在 PyQt5 和 PyQt6 視窗裡加入 QMessageBox 對話視窗，並透過對話視窗進行開啟檔案或關閉視窗等基本互動應用。

🔗 加入 QMessageBox 對話視窗

建立 PyQt6 視窗物件後，先透過 QtWidgets.QPushButton(widget) 方法加入按鈕，使用 clicked.connect() 綁定點擊按鈕時的函式，**點擊按鈕時使用 QtWidgets.QMessageBox() 方法建立對話視窗**，接著使用 information() 方法，就能開啟資訊通知的對話視窗。

```
from PyQt6 import QtWidgets    # 將 PyQt6 換成 PyQt5 就能改用 PyQt5
import sys
app = QtWidgets.QApplication(sys.argv)

Form = QtWidgets.QWidget()
Form.setWindowTitle('oxxo.studio')
Form.resize(300, 300)

def show():
```

```
    mbox = QtWidgets.QMessageBox(Form)          # 加入對話視窗
    mbox.information(Form, 'info', 'hello')   # 開啟資訊通知的對話視窗，標題
info，內容 hello

btn = QtWidgets.QPushButton(Form)
btn.move(10, 10)
btn.setText('彈出視窗')
btn.clicked.connect(show)     # 點擊按鈕執行函式

Form.show()
sys.exit(app.exec())
```

❖ 範例程式碼：ch07/code10.py

使用 class 寫法 (注意不能使用 show 作為方法名稱，會覆寫基底的 show 方法造成無法顯示)：

```
from PyQt6 import QtWidgets    # 將 PyQt6 換成 PyQt5 就能改用 PyQt5
import sys

class MyWidget(QtWidgets.QWidget):
    def __init__(self):
        super().__init__()
        self.setWindowTitle('oxxo.studio')
        self.resize(300, 300)
        self.ui()

    def ui(self):
        self.btn = QtWidgets.QPushButton(self)
        self.btn.move(10, 10)
        self.btn.setText('彈出視窗')
        self.btn.clicked.connect(self.showBox)          # 點擊按鈕執行函式

    def showBox(self):
        self.mbox = QtWidgets.QMessageBox(self)         # 加入對話視窗
        self.mbox.information(self, 'info', 'hello')  # 開啟資訊通知的對話視窗，標
                                                         題 info，內容 hello

if __name__ == '__main__':
    app = QtWidgets.QApplication(sys.argv)
    Form = MyWidget()
    Form.show()
    sys.exit(app.exec())
```

❖ 範例程式碼：ch07/code10_class.py

QMessageBox 的類型

QMessageBox 預設提供下列幾種預設類型 (四種方法都包含第四個參數 ButtonRole，通常不會設定，直接使用預設值)：

方法	參數	說明
information()	parent, title, text	資訊通知對話視窗。
question()	parent, title, text	二選一問題對話視窗。
warning()	parent, title, text	警告視窗。
critical()	parent, title, text	關鍵警告視窗

下方的程式碼執行後，畫面中會有四顆按鈕，點擊後分別會出現不同的對話視窗。

```
from PyQt6 import QtWidgets   # 將 PyQt6 換成 PyQt5 就能改用 PyQt5
import sys
app = QtWidgets.QApplication(sys.argv)

Form = QtWidgets.QWidget()
Form.setWindowTitle('oxxo.studio')
Form.resize(300, 200)
```

```
def show(n):
    mbox = QtWidgets.QMessageBox(Form)   # 建立對話視窗
    if n==1:
      mbox.information(Form, 'information', 'information...') # information 視窗
    elif n == 2:
      mbox.question(Form, 'question', 'question?')    # question 視窗

    elif n == 3:
      mbox.warning(Form, 'warning', 'warning!!!')     # warning 視窗

    elif n == 4:
      mbox.critical(Form, 'critical', 'critical!!!') # critical 視窗

btn1 = QtWidgets.QPushButton(Form)
btn1.move(10, 10)
btn1.setText('information')
btn1.clicked.connect(lambda: show(1)) # 使用 1 為參數內容執行函式

btn2 = QtWidgets.QPushButton(Form)
btn2.move(10, 40)
btn2.setText('question')
btn2.clicked.connect(lambda: show(2)) # 使用 2 為參數內容執行函式

btn3 = QtWidgets.QPushButton(Form)
btn3.move(10, 70)
btn3.setText('waring')
btn3.clicked.connect(lambda: show(3)) # 使用 3 為參數內容執行函式

btn4 = QtWidgets.QPushButton(Form)
btn4.move(10, 100)
btn4.setText('critical')
btn4.clicked.connect(lambda: show(4)) # 使用 4 為參數內容執行函式

Form.show()
sys.exit(app.exec())
```

❖ 範例程式碼：ch07/code11.py

使用 class 寫法：

```
from PyQt6 import QtWidgets   # 將 PyQt6 換成 PyQt5 就能改用 PyQt5
import sys

class MyWidget(QtWidgets.QWidget):
```

```
    def __init__(self):
        super().__init__()
        self.setWindowTitle('oxxo.studio')
        self.resize(300, 300)
        self.ui()

    def ui(self):
        self.btn1 = QtWidgets.QPushButton(self)
        self.btn1.move(10, 10)
        self.btn1.setText('information')
        self.btn1.clicked.connect(lambda: self.showBox(1))  # 使用 1 為參數內容執
                                                              行函式

        self.btn2 = QtWidgets.QPushButton(self)
        self.btn2.move(10, 40)
        self.btn2.setText('question')
        self.btn2.clicked.connect(lambda: self.showBox(2))  # 使用 2 為參數內容執
                                                              行函式

        self.btn3 = QtWidgets.QPushButton(self)
        self.btn3.move(10, 70)
        self.btn3.setText('waring')
        self.btn3.clicked.connect(lambda: self.showBox(3))  # 使用 3 為參數內容執
                                                              行函式

        self.btn4 = QtWidgets.QPushButton(self)
        self.btn4.move(10, 100)
        self.btn4.setText('critical')
        self.btn4.clicked.connect(lambda: self.showBox(4))  # 使用 4 為參數內容執
                                                              行函式

    def showBox(self, n):
        mbox = QtWidgets.QMessageBox(self)   # 建立對話視窗
        if n==1:
            mbox.information(self, 'information', 'information...')
# information 視窗

        elif n == 2:
            mbox.question(self, 'question', 'question?') # question 視窗

        elif n == 3:
            mbox.warning(self, 'warning', 'warning!!!')  # warning 視窗
```

```
        elif n == 4:
            mbox.critical(self, 'critical', 'critical!!!') # critical 視窗


if __name__ == '__main__':
    app = QtWidgets.QApplication(sys.argv)
    Form = MyWidget()
    Form.show()
    sys.exit(app.exec())
```

❖ 範例程式碼：ch07/code11_class.py

🔗 自訂 QMessageBox 對話視窗

除了四種預設類型，QMessageBox 也提供「自訂對話視窗」的功能，自訂視窗的基本寫法先透過 setText() 方法設定通知的文字，接著使用 exec() 方法執行，下方的程式碼執行後，點擊按鈕會出現一個沒有 icon 的單純通知視窗。

```
from PyQt6 import QtWidgets   # 將 PyQt6 換成 PyQt5 就能改用 PyQt5
import sys
app = QtWidgets.QApplication(sys.argv)

Form = QtWidgets.QWidget()
```

```
Form.setWindowTitle('oxxo.studio')
Form.resize(300, 200)

def show():
    mbox = QtWidgets.QMessageBox(Form)
    mbox.setText('hello')    # 通知文字
    mbox.exec()              # 執行

btn = QtWidgets.QPushButton(Form)
btn.move(10, 10)
btn.setText('open')
btn.clicked.connect(show)   # 點擊後執行函式

Form.show()
sys.exit(app.exec())
```

✤ 範例程式碼：ch07/code12.py

　　使用 class 寫法 (注意不能使用 show 作為方法名稱，會覆寫基底的 show 方法造成無法顯示)：

```
from PyQt6 import QtWidgets    # 將 PyQt6 換成 PyQt5 就能改用 PyQt5
import sys

class MyWidget(QtWidgets.QWidget):
    def __init__(self):
        super().__init__()
        self.setWindowTitle('oxxo.studio')
        self.resize(300, 200)
        self.ui()

    def ui(self):
        self.btn = QtWidgets.QPushButton(self)
        self.btn.move(10, 10)
        self.btn.setText('open')
        self.btn.clicked.connect(self.showBox)    # 點擊後執行函式

    def showBox(self):
        mbox = QtWidgets.QMessageBox(self)
        mbox.setText('hello')    # 通知文字
        mbox.exec()              # 執行

if __name__ == '__main__':
    app = QtWidgets.QApplication(sys.argv)
```

```
Form = MyWidget()
Form.show()
sys.exit(app.exec())
```

❖ 範例程式碼：ch07/code12_class.py

　　自訂對話視窗預設沒有 icon 圖示，使用 setIcon() 方法可以添加 icon 圖示，QMessageBox 提供四種預設 icon 圖示，直接輸入代號就會出現對應的 icon 圖示 (PyQt5 和 PyQt6 的名稱有所不同)。

PyQt5：

圖示	代號	說明
QMessageBox.Information	1	資訊。
QMessageBox.Warning	2	警告。
QMessageBox.Critical	3	重要警告。
QMessageBox.Question	4	問題。

PyQt6：

圖示	說明
QMessageBox.Icon.Information	資訊。
QMessageBox.Icon.Warning	警告。
QMessageBox.Icon.Critical	重要警告。
QMessageBox.Icon.Question	問題。

　　下方的程式碼執行後，點擊按鈕就會出現帶有問號 icon 圖示的對話視窗。

```
from PyQt6 import QtWidgets    # 將 PyQt6 換成 PyQt5 就能改用 PyQt5
import sys
app = QtWidgets.QApplication(sys.argv)

Form = QtWidgets.QWidget()
Form.setWindowTitle('oxxo.studio')
Form.resize(300, 200)

def show():
    mbox = QtWidgets.QMessageBox(Form)
    mbox.setText('hello?')
    mbox.setIcon(QtWidgets.QMessageBox.Icon.Question)    # 加入問號 icon
    # mbox.setIcon(4)                                    # PyQt5 寫法 1
    # mbox.setIcon(QtWidgets.QMessageBox.Question)       # PyQt5 寫法 2
    mbox.exec()

btn = QtWidgets.QPushButton(Form)
btn.move(10, 10)
btn.setText('open')
btn.clicked.connect(show)   # 點擊按鈕開啟訊息視窗

Form.show()
sys.exit(app.exec())
```

✦ 範例程式碼：ch07/code13.py

　　使用 class 寫法 (注意不能使用 show 作為方法名稱，會覆寫基底的 show 方法造成無法顯示)：

```
from PyQt6 import QtWidgets    # 將 PyQt6 換成 PyQt5 就能改用 PyQt5
import sys

class MyWidget(QtWidgets.QWidget):
    def __init__(self):
        super().__init__()
        self.setWindowTitle('oxxo.studio')
        self.resize(300, 200)
        self.ui()
```

```
    def ui(self):
        self.btn = QtWidgets.QPushButton(self)
        self.btn.move(10, 10)
        self.btn.setText('open')
        self.btn.clicked.connect(self.showBox)

    def showBox(self):
        mbox = QtWidgets.QMessageBox(self)
        mbox.setText('hello?')    # 通知文字
        mbox.setIcon(QtWidgets.QMessageBox.Icon.Question)      # 加入問號 icon
        # mbox.setIcon(4)                                      # PyQt5 寫法 1
        # mbox.setIcon(QtWidgets.QMessageBox.Question)         # PyQt5 寫法 2
        mbox.exec()                        # 執行

if __name__ == '__main__':
    app = QtWidgets.QApplication(sys.argv)
    Form = MyWidget()
    Form.show()
    sys.exit(app.exec())
```

❖ 範例程式碼：ch07/code13_class.py

🔗 訂 QMessageBox 按鈕

使用 addButton() 方法可以在自訂對話視窗中增加按鈕，QMessageBox 預設提供下列幾種常用的按鈕，預設按鈕有其固定位置，無法指定位置 (PyQt5 和 PyQt6 的名稱有所不同)。

PyQt5：

按鈕	呈現文字	對應 ButtonRole
QMessageBox.Ok	Ok	AcceptRole
QMessageBox.Open	Open	AcceptRole
QMessageBox.Save	Save	AcceptRole
QMessageBox.Cancel	Save	RejectRole
QMessageBox.Close	Close	RejectRole
QMessageBox.Discard	Don't Save	DestructiveRole
QMessageBox.Apply	Apply	AcceptRole
QMessageBox.Reset	Reset	ResetRole
QMessageBox.RestoreDefaults	Restore Defaults	ResetRole
QMessageBox.Help	Help	HelpRole
QMessageBox.SaveAll	Save All	AcceptRole
QMessageBox.Yes	Yes	YesRole
QMessageBox.YesToAll	Yes to All	YesRole
QMessageBox.No	No	NoRole
QMessageBox.NoToAll	No to All	NoRole
QMessageBox.Abort	Abort	RejectRole
QMessageBox.Retry	Retry	AcceptRole
QMessageBox.Ignore	Ignore	AcceptRole
QMessageBox.NoButton		停用 Button

PyQt6：

按鈕	呈現文字	對應 ButtonRole
QMessageBox.StandardButton.Ok	Ok	AcceptRole
QMessageBox.StandardButton.Open	Open	AcceptRole

按鈕	呈現文字	對應 ButtonRole
QMessageBox.StandardButton.Save	Save	AcceptRole
QMessageBox.StandardButton.Cancel	Save	RejectRole
QMessageBox.StandardButton.Close	Close	RejectRole
QMessageBox.StandardButton.Discard	Don't Save	DestructiveRole
QMessageBox.StandardButton.Apply	Apply	AcceptRole
QMessageBox.StandardButton.Reset	Reset	ResetRole
QMessageBox.StandardButton.RestoreDefaults	Restore Defaults	ResetRole
QMessageBox.StandardButton.Help	Help	HelpRole
QMessageBox.StandardButton.SaveAll	Save All	AcceptRole
QMessageBox.StandardButton.Yes	Yes	YesRole
QMessageBox.StandardButton.YesToAll	Yes to All	YesRole
QMessageBox.StandardButton.No	No	NoRole
QMessageBox.StandardButton.NoToAll	No to All	NoRole
QMessageBox.StandardButton.Abort	Abort	RejectRole
QMessageBox.StandardButton.Retry	Retry	AcceptRole
QMessageBox.StandardButton.Ignore	Ignore	AcceptRole
QMessageBox.StandardButton.NoButton		停用 Button

下方的程式碼執行後，點擊按鈕會出現帶有四個按鈕的對話視窗。

```python
from PyQt6 import QtWidgets    # 將 PyQt6 換成 PyQt5 就能改用 PyQt5
import sys
app = QtWidgets.QApplication(sys.argv)

Form = QtWidgets.QWidget()
Form.setWindowTitle('oxxo.studio')
Form.resize(300, 200)

def show():
```

```
    mbox = QtWidgets.QMessageBox(Form)
    mbox.setText('hello')
    mbox.addButton(QtWidgets.QMessageBox.StandardButton.Ok)
    mbox.addButton(QtWidgets.QMessageBox.StandardButton.Open)
    mbox.addButton(QtWidgets.QMessageBox.StandardButton.Save)
    mbox.addButton(QtWidgets.QMessageBox.StandardButton.Cancel)
    # mbox.addButton(QtWidgets.QMessageBox.Ok)        # PyQt5 寫法
    # mbox.addButton(QtWidgets.QMessageBox.Open)      # PyQt5 寫法
    # mbox.addButton(QtWidgets.QMessageBox.Save)      # PyQt5 寫法
    # mbox.addButton(QtWidgets.QMessageBox.Cancel)    # PyQt5 寫法
    mbox.exec()

btn = QtWidgets.QPushButton(Form)
btn.move(10, 10)
btn.setText('open')
btn.clicked.connect(show)


Form.show()
sys.exit(app.exec())
```

❖ 範例程式碼：ch07/code14.py

　　使用 class 寫法 (注意不能使用 show 作為方法名稱，會覆寫基底的
show 方法造成無法顯示)：

```
from PyQt6 import QtWidgets    # 將 PyQt6 換成 PyQt5 就能改用 PyQt5
import sys

class MyWidget(QtWidgets.QWidget):
    def __init__(self):
        super().__init__()
        self.setWindowTitle('oxxo.studio')
        self.resize(300, 200)
        self.ui()

    def ui(self):
        self.btn = QtWidgets.QPushButton(self)
        self.btn.move(10, 10)
        self.btn.setText('open')
        self.btn.clicked.connect(self.showBox)

    def showBox(self):
        mbox = QtWidgets.QMessageBox(self)
```

```
        mbox.setText('hello?')     # 通知文字
        mbox.addButton(QtWidgets.QMessageBox.StandardButton.Ok)
        mbox.addButton(QtWidgets.QMessageBox.StandardButton.Open)
        mbox.addButton(QtWidgets.QMessageBox.StandardButton.Save)
        mbox.addButton(QtWidgets.QMessageBox.StandardButton.Cancel)
        # mbox.addButton(QtWidgets.QMessageBox.Ok)        # PyQt5 寫法
        # mbox.addButton(QtWidgets.QMessageBox.Open)      # PyQt5 寫法
        # mbox.addButton(QtWidgets.QMessageBox.Save)      # PyQt5 寫法
        # mbox.addButton(QtWidgets.QMessageBox.Cancel)    # PyQt5 寫法
        mbox.exec()                    # 執行

if __name__ == '__main__':
    app = QtWidgets.QApplication(sys.argv)
    Form = MyWidget()
    Form.show()
    sys.exit(app.exec())
```

❖ 範例程式碼：ch07/code14_class.py

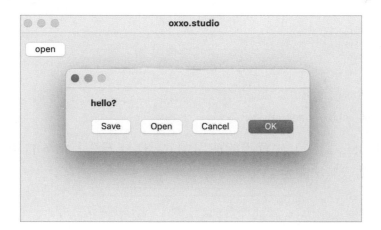

　　如果是預設的按鈕，也可以使用 setStandardButtons() 方法添加按鈕，添加的寫法如下方程式碼所示（同時使用 setDefaultButton() 方法設定預設按鈕）：

```
from PyQt6 import QtWidgets    # 將 PyQt6 換成 PyQt5 就能改用 PyQt5
import sys
app = QtWidgets.QApplication(sys.argv)

Form = QtWidgets.QWidget()
```

```
Form.setWindowTitle('oxxo.studio')
Form.resize(300, 200)

def show():
    mbox = QtWidgets.QMessageBox(Form)
    mbox.setText('hello')
    # 添加三顆按鈕
    mbox.setStandardButtons(QtWidgets.QMessageBox.StandardButton.Yes
| QtWidgets.QMessageBox.StandardButton.No | QtWidgets.QMessageBox.
StandardButton.Cancel)
    # mbox.setStandardButtons(QtWidgets.QMessageBox.Yes | QtWidgets.
QMessageBox.No | QtWidgets.QMessageBox.Cancel)          # PyQt5 寫法
    # 設定預設按鈕
    mbox.setDefaultButton(QtWidgets.QMessageBox.StandardButton.Yes)
    # mbox.setDefaultButton(QtWidgets.QMessageBox.Yes)     # PyQt5 寫法
    mbox.exec()

btn = QtWidgets.QPushButton(Form)
btn.move(10, 10)
btn.setText('open')
btn.clicked.connect(show)

Form.show()
sys.exit(app.exec())
```

❖ 範例程式碼：ch07/code15.py

使用 class 寫法 (注意不能使用 show 作為方法名稱，會覆寫基底的 show 方法造成無法顯示)：

```
from PyQt6 import QtWidgets    # 將 PyQt6 換成 PyQt5 就能改用 PyQt5
import sys

class MyWidget(QtWidgets.QWidget):
    def __init__(self):
        super().__init__()
        self.setWindowTitle('oxxo.studio')
        self.resize(300, 200)
        self.ui()

    def ui(self):
        self.btn = QtWidgets.QPushButton(self)
        self.btn.move(10, 10)
```

```
        self.btn.setText('open')
        self.btn.clicked.connect(self.showBox)

    def showBox(self):
        mbox = QtWidgets.QMessageBox(self)
        mbox.setText('hello?')     # 通知文字
        # 添加三顆按鈕
        mbox.setStandardButtons(QtWidgets.QMessageBox.StandardButton.
Yes | QtWidgets.QMessageBox.StandardButton.No | QtWidgets.QMessageBox.
StandardButton.Cancel)
        # mbox.setStandardButtons(QtWidgets.QMessageBox.Yes |
QtWidgets.QMessageBox.No | QtWidgets.QMessageBox.Cancel)      # PyQt5 寫法
        # 設定預設按鈕
        mbox.setDefaultButton(QtWidgets.QMessageBox.StandardButton.Yes)
        # mbox.setDefaultButton(QtWidgets.QMessageBox.Yes)     # PyQt5 寫法
        mbox.exec()               # 執行

if __name__ == '__main__':
    app = QtWidgets.QApplication(sys.argv)
    Form = MyWidget()
    Form.show()
    sys.exit(app.exec())
```

✤ 範例程式碼：ch07/code15_class.py

　　如果不想用預設按鈕文字，也可以直接輸入按鈕文字，但如果要自訂文字，需要包含第二個參數 ButtonRole，常用的 ButtonRole 如下（ PyQt5 和 PyQt6 的名稱有所不同)：

PyQt5：

ButtonRole	代碼	說明
QMessageBox.ButtonRole.InvalidRole	-1	按鈕無效。
QMessageBox.ButtonRole.AcceptRole	0	接受。
QMessageBox.ButtonRole.RejectRole	1	拒絕。
QMessageBox.ButtonRole.DestructiveRole	2	破壞性更改。
QMessageBox.ButtonRole.ActionRole	3	發生行為。
QMessageBox.ButtonRole.HelpRole	4	請求幫助。
QMessageBox.ButtonRole.YesRole	5	等同「是」。
QMessageBox.ButtonRole.NoRole	6	等同「否」。
QMessageBox.ButtonRole.ApplyRole	7	同意。
QMessageBox.ButtonRole.ResetRole	8	設為預設值。

PyQt6：

ButtonRole	說明
QMessageBox.ButtonRole.InvalidRole	按鈕無效。
QMessageBox.ButtonRole.AcceptRole	接受。
QMessageBox.ButtonRole.RejectRole	拒絕。
QMessageBox.ButtonRole.DestructiveRole	破壞性更改。
QMessageBox.ButtonRole.ActionRole	發生行為。
QMessageBox.ButtonRole.HelpRole	請求幫助。
QMessageBox.ButtonRole.YesRole	等同「是」。
QMessageBox.ButtonRole.NoRole	等同「否」。
QMessageBox.ButtonRole.ApplyRole	同意。
QMessageBox.ButtonRole.ResetRole	設為預設值。

　　下方的程式碼執行後，點擊按鈕會出現一個帶有三顆自訂文字按鈕的
對話視窗。

```
from PyQt6 import QtWidgets    # 將 PyQt6 換成 PyQt5 就能改用 PyQt5
import sys
app = QtWidgets.QApplication(sys.argv)

Form = QtWidgets.QWidget()
Form.setWindowTitle('oxxo.studio')
Form.resize(300, 200)

def show():
    mbox = QtWidgets.QMessageBox(Form)
    mbox.setText('hello')
    mbox.addButton('Apple', mbox.ButtonRole.ActionRole)
    mbox.addButton('Banana', mbox.ButtonRole.ActionRole)
    mbox.addButton('Orange', mbox.ButtonRole.ActionRole)
    # mbox.addButton('Apple', 3)     # PyQt5 寫法
    # mbox.addButton('Banana', 3)    # PyQt5 寫法
    # mbox.addButton('Orange', 3)    # PyQt5 寫法
    mbox.exec()

btn = QtWidgets.QPushButton(Form)
btn.move(10, 10)
btn.setText('open')
btn.clicked.connect(show)

Form.show()
sys.exit(app.exec())
```

❖ 範例程式碼：ch07/code16.py

　　使用 class 寫法（注意不能使用 show 作為方法名稱，會覆寫基底的
show 方法造成無法顯示）：

```
from PyQt6 import QtWidgets    # 將 PyQt6 換成 PyQt5 就能改用 PyQt5
import sys

class MyWidget(QtWidgets.QWidget):
    def __init__(self):
        super().__init__()
        self.setWindowTitle('oxxo.studio')
```

```
        self.resize(300, 200)
        self.ui()

    def ui(self):
        self.btn = QtWidgets.QPushButton(self)
        self.btn.move(10, 10)
        self.btn.setText('open')
        self.btn.clicked.connect(self.showBox)

    def showBox(self):
        mbox = QtWidgets.QMessageBox(self)
        mbox.setText('hello')
        mbox.addButton('Apple', mbox.ButtonRole.ActionRole)
        mbox.addButton('Banana', mbox.ButtonRole.ActionRole)
        mbox.addButton('Orange', mbox.ButtonRole.ActionRole)
        # mbox.addButton('Apple',3)    # PyQt5 寫法
        # mbox.addButton('Banana',3)   # PyQt5 寫法
        # mbox.addButton('Orange',3)   # PyQt5 寫法
        mbox.exec()               # 執行

if __name__ == '__main__':
    app = QtWidgets.QApplication(sys.argv)
    Form = MyWidget()
    Form.show()
    sys.exit(app.exec())
```

❖ 範例程式碼：ch07/code16_class.py

　　透過 setDefaultButton() 方法，可以指定那一顆按鈕預先選取（開啟對話視窗時預先變色），下方的程式碼執行後，會預先選取 Banana 的按鈕。

```
from PyQt6 import QtWidgets   # 將 PyQt6 換成 PyQt5 就能改用 PyQt5
```

```
import sys
app = QtWidgets.QApplication(sys.argv)

Form = QtWidgets.QWidget()
Form.setWindowTitle('oxxo.studio')
Form.resize(300, 200)

def show():
    mbox = QtWidgets.QMessageBox(Form)
    mbox.setText('hello')
    a = mbox.addButton('Apple', mbox.ButtonRole.ActionRole)    # 前方多了變數 a
    b = mbox.addButton('Banana', mbox.ButtonRole.ActionRole)   # 前方多了變數 b
    c = mbox.addButton('Orange', mbox.ButtonRole.ActionRole)   # 前方多了變數 c
    # a = mbox.addButton('Apple',3)      # PyQt5 寫法
    # b = mbox.addButton('Banana',3)     # PyQt5 寫法
    # c = mbox.addButton('Orange',3)     # PyQt5 寫法
    mbox.setDefaultButton(b)             # 預先選取 b
    mbox.exec()

btn = QtWidgets.QPushButton(Form)
btn.move(10, 10)
btn.setText('open')
btn.clicked.connect(show)

Form.show()
sys.exit(app.exec())
```

❖ 範例程式碼：ch07/code17.py

使用 class 寫法 (注意不能使用 show 作為方法名稱，會覆寫基底的 show 方法造成無法顯示)：

```
from PyQt6 import QtWidgets    # 將 PyQt6 換成 PyQt5 就能改用 PyQt5
import sys

class MyWidget(QtWidgets.QWidget):
    def __init__(self):
        super().__init__()
        self.setWindowTitle('oxxo.studio')
        self.resize(300, 200)
        self.ui()

    def ui(self):
```

```
        self.btn = QtWidgets.QPushButton(self)
        self.btn.move(10, 10)
        self.btn.setText('open')
        self.btn.clicked.connect(self.showBox)

    def showBox(self):
        mbox = QtWidgets.QMessageBox(self)
        mbox.setText('hello')
        a = mbox.addButton('Apple', mbox.ButtonRole.ActionRole) # 前方多了變數 a
        b = mbox.addButton('Banana', mbox.ButtonRole.ActionRole)# 前方多了變數 b
        c = mbox.addButton('Orange', mbox.ButtonRole.ActionRole)# 前方多了變數 c
        # a = mbox.addButton('Apple',3)      # PyQt5 寫法
        # b = mbox.addButton('Banana',3)     # PyQt5 寫法
        # c = mbox.addButton('Orange',3)     # PyQt5 寫法
        mbox.setDefaultButton(b)             # 預先選取 b
        mbox.exec()              # 執行

if __name__ == '__main__':
    app = QtWidgets.QApplication(sys.argv)
    Form = MyWidget()
    Form.show()
    sys.exit(app.exec())
```

❖ 範例程式碼：ch07/code17_class.py

🔗 QMessageBox 點擊事件

如果要取得 QMessageBox 點擊事件，可以將最後 exec() 執行方法宣告為變數，該變數為一組數字，如果是預設按鈕，可以直接透過 if 判斷式進行判斷，就可以知道點擊了哪個按鈕。

```
from PyQt6 import QtWidgets    # 將 PyQt6 換成 PyQt5 就能改用 PyQt5
import sys
app = QtWidgets.QApplication(sys.argv)

Form = QtWidgets.QWidget()
Form.setWindowTitle('oxxo.studio')
Form.resize(300, 200)

def show():
    mbox = QtWidgets.QMessageBox(Form)
    mbox.setText('hello')
    mbox.setStandardButtons(QtWidgets.QMessageBox.StandardButton.Yes
| QtWidgets.QMessageBox.StandardButton.No | QtWidgets.QMessageBox.
StandardButton.Cancel)
    mbox.setDefaultButton(QtWidgets.QMessageBox.StandardButton.Yes)
    ret = mbox.exec()   # 取得點擊的按鈕數字
    if ret == QtWidgets.QMessageBox.StandardButton.Yes:
        print(1)
    elif ret == QtWidgets.QMessageBox.StandardButton.No:
        print(2)
    elif ret == QtWidgets.QMessageBox.StandardButton.Cancel:
        print(3)
    # 下方為 PyQt5 寫法
    # mbox.setStandardButtons(QtWidgets.QMessageBox.Yes | QtWidgets.
QMessageBox.No | QtWidgets.QMessageBox.Cancel)
    # mbox.setDefaultButton(QtWidgets.QMessageBox.Yes)
    # ret = mbox.exec()
    # if ret == QtWidgets.QMessageBox.Yes:
    #     print(1)
    # elif ret == QtWidgets.QMessageBox.No:
    #     print(2)
    # elif ret == QtWidgets.QMessageBox.Cancel:
    #     print(3)

btn = QtWidgets.QPushButton(Form)
btn.move(10, 10)
btn.setText('open')
btn.clicked.connect(show)

Form.show()
sys.exit(app.exec())
```

❖ 範例程式碼：ch07/code18.py

使用 class 寫法 (注意不能使用 show 作為方法名稱，會覆寫基底的
show 方法造成無法顯示)：

```
from PyQt6 import QtWidgets   # 將 PyQt6 換成 PyQt5 就能改用 PyQt5
import sys

class MyWidget(QtWidgets.QWidget):
    def __init__(self):
        super().__init__()
        self.setWindowTitle('oxxo.studio')
        self.resize(300, 200)
        self.ui()

    def ui(self):
        self.btn = QtWidgets.QPushButton(self)
        self.btn.move(10, 10)
        self.btn.setText('open')
        self.btn.clicked.connect(self.showBox)

    def showBox(self):
        mbox = QtWidgets.QMessageBox(self)
        mbox.setText('hello')
        mbox.setStandardButtons(QtWidgets.QMessageBox.StandardButton.
Yes | QtWidgets.QMessageBox.StandardButton.No | QtWidgets.QMessageBox.
StandardButton.Cancel)
        mbox.setDefaultButton(QtWidgets.QMessageBox.StandardButton.Yes)
        ret = mbox.exec()   # 取得點擊的按鈕數字
        if ret == QtWidgets.QMessageBox.StandardButton.Yes:
            print(1)
        elif ret == QtWidgets.QMessageBox.StandardButton.No:
            print(2)
        elif ret == QtWidgets.QMessageBox.StandardButton.Cancel:
            print(3)                    # 執行
        # 下方為 PyQt5 寫法
        # mbox.setStandardButtons(QtWidgets.QMessageBox.Yes |
QtWidgets.QMessageBox.No | QtWidgets.QMessageBox.Cancel)
        # mbox.setDefaultButton(QtWidgets.QMessageBox.Yes)
        # ret = mbox.exec()                       # 取得點擊的按鈕數字
        # if ret == QtWidgets.QMessageBox.Yes:
        #     print(1)
        # elif ret == QtWidgets.QMessageBox.No:
        #     print(2)
        # elif ret == QtWidgets.QMessageBox.Cancel:
```

```
    #      print(3)


if __name__ == '__main__':
    app = QtWidgets.QApplication(sys.argv)
    Form = MyWidget()
    Form.show()
    sys.exit(app.exec())
```

✤ 範例程式碼：ch07/code18_class.py

如果是自訂按鈕，則 ret 可以採用「順序」的方式，最先添加的按鈕順序為 0，接著依序增加，只要知道順序，就能知道點擊了哪顆按鈕。

```
from PyQt6 import QtWidgets    # 將 PyQt6 換成 PyQt5 就能改用 PyQt5
import sys
app = QtWidgets.QApplication(sys.argv)

Form = QtWidgets.QWidget()
Form.setWindowTitle('oxxo.studio')
Form.resize(300, 200)

def show():
    mbox = QtWidgets.QMessageBox(Form)
    mbox.setText('hello')
    a = mbox.addButton('Apple',mbox.ButtonRole.ActionRole)    # 前方多了變數 a，順
                                                              # 序 0
    b = mbox.addButton('Banana',mbox.ButtonRole.ActionRole)   # 前方多了變數 b，順
                                                              # 序 1
    c = mbox.addButton('Orange',mbox.ButtonRole.ActionRole)   # 前方多了變數 c，順
                                                              # 序 2
    # a = mbox.addButton('Apple',3)      # PyQt5 寫法
    # b = mbox.addButton('Banana',3)     # PyQt5 寫法
    #c = mbox.addButton('Orange',3)      # PyQt5 寫法

    mbox.setDefaultButton(b)             # 預先選取 b
    ret = mbox.exec()
    print(ret)
    if ret == 0:
        print('Apple')
    if ret == 1:
        print('Banana')
    if ret == 2:
```

```
        print('Orange')

btn = QtWidgets.QPushButton(Form)
btn.move(10, 10)
btn.setText('open')
btn.clicked.connect(show)

Form.show()
sys.exit(app.exec())
```

❖ 範例程式碼：ch07/code19.py

使用 class 寫法 (注意不能使用 show 作為方法名稱，會覆寫基底的 show 方法造成無法顯示)：

```
from PyQt6 import QtWidgets    # 將 PyQt6 換成 PyQt5 就能改用 PyQt5
import sys

class MyWidget(QtWidgets.QWidget):
    def __init__(self):
        super().__init__()
        self.setWindowTitle('oxxo.studio')
        self.resize(300, 200)
        self.ui()

    def ui(self):
        self.btn = QtWidgets.QPushButton(self)
        self.btn.move(10, 10)
        self.btn.setText('open')
        self.btn.clicked.connect(self.showBox)

    def showBox(self):
        mbox = QtWidgets.QMessageBox(self)
        mbox.setText('hello')
        a = mbox.addButton('Apple',mbox.ButtonRole.ActionRole)    # 前方多了變數
                                                                    a，順序 0
        b = mbox.addButton('Banana',mbox.ButtonRole.ActionRole)   # 前方多了變數
                                                                    b，順序 1
        c = mbox.addButton('Orange',mbox.ButtonRole.ActionRole)   # 前方多了變數
                                                                    c，順序 2

        # a = mbox.addButton('Apple',3)    # PyQt5 寫法
        # b = mbox.addButton('Banana',3)   # PyQt5 寫法
        # c = mbox.addButton('Orange',3)   # PyQt5 寫法
```

```
        mbox.setDefaultButton(b)              # 預先選取 b
        ret = mbox.exec()
        print(ret)
        if ret == 0:
            print('Apple')
        if ret == 1:
            print('Banana')
        if ret == 2:
            print('Orange')

if __name__ == '__main__':
    app = QtWidgets.QApplication(sys.argv)
    Form = MyWidget()
    Form.show()
    sys.exit(app.exec())
```

❖ 範例程式碼：ch07/code19_class.py

如果不想要使用「順序」作為判斷依據，也可以使用 mbox. clickedButton().text() 方法取得點擊按鈕的文字，再透過 if 判斷式就能知道點擊了哪顆按鈕。

```
from PyQt6 import QtWidgets    # 將 PyQt6 換成 PyQt5 就能改用 PyQt5
import sys
app = QtWidgets.QApplication(sys.argv)

Form = QtWidgets.QWidget()
Form.setWindowTitle('oxxo.studio')
Form.resize(300, 200)

def show():
    mbox = QtWidgets.QMessageBox(Form)
    mbox.setText('hello')
    a = mbox.addButton('Apple',mbox.ButtonRole.ActionRole)     # 前方多了變數 a
    b = mbox.addButton('Banana',mbox.ButtonRole.ActionRole)    # 前方多了變數 b
    c = mbox.addButton('Orange',mbox.ButtonRole.ActionRole)    # 前方多了變數 c
    # a = mbox.addButton('Apple',3)          # PyQt5 寫法
    # b = mbox.addButton('Banana',3)         # PyQt5 寫法
    # c = mbox.addButton('Orange',3)         # PyQt5 寫法
    mbox.setDefaultButton(b)                 # 預先選取 b
    mbox.exec()
    text = mbox.clickedButton().text()       # 取得點擊的按鈕文字
    if text == 'Apple':
```

```
            print('Apple')
    if text == 'Banana':
            print('Banana')
    if text == 'Orange':
            print('Orange')

btn = QtWidgets.QPushButton(Form)
btn.move(10, 10)
btn.setText('open')
btn.clicked.connect(show)

Form.show()
sys.exit(app.exec())
```

❖ 範例程式碼：ch07/code20.py

使用 class 寫法 (注意不能使用 show 作為方法名稱，會覆寫基底的
show 方法造成無法顯示)：

```
from PyQt6 import QtWidgets    # 將 PyQt6 換成 PyQt5 就能改用 PyQt5
import sys

class MyWidget(QtWidgets.QWidget):
    def __init__(self):
        super().__init__()
        self.setWindowTitle('oxxo.studio')
        self.resize(300, 200)
        self.ui()

    def ui(self):
        self.btn = QtWidgets.QPushButton(self)
        self.btn.move(10, 10)
        self.btn.setText('open')
        self.btn.clicked.connect(self.showBox)

    def showBox(self):
        mbox = QtWidgets.QMessageBox(self)
        mbox.setText('hello')
        a = mbox.addButton('Apple',mbox.ButtonRole.ActionRole)   # 前方多了變數 a
        b = mbox.addButton('Banana',mbox.ButtonRole.ActionRole)  # 前方多了變數 b
        c = mbox.addButton('Orange',mbox.ButtonRole.ActionRole)  # 前方多了變數 c
        # a = mbox.addButton('Apple',3)         # PyQt5 寫法
        # b = mbox.addButton('Banana',3)        # PyQt5 寫法
        # c = mbox.addButton('Orange',3)        # PyQt5 寫法
        mbox.setDefaultButton(b)               # 預先選取 b
```

```
        mbox.exec()
        text = mbox.clickedButton().text()      # 取得點擊的按鈕文字
        if text == 'Apple':
            print('Apple')
        if text == 'Banana':
            print('Banana')
        if text == 'Orange':
            print('Orange')

if __name__ == '__main__':
    app = QtWidgets.QApplication(sys.argv)
    Form = MyWidget()
    Form.show()
    sys.exit(app.exec())
```

❖ 範例程式碼：ch07/code20_class.py

7-4 QInputDialog 輸入視窗

　　QInputDialog 是 PyQt 裡的輸入視窗元件，使用時會開啟一個對話視窗，由使用者在視窗中選擇項目、輸入文字或數字後進行互動，這個小節會介紹如何在 PyQt5 和 PyQt6 視窗裡加入 QInputDialog 輸入視窗並進行基本互動應用。

🔗 加入 QInputDialog 輸入視窗

　　建立 PyQt6 視窗物件後，先透過 QtWidgets.QPushButton(widget) 方法加入按鈕，使用 clicked.connect() 綁定點擊按鈕時的函式，點擊按鈕時使用 QtWidgets.QInputDialog() 方法，就能建立輸入視窗，下方的程式碼會建立最基本文字輸入的視窗。

```
from PyQt6 import QtWidgets    # 將 PyQt6 換成 PyQt5 就能改用 PyQt5
import sys
app = QtWidgets.QApplication(sys.argv)

Form = QtWidgets.QWidget()
Form.setWindowTitle('oxxo.studio')
Form.resize(300, 200)
```

```
def show():
    text, ok = QtWidgets.QInputDialog().getText(Form, '', '請輸入一段文字')
    print(text, ok)

btn = QtWidgets.QPushButton(Form)
btn.setGeometry(10,10,100,30)
btn.setText(' 輸入 ')
btn.clicked.connect(show)


Form.show()
sys.exit(app.exec())
```

❖ 範例程式碼：ch07/code21.py

使用 class 寫法 (注意不能使用 show 作為方法名稱，會覆寫基底的
show 方法造成無法顯示)：

```
from PyQt6 import QtWidgets   # 將 PyQt6 換成 PyQt5 就能改用 PyQt5
import sys

class MyWidget(QtWidgets.QWidget):
    def __init__(self):
        super().__init__()
        self.setWindowTitle('oxxo.studio')
        self.resize(300, 200)
        self.ui()

    def ui(self):
        self.btn = QtWidgets.QPushButton(self)
        self.btn.setGeometry(10,10,100,30)
        self.btn.setText(' 輸入 ')
        self.btn.clicked.connect(self.showText)

    def showText(self):
        text, ok = QtWidgets.QInputDialog().getText(Form, '', '請輸入一段文字')
        print(text, ok)

if __name__ == '__main__':
    app = QtWidgets.QApplication(sys.argv)
    Form = MyWidget()
    Form.show()
    sys.exit(app.exec())
```

❖ 範例程式碼：ch07/code21_class.py

文字輸入視窗

當 QInputDialog 輸入視窗使用 getText() 方法，表示類型為「文字輸入視窗」，程式碼用法如下：

```
text, ok = QtWidgets.QInputDialog().getText(Form, '視窗標題', '說明文字')
# text 輸入的文字
# ok 狀態是否完成
```

下方的程式碼執行後，點擊按鈕會彈出文字輸入視窗，輸入文字後，會透過 QLabel 顯示輸入的文字。

```
from PyQt6 import QtWidgets   # 將 PyQt6 換成 PyQt5 就能改用 PyQt5
import sys
app = QtWidgets.QApplication(sys.argv)

Form = QtWidgets.QWidget()
Form.setWindowTitle('oxxo.studio')
Form.resize(300, 200)

def show():
    text, ok = QtWidgets.QInputDialog().getText(Form, '', '請輸入一段文字')   # 建立輸入視窗
    label.setText(text)     # 顯示文字

label = QtWidgets.QLabel(Form)
label.setGeometry(10,50,200,50)
label.setStyleSheet('font-size:30px;')
```

```
btn = QtWidgets.QPushButton(Form)
btn.setGeometry(10,10,100,30)
btn.setText(' 輸入 ')
btn.clicked.connect(show)     # 執行開啟輸入視窗函式

Form.show()
sys.exit(app.exec())
```

❖ 範例程式碼：ch07/code22.py

使用 class 寫法：

```
from PyQt6 import QtWidgets     # 將 PyQt6 換成 PyQt5 就能改用 PyQt5
import sys

class MyWidget(QtWidgets.QWidget):
    def __init__(self):
        super().__init__()
        self.setWindowTitle('oxxo.studio')
        self.resize(300, 200)
        self.ui()

    def ui(self):
        self.label = QtWidgets.QLabel(self)
        self.label.setGeometry(10,50,200,50)
        self.label.setStyleSheet('font-size:30px;')

        self.btn = QtWidgets.QPushButton(self)
        self.btn.setGeometry(10,10,100,30)
        self.btn.setText(' 輸入 ')
        self.btn.clicked.connect(self.showText)     # 執行開啟輸入視窗函式

    def showText(self):
        text, ok = QtWidgets.QInputDialog().getText(Form, '', ' 請輸入一段文字 ')
# 建立輸入視窗

        self.label.setText(text)

if __name__ == '__main__':
    app = QtWidgets.QApplication(sys.argv)
    Form = MyWidget()
    Form.show()
    sys.exit(app.exec())
```

❖ 範例程式碼：ch07/code22_class.py

數字輸入視窗

當 QInputDialog 輸入視窗使用 getInt() 方法,表示類型為「**整數輸入 視窗**」,使用 getDouble() 方法,表示類型為「**浮點數輸入視窗**」,程式碼 用法如下:

```
num, ok = QtWidgets.QInputDialog().getInt(Form, '視窗標題', '說明文字')
# num 輸入的整數
# ok 狀態是否完成

num, ok = QtWidgets.QInputDialog().getDouble(Form, '視窗標題', '說明文字')
# num 輸入的浮點數
# ok 狀態是否完成
```

下方的程式碼執行後,點擊按鈕會彈出輸入視窗,輸入數字後,會透 過 QLabel 顯示輸入的數字。

```
from PyQt6 import QtWidgets    # 將 PyQt6 換成 PyQt5 就能改用 PyQt5
import sys
app = QtWidgets.QApplication(sys.argv)

Form = QtWidgets.QWidget()
Form.setWindowTitle('oxxo.studio')
Form.resize(300, 200)

def showInt():
    num, ok = QtWidgets.QInputDialog().getInt(Form, '', '請輸入一個整數')
    label.setText(str(num))
```

```
def showDouble():
    num, ok = QtWidgets.QInputDialog().getDouble(Form, '', '請輸入一個浮點數')
    label.setText(str(num))

label = QtWidgets.QLabel(Form)
label.setGeometry(10,50,200,50)
label.setStyleSheet('font-size:30px;')

btn1 = QtWidgets.QPushButton(Form)
btn1.setGeometry(10,10,100,30)
btn1.setText('整數')
btn1.clicked.connect(showInt)

btn2 = QtWidgets.QPushButton(Form)
btn2.setGeometry(110,10,100,30)
btn2.setText('浮點數')
btn2.clicked.connect(showDouble)

Form.show()
sys.exit(app.exec())
```

❖ 範例程式碼：ch07/code23.py

使用 class 寫法：

```
from PyQt6 import QtWidgets   # 將 PyQt6 換成 PyQt5 就能改用 PyQt5
import sys

class MyWidget(QtWidgets.QWidget):
    def __init__(self):
        super().__init__()
        self.setWindowTitle('oxxo.studio')
        self.resize(300, 200)
        self.ui()

    def ui(self):
        self.label = QtWidgets.QLabel(self)
        self.label.setGeometry(10,50,200,50)
        self.label.setStyleSheet('font-size:30px;')

        self.btn1 = QtWidgets.QPushButton(self)
        self.btn1.setGeometry(10,10,100,30)
        self.btn1.setText('整數')
        self.btn1.clicked.connect(self.showInt)
```

```python
        self.btn2 = QtWidgets.QPushButton(self)
        self.btn2.setGeometry(110,10,100,30)
        self.btn2.setText('浮點數')
        self.btn2.clicked.connect(self.showDouble)

    def showInt(self):
        num, ok = QtWidgets.QInputDialog().getInt(self, '', '請輸入一個整數')
        self.label.setText(str(num))

    def showDouble(self):
        num, ok = QtWidgets.QInputDialog().getDouble(self, '', '請輸入一個浮點數')
        self.label.setText(str(num))

if __name__ == '__main__':
    app = QtWidgets.QApplication(sys.argv)
    Form = MyWidget()
    Form.show()
    sys.exit(app.exec())
```

❖ 範例程式碼：ch07/code23_class.py

🔗 選項選擇視窗

當 QInputDialog 輸入視窗使用 getItem() 方法，表示類型為「**選項輸入視窗**」，程式碼用法如下：

```
item, ok = QtWidgets.QInputDialog().getInt(Form, '視窗標題', '說明文字',
items, index)
# item 選擇的選項
# ok 狀態是否完成
# items 表示選項，使用串列格式
# index 表示預設第幾個選項，第一個為 0
```

下方的程式碼執行後，點擊按鈕會彈出輸入視窗，選擇選項後，會透過 QLabel 顯示選擇的選項。

```python
from PyQt6 import QtWidgets   # 將 PyQt6 換成 PyQt5 就能改用 PyQt5
import sys
app = QtWidgets.QApplication(sys.argv)

Form = QtWidgets.QWidget()
Form.setWindowTitle('oxxo.studio')
Form.resize(300, 200)

def show():
    items = ['a','b','c','d','e']
    item, ok = QtWidgets.QInputDialog().getItem(Form, '', '請選擇一個選項',
items, 0)
    label.setText(item)

label = QtWidgets.QLabel(Form)
label.setGeometry(10,50,200,50)
label.setStyleSheet('font-size:30px;')

btn = QtWidgets.QPushButton(Form)
btn.setGeometry(10,10,100,30)
btn.setText('開啟選項')
btn.clicked.connect(show)

Form.show()
sys.exit(app.exec())
```

❖ 範例程式碼：ch07/code24.py

使用 class 的寫法：

```python
from PyQt6 import QtWidgets    # 將 PyQt6 換成 PyQt5 就能改用 PyQt5
import sys

class MyWidget(QtWidgets.QWidget):
    def __init__(self):
        super().__init__()
        self.setWindowTitle('oxxo.studio')
        self.resize(300, 200)
        self.ui()

    def ui(self):
        self.label = QtWidgets.QLabel(self)
        self.label.setGeometry(10,50,200,50)
        self.label.setStyleSheet('font-size:30px;')

        self.btn = QtWidgets.QPushButton(self)
        self.btn.setGeometry(10,10,100,30)
        self.btn.setText(' 開啟選項 ')
        self.btn.clicked.connect(self.showResult)

    def showResult(self):
        items = ['a','b','c','d','e']
        item, ok = QtWidgets.QInputDialog().getItem(self, '', ' 請選擇一個選項 ',
items, 0)
        self.label.setText(item)

if __name__ == '__main__':
    app = QtWidgets.QApplication(sys.argv)
    Form = MyWidget()
    Form.show()
    sys.exit(app.exec())
```

❖ 範例程式碼：ch07/code24_class.py

小結

　　這個章節所介紹的 PyQt 視窗元件，可以讓使用者透過彈出視窗，進行開啟檔案、選項選擇、輸入文字等互動，透過這些互動，開發者就能輕鬆地設計出豐富多彩的應用。

第 **8** 章

界面佈局

PyQt 提供了多種介面佈局模式，可以幫助開發者輕鬆地創建靈活的使用者界面，這個章節會介紹三種基本的介面佈局：水平佈局（QHBoxLayout）、垂直佈局（QVBoxLayout）和網格佈局（QGridLayout），以及針對表單所設計的表單佈局（QFormLayout）。

❖ 本章節的範例程式碼：

  https://github.com/oxxostudio/book-code/tree/master/pyqt/ch08

本章節的部分範例，使用 PyQt5 和 PyQt6 有些許差異，請注意程式碼裡的註解和說明。

8-1 Layout 佈局 (垂直與水平)

這個小節會介紹如何透過 PyQt 視窗裡的 QVBoxLayout() 和 QHBoxLayout() 方法，進行元件的垂直與水平佈局。

🔗 建立 Layout 垂直與水平佈局

當 PyQt5 或 PyQt6 建立視窗後，視窗本身是一個 Widget，因此只要使用 QVBoxLayout() 和 QHBoxLayout() 方法，就可以在視窗 Widget 上建立垂直或水平佈局的「layout」，當 layout 建立後，只要放在該 layout 裡的元件，就會按照佈局的位置排列，無法透過 move() 或 setGeometry() 方法設定位置與大小。

下方的程式碼執行後，會在畫面左邊建立一個垂直 Layout，放入三顆按鈕，在畫面右邊建立一個水平 Layout，也放入三顆按鈕，在不做任何設定的狀況下，按鈕就會根據 Layout 的規範進行排列。

```python
from PyQt6 import QtWidgets   # 將 PyQt6 換成 PyQt5 就能改用 PyQt5
import sys
app = QtWidgets.QApplication(sys.argv)

Form = QtWidgets.QWidget()
Form.setWindowTitle('oxxo.studio')
Form.resize(300, 200)

# 垂直 Layout

vbox = QtWidgets.QWidget(Form)            # 建立一個新的 Widget
vbox.setGeometry(0,0,150,150)            # 設定 Widget 大小

v_layout = QtWidgets.QVBoxLayout(vbox) # 建立垂直 Layout

btn1 = QtWidgets.QPushButton(Form)       # 在視窗中加入一個 QPushButton
btn1.setText('1')                         # 按鈕文字
v_layout.addWidget(btn1)                  # 將按鈕放入 v_layout 中

btn2 = QtWidgets.QPushButton(Form)       # 在視窗中加入一個 QPushButton
btn2.setText('2')                         # 按鈕文字
```

```
v_layout.addWidget(btn2)              # 將按鈕放入 v_layout 中

btn3 = QtWidgets.QPushButton(Form)    # 在視窗中加入一個 QPushButton
btn3.setText('3')                     # 按鈕文字
v_layout.addWidget(btn3)              # 將按鈕放入 v_layout 中

# 水平 Layout

hbox = QtWidgets.QWidget(Form)        # 建立一個新的 Widget
hbox.setGeometry(150,0,150,150)       # 設定 Widget 大小

h_layout = QtWidgets.QHBoxLayout(hbox) # 建立水平 Layout

btn4 = QtWidgets.QPushButton(Form)    # 在視窗中加入一個 QPushButton
btn4.setText('4')                     # 按鈕文字
h_layout.addWidget(btn4)              # 將按鈕放入 h_layout 中

btn5 = QtWidgets.QPushButton(Form)    # 在視窗中加入一個 QPushButton
btn5.setText('5')                     # 按鈕文字
h_layout.addWidget(btn5)              # 將按鈕放入 h_layout 中

btn6 = QtWidgets.QPushButton(Form)    # 在視窗中加入一個 QPushButton
btn6.setText('6')                     # 按鈕文字
h_layout.addWidget(btn6)              # 將按鈕放入 h_layout 中

Form.show()
sys.exit(app.exec())
```

✤ 範例程式碼：ch08/code01.py

使用 class 寫法：

```
rom PyQt6 import QtWidgets    # 將 PyQt6 換成 PyQt5 就能改用 PyQt5
import sys

class MyWidget(QtWidgets.QWidget):
    def __init__(self):
        super().__init__()
        self.setObjectName("MainWindow")
        self.setWindowTitle('oxxo.studio')
        self.resize(300, 200)
        self.ui()

    def ui(self):
```

```
        # 垂直 Layout
        self.vbox = QtWidgets.QWidget(self)          # 建立一個新的 Widget
        self.vbox.setGeometry(0,0,150,150)           # 設定 Widget 大小

        self.v_layout = QtWidgets.QVBoxLayout(self.vbox) # 建立垂直 Layout

        self.btn1 = QtWidgets.QPushButton(self) # 在視窗中加入一個 QPushButton
        self.btn1.setText('1')                       # 按鈕文字
        self.v_layout.addWidget(self.btn1)           # 將按鈕放入 v_layout 中

        self.btn2 = QtWidgets.QPushButton(self) # 在視窗中加入一個 QPushButton
        self.btn2.setText('2')                       # 按鈕文字
        self.v_layout.addWidget(self.btn2)           # 將按鈕放入 v_layout 中

        self.btn3 = QtWidgets.QPushButton(self) # 在視窗中加入一個 QPushButton
        self.btn3.setText('3')                       # 按鈕文字
        self.v_layout.addWidget(self.btn3)           # 將按鈕放入 v_layout 中

        # 水平 Layout
        self.hbox = QtWidgets.QWidget(self)          # 建立一個新的 Widget
        self.hbox.setGeometry(150,0,150,150)         # 設定 Widget 大小

        self.h_layout = QtWidgets.QHBoxLayout(self.hbox) # 建立水平 Layout

        self.btn4 = QtWidgets.QPushButton(self) # 在視窗中加入一個 QPushButton
        self.btn4.setText('4')                       # 按鈕文字
        self.h_layout.addWidget(self.btn4)           # 將按鈕放入 h_layout 中

        self.btn5 = QtWidgets.QPushButton(self) # 在視窗中加入一個 QPushButton
        self.btn5.setText('5')                       # 按鈕文字
        self.h_layout.addWidget(self.btn5)           # 將按鈕放入 h_layout 中

        self.btn6 = QtWidgets.QPushButton(self) # 在視窗中加入一個 QPushButton
        self.btn6.setText('6')                       # 按鈕文字
        self.h_layout.addWidget(self.btn6)           # 將按鈕放入 h_layout 中

if __name__ == '__main__':
    app = QtWidgets.QApplication(sys.argv)
    Form = MyWidget()
    Form.show()
    sys.exit(app.exec())
```

✤ 範例程式碼：ch08/code01_class.py

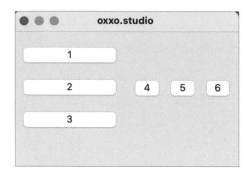

🔗 設定 Layout 裡元件的對齊方式

Layout 加入元件後，可以透過下列幾種對齊方法，設定元件的對齊方式 (PyQt5 和 PyQt6 的方法名稱不同)：

PyQt5：

對齊方式	說明
QtCore.Qt.AlignTop	靠上對齊。
QtCore.Qt.AlignBottom	靠下對齊。
QtCore.Qt.AlignCenter	置中對齊。
QtCore.Qt.AlignLeft	靠左對齊。
QtCore.Qt.AlignRight	靠右對齊。
QtCore.Qt.AlignVCenter	垂直置中對齊。
QtCore.Qt.AlignHCenter	水平置中對齊。

PyQt6：

對齊方式	說明
QtCore.Qt.AlignmentFlag.AlignTop	靠上對齊。
QtCore.Qt.AlignmentFlag.AlignBottom	靠下對齊。
QtCore.Qt.AlignmentFlag.AlignCenter	置中對齊。

對齊方式	說明
QtCore.Qt.AlignmentFlag.AlignLeft	靠左對齊。
QtCore.Qt.AlignmentFlag.AlignRight	靠右對齊。
QtCore.Qt.AlignmentFlag.AlignVCenter	垂直置中對齊。
QtCore.Qt.AlignmentFlag.AlignHCenter	水平置中對齊。

下方的程式碼執行後，會將左側垂直排列的按鈕靠左對齊，將右側水平排列的按鈕靠上對齊。

```python
from PyQt6 import QtWidgets, QtCore    # 將 PyQt6 換成 PyQt5 就能改用 PyQt5
import sys
app = QtWidgets.QApplication(sys.argv)

Form = QtWidgets.QWidget()
Form.setWindowTitle('oxxo.studio')
Form.resize(300, 200)

# 垂直 Layout

vbox = QtWidgets.QWidget(Form)
vbox.setGeometry(0,0,150,150)

v_layout = QtWidgets.QVBoxLayout(vbox)                          # 建立垂直 Layout
v_layout.setAlignment(QtCore.Qt.AlignmentFlag.AlignLeft)       # 靠左對齊
# v_layout.setAlignment(QtCore.Qt.AlignLeft)                   # PyQt5 寫法


btn1 = QtWidgets.QPushButton(Form)
btn1.setText('1')
v_layout.addWidget(btn1)

btn2 = QtWidgets.QPushButton(Form)
btn2.setText('2')
v_layout.addWidget(btn2)

btn3 = QtWidgets.QPushButton(Form)
btn3.setText('3')
v_layout.addWidget(btn3)
```

```
# 水平 Layout

hbox = QtWidgets.QWidget(Form)
hbox.setGeometry(150,0,150,150)

h_layout = QtWidgets.QHBoxLayout(hbox)                       # 建立水平 Layout
h_layout.setAlignment(QtCore.Qt.AlignmentFlag.AlignTop)     # 靠上對齊
# h_layout.setAlignment(QtCore.Qt.AlignTop)                 # PyQt5 寫法


btn4 = QtWidgets.QPushButton(Form)
btn4.setText('4')
h_layout.addWidget(btn4)

btn5 = QtWidgets.QPushButton(Form)
btn5.setText('5')
h_layout.addWidget(btn5)

btn6 = QtWidgets.QPushButton(Form)
btn6.setText('6')
h_layout.addWidget(btn6)

Form.show()
sys.exit(app.exec())
```

❖ 範例程式碼：ch08/code02.py

使用 class 寫法：

```
from PyQt6 import QtWidgets, QtCore   # 將 PyQt6 換成 PyQt5 就能改用 PyQt5
import sys

class MyWidget(QtWidgets.QWidget):
    def __init__(self):
        super().__init__()
        self.setObjectName("MainWindow")
        self.setWindowTitle('oxxo.studio')
        self.resize(300, 200)
        self.ui()

    def ui(self):
        self.vbox = QtWidgets.QWidget(self)
        self.vbox.setGeometry(0,0,150,150)
```

```
        self.v_layout = QtWidgets.QVBoxLayout(self.vbox)
        self.v_layout.setAlignment(QtCore.Qt.AlignmentFlag.AlignLeft)
# 靠左對齊
        # self.v_layout.setAlignment(QtCore.Qt.AlignLeft)
# PyQt5 寫法

        self.btn1 = QtWidgets.QPushButton(self)
        self.btn1.setText('1')
        self.v_layout.addWidget(self.btn1)

        self.btn2 = QtWidgets.QPushButton(self)
        self.btn2.setText('2')
        self.v_layout.addWidget(self.btn2)

        self.btn3 = QtWidgets.QPushButton(self)
        self.btn3.setText('3')
        self.v_layout.addWidget(self.btn3)

        self.hbox = QtWidgets.QWidget(self)
        self.hbox.setGeometry(150,0,150,150)

        self.h_layout = QtWidgets.QHBoxLayout(self.hbox)
        self.h_layout.setAlignment(QtCore.Qt.AlignmentFlag.AlignTop)  # 靠上對齊
        # self.h_layout.setAlignment(QtCore.Qt.AlignTop)            # PyQt5 寫法

        self.btn4 = QtWidgets.QPushButton(self)
        self.btn4.setText('4')
        self.h_layout.addWidget(self.btn4)

        self.btn5 = QtWidgets.QPushButton(self)
        self.btn5.setText('5')
        self.h_layout.addWidget(self.btn5)

        self.btn6 = QtWidgets.QPushButton(self)
        self.btn6.setText('6')
        self.h_layout.addWidget(self.btn6)

if __name__ == '__main__':
    app = QtWidgets.QApplication(sys.argv)
    Form = MyWidget()
    Form.show()
    sys.exit(app.exec())
```

❖ 範例程式碼：ch08/code02_class.py

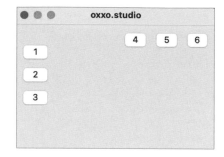

調整 Layout 樣式

建立放置 Layout 的 Widget 後，可以針對這個 Widget 使用 setStyleSheet() 方法設定樣式，但需要注意的是，一但設定這個 Widget 樣式，會連帶影響到裡頭的元件樣式，因此如果需要設定樣式，要連同裡面的元件一併進行設定，以下方的程式碼為例，將放置 Layout 的 Widget 設定為白底黑框後，需要額外設定按鈕的樣式，否則按鈕的預設樣式就會消失。

```python
from PyQt6 import QtWidgets, QtCore    # 將 PyQt6 換成 PyQt5 就能改用 PyQt5
import sys
app = QtWidgets.QApplication(sys.argv)

Form = QtWidgets.QWidget()
Form.setWindowTitle('oxxo.studio')
Form.resize(300, 200)

# 設定放置 Layout 的 Widget 樣式
style_box = '''
    background:#fff;
    border:1px solid #000;
'''
# 設定按鈕樣式
style_btn = '''
    QPushButton{
        background:#ff0;
        border:1px solid #000;
        border-radius:10px;
        padding:5px;
```

```
    }
    QPushButton:pressed{
        background:#f90;
    }
'''

# 垂直 Layout

vbox = QtWidgets.QWidget(Form)
vbox.setGeometry(0,0,120,120)
vbox.setStyleSheet(style_box)


v_layout = QtWidgets.QVBoxLayout(vbox)
v_layout.setAlignment(QtCore.Qt.AlignmentFlag.AlignLeft)    # 靠左對齊
# v_layout.setAlignment(QtCore.Qt.AlignLeft)                # PyQt5 寫法

btn1 = QtWidgets.QPushButton(Form)
btn1.setText('1')
btn1.setStyleSheet(style_btn)
v_layout.addWidget(btn1)

btn2 = QtWidgets.QPushButton(Form)
btn2.setText('2')
btn2.setStyleSheet(style_btn)
v_layout.addWidget(btn2)

btn3 = QtWidgets.QPushButton(Form)
btn3.setText('3')
btn3.setStyleSheet(style_btn)
v_layout.addWidget(btn3)

# 水平 Layout

hbox = QtWidgets.QWidget(Form)
hbox.setGeometry(130,0,120,120)
hbox.setStyleSheet(style_box)

h_layout = QtWidgets.QHBoxLayout(hbox)
h_layout.setAlignment(QtCore.Qt.AlignmentFlag.AlignTop)  # 靠上對齊
# h_layout.setAlignment(QtCore.Qt.AlignTop)  # PyQt5 寫法

btn4 = QtWidgets.QPushButton(Form)
btn4.setText('4')
```

```
btn4.setStyleSheet(style_btn)
h_layout.addWidget(btn4)

btn5 = QtWidgets.QPushButton(Form)
btn5.setText('5')
btn5.setStyleSheet(style_btn)
h_layout.addWidget(btn5)

btn6 = QtWidgets.QPushButton(Form)
btn6.setText('6')
btn6.setStyleSheet(style_btn)
h_layout.addWidget(btn6)

Form.show()
sys.exit(app.exec())
```

✤ 範例程式碼：ch08/code03.py

使用 class 寫法：

```
from PyQt6 import QtWidgets, QtCore    # 將 PyQt6 換成 PyQt5 就能改用 PyQt5
import sys

class MyWidget(QtWidgets.QWidget):
    def __init__(self):
        super().__init__()
        self.setObjectName("MainWindow")
        self.setWindowTitle('oxxo.studio')
        self.resize(300, 200)
        self.ui()

    def ui(self):
        # 設定放置 Layout 的 Widget 樣式
        style_box = '''
            background:#fff;
            border:1px solid #000;
        '''
        # 設定按鈕樣式
        style_btn = '''
            QPushButton{
                background:#ff0;
                border:1px solid #000;
                border-radius:10px;
                padding:5px;
```

```
        }
        QPushButton:pressed{
            background:#f90;
        }
    '''


    # 垂直 Layout

    self.vbox = QtWidgets.QWidget(self)
    self.vbox.setGeometry(0,0,120,120)
    self.vbox.setStyleSheet(style_box)

    self.v_layout = QtWidgets.QVBoxLayout(self.vbox)
    self.v_layout.setAlignment(QtCore.Qt.AlignmentFlag.AlignLeft) # 靠左對齊
    # self.v_layout.setAlignment(QtCore.Qt.AlignLeft)      # PyQt5 寫法

    self.btn1 = QtWidgets.QPushButton(self)
    self.btn1.setText('1')
    self.btn1.setStyleSheet(style_btn)
    self.v_layout.addWidget(self.btn1)

    self.btn2 = QtWidgets.QPushButton(self)
    self.btn2.setText('2')
    self.btn2.setStyleSheet(style_btn)
    self.v_layout.addWidget(self.btn2)

    self.btn3 = QtWidgets.QPushButton(self)
    self.btn3.setText('3')
    self.btn3.setStyleSheet(style_btn)
    self.v_layout.addWidget(self.btn3)

    # 水平 Layout

    self.hbox = QtWidgets.QWidget(self)
    self.hbox.setGeometry(130,0,120,120)
    self.hbox.setStyleSheet(style_box)

    self.h_layout = QtWidgets.QHBoxLayout(self.hbox)
    self.h_layout.setAlignment(QtCore.Qt.AlignmentFlag.AlignTop) # 靠上對齊
    # self.h_layout.setAlignment(QtCore.Qt.AlignTop)       # PyQt5 寫法

    self.btn4 = QtWidgets.QPushButton(self)
    self.btn4.setText('4')
```

```
        self.btn4.setStyleSheet(style_btn)
        self.h_layout.addWidget(self.btn4)

        self.btn5 = QtWidgets.QPushButton(self)
        self.btn5.setText('5')
        self.btn5.setStyleSheet(style_btn)
        self.h_layout.addWidget(self.btn5)

        self.btn6 = QtWidgets.QPushButton(self)
        self.btn6.setText('6')
        self.btn6.setStyleSheet(style_btn)
        self.h_layout.addWidget(self.btn6)

if __name__ == '__main__':
    app = QtWidgets.QApplication(sys.argv)
    Form = MyWidget()
    Form.show()
    sys.exit(app.exec())
```

❖ 範例程式碼：ch08/code03_class.py

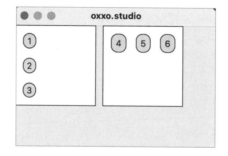

8-2　Layout 佈局 (Gird 網格)

這個小節會介紹如何透過 PyQt 視窗裡的 QGridLayout() 方法，進行元件的 Grid 網格佈局。

🔗 建立 Gird 網格佈局

當 PyQt5 或 PyQt6 建立視窗後，視窗本身是一個 Widget，因此只要使用 QGridLayout() 方法，就可以在視窗 Widget 上建立 Grid 網格佈局的

「layout」，當 layout 建立後，只要放在該 layout 裡的元件，就會按照指定的 grid 位置排列，無法透過 move() 或 setGeometry() 方法設定位置與大小。

　下方的程式碼執行後，會在畫面先建立一個 QGirdLayout，並放入六顆按鈕，排列成 3x2 的位置。

> 使用 addWidget(Widget, row, column) 放入按鈕時，可以指定對應的 row（垂直）和 column（水平）位置，左上角從 0 開始。

```python
from PyQt6 import QtWidgets    # 將 PyQt6 換成 PyQt5 就能改用 PyQt5
import sys
app = QtWidgets.QApplication(sys.argv)

Form = QtWidgets.QWidget()
Form.setWindowTitle('oxxo.studio')
Form.resize(300, 200)

box = QtWidgets.QWidget(Form)          # 建立放 QGridLayout 的元件
box.setGeometry(10,10,150,150)         # 指定大小位置

grid = QtWidgets.QGridLayout(box)      # 建立 QGridLayout

btn1 = QtWidgets.QPushButton(Form)     # 建立按鈕
btn1.setText('1')
grid.addWidget(btn1, 0, 0)             # 按鈕放在 (0, 0) 位置

btn2 = QtWidgets.QPushButton(Form)     # 建立按鈕
btn2.setText('2')
grid.addWidget(btn2, 0, 1)             # 按鈕放在 (0, 1) 位置

btn3 = QtWidgets.QPushButton(Form)     # 建立按鈕
btn3.setText('3')
grid.addWidget(btn3, 0, 2)             # 按鈕放在 (0, 2) 位置

btn4 = QtWidgets.QPushButton(Form)     # 建立按鈕
btn4.setText('4')
grid.addWidget(btn4, 1, 0)             # 按鈕放在 (1, 0) 位置
```

```
btn5 = QtWidgets.QPushButton(Form)      # 建立按鈕
btn5.setText('5')
grid.addWidget(btn5, 1, 1)              # 按鈕放在 (1, 1) 位置

btn6 = QtWidgets.QPushButton(Form)      # 建立按鈕
btn6.setText('6')
grid.addWidget(btn6, 1, 2)              # 按鈕放在 (1, 2) 位置

Form.show()
sys.exit(app.exec())
```

❖ 範例程式碼：ch08/code04.py

使用 class 寫法：

```
from PyQt6 import QtWidgets, QtCore    # 將 PyQt6 換成 PyQt5 就能改用 PyQt5
import sys

class MyWidget(QtWidgets.QWidget):
    def __init__(self):
        super().__init__()
        self.setObjectName("MainWindow")
        self.setWindowTitle('oxxo.studio')
        self.resize(300, 200)
        self.ui()

    def ui(self):
        box = QtWidgets.QWidget(self)           # 建立放 QGridLayout 的元件
        box.setGeometry(10,10,150,150)          # 指定大小位置

        grid = QtWidgets.QGridLayout(box)       # 建立 QGridLayout

        btn1 = QtWidgets.QPushButton(self)      # 建立按鈕
        btn1.setText('1')
        grid.addWidget(btn1, 0, 0)              # 按鈕放在 (0, 0) 位置

        btn2 = QtWidgets.QPushButton(self)      # 建立按鈕
        btn2.setText('2')
        grid.addWidget(btn2, 0, 1)              # 按鈕放在 (0, 1) 位置

        btn3 = QtWidgets.QPushButton(self)      # 建立按鈕
        btn3.setText('3')
        grid.addWidget(btn3, 0, 2)              # 按鈕放在 (0, 2) 位置
```

```
        btn4 = QtWidgets.QPushButton(self)      # 建立按鈕
        btn4.setText('4')
        grid.addWidget(btn4, 1, 0)              # 按鈕放在 (1, 0) 位置

        btn5 = QtWidgets.QPushButton(self)      # 建立按鈕
        btn5.setText('5')
        grid.addWidget(btn5, 1, 1)              # 按鈕放在 (1, 1) 位置

        btn6 = QtWidgets.QPushButton(self)      # 建立按鈕
        btn6.setText('6')
        grid.addWidget(btn6, 1, 2)              # 按鈕放在 (1, 2) 位置

if __name__ == '__main__':
    app = QtWidgets.QApplication(sys.argv)
    Form = MyWidget()
    Form.show()
    sys.exit(app.exec())
```

❖ 範例程式碼：ch08/code04_class.py

🔗 合併 Gird 網格

　　如果在 addWidget() 方法裡額外設定第四個與第五個參數，就能處理「跨網格（合併網格）」的狀況，**第四個參數為垂直合併的網格數量，第五個參數為水平合併的網格數量**，以下方的程式碼為例，第四顆按鈕將第四個與第五個參數設定為 1 和 3，表示垂直維持一格，水平則合併三格。

```
from PyQt6 import QtWidgets    # 將 PyQt6 換成 PyQt5 就能改用 PyQt5
import sys
app = QtWidgets.QApplication(sys.argv)
```

```
Form = QtWidgets.QWidget()
Form.setWindowTitle('oxxo.studio')
Form.resize(300, 200)

box = QtWidgets.QWidget(Form)
box.setGeometry(10,10,150,150)

grid = QtWidgets.QGridLayout(box)

btn1 = QtWidgets.QPushButton(Form)
btn1.setText('1')
grid.addWidget(btn1, 0, 0)

btn2 = QtWidgets.QPushButton(Form)
btn2.setText('2')
grid.addWidget(btn2, 0, 1)

btn3 = QtWidgets.QPushButton(Form)
btn3.setText('3')
grid.addWidget(btn3, 0, 2)

btn4 = QtWidgets.QPushButton(Form)
btn4.setText('4')
grid.addWidget(btn4, 1, 0, 1, 3)     # 垂直一格，水平三格

Form.show()
sys.exit(app.exec())
```

✤ 範例程式碼：ch08/code05.py

使用 class 寫法：

```
from PyQt6 import QtWidgets, QtCore    # 將 PyQt6 換成 PyQt5 就能改用 PyQt5
import sys

class MyWidget(QtWidgets.QWidget):
    def __init__(self):
        super().__init__()
        self.setObjectName("MainWindow")
        self.setWindowTitle('oxxo.studio')
        self.resize(300, 200)
        self.ui()
```

```python
    def ui(self):
        box = QtWidgets.QWidget(self)
        box.setGeometry(10,10,150,150)

        grid = QtWidgets.QGridLayout(box)

        btn1 = QtWidgets.QPushButton(self)
        btn1.setText('1')
        grid.addWidget(btn1, 0, 0)

        btn2 = QtWidgets.QPushButton(self)
        btn2.setText('2')
        grid.addWidget(btn2, 0, 1)

        btn3 = QtWidgets.QPushButton(self)
        btn3.setText('3')
        grid.addWidget(btn3, 0, 2)

        btn4 = QtWidgets.QPushButton(self)
        btn4.setText('4')
        grid.addWidget(btn4, 1, 0, 1, 3)    # 垂直一格，水平三格

if __name__ == '__main__':
    app = QtWidgets.QApplication(sys.argv)
    Form = MyWidget()
    Form.show()
    sys.exit(app.exec())
```

❖ 範例程式碼：ch08/code05_class.py

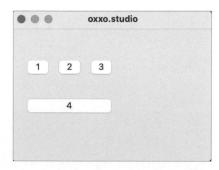

調整 Layout 樣式

建立放置 Layout 的 Widget 後，可以針對這個 Widget 使用 setStyleSheet() 方法設定樣式，但需要注意的是，一但設定這個 Widget 樣式，會連帶影響到裡頭的元件樣式，因此如果需要設定樣式，要連同裡面的元件一併進行設定，以下方的程式碼為例，將放置 Layout 的 Widget 設定為白底黑框後，需要額外設定按鈕的樣式，否則按鈕的預設樣式就會消失。

```python
from PyQt6 import QtWidgets   # 將 PyQt6 換成 PyQt5 就能改用 PyQt5
import sys
app = QtWidgets.QApplication(sys.argv)

Form = QtWidgets.QWidget()
Form.setWindowTitle('oxxo.studio')
Form.resize(300, 200)

style_box = '''
    background:#fff;
    border:1px solid #000;
'''

style_btn = '''
    background:#ff0;
    padding:5px;
    border-radius:4px;
'''

box = QtWidgets.QWidget(Form)
box.setGeometry(10,10,150,150)
box.setStyleSheet(style_box)

grid = QtWidgets.QGridLayout(box)

btn1 = QtWidgets.QPushButton(Form)
btn1.setText('1')
btn1.setStyleSheet(style_btn)
grid.addWidget(btn1, 0, 0)

btn2 = QtWidgets.QPushButton(Form)
btn2.setText('2')
```

```
grid.addWidget(btn2, 0, 1)

btn3 = QtWidgets.QPushButton(Form)
btn3.setText('3')
grid.addWidget(btn3, 0, 2)

btn4 = QtWidgets.QPushButton(Form)
btn4.setText('4')
grid.addWidget(btn4, 1, 0, 1, 3)

Form.show()
sys.exit(app.exec())
```

❖ 範例程式碼：ch08/code06.py

使用 class 寫法：

```
from PyQt6 import QtWidgets, QtCore   # 將 PyQt6 換成 PyQt5 就能改用 PyQt5
import sys

class MyWidget(QtWidgets.QWidget):
    def __init__(self):
        super().__init__()
        self.setObjectName("MainWindow")
        self.setWindowTitle('oxxo.studio')
        self.resize(300, 200)
        self.ui()

    def ui(self):
        style_box = '''
            background:#fff;
            border:1px solid #000;
        '''

        style_btn = '''
            background:#ff0;
            padding:5px;
            border-radius:4px;
        '''

        box = QtWidgets.QWidget(self)
        box.setGeometry(10,10,150,150)
        box.setStyleSheet(style_box)
```

```
        grid = QtWidgets.QGridLayout(box)

        btn1 = QtWidgets.QPushButton(self)
        btn1.setText('1')
        btn1.setStyleSheet(style_btn)
        grid.addWidget(btn1, 0, 0)

        btn2 = QtWidgets.QPushButton(self)
        btn2.setText('2')
        grid.addWidget(btn2, 0, 1)

        btn3 = QtWidgets.QPushButton(self)
        btn3.setText('3')
        grid.addWidget(btn3, 0, 2)

        btn4 = QtWidgets.QPushButton(self)
        btn4.setText('4')
        grid.addWidget(btn4, 1, 0, 1, 3)

if __name__ == '__main__':
    app = QtWidgets.QApplication(sys.argv)
    Form = MyWidget()
    Form.show()
    sys.exit(app.exec())
```

❖ 範例程式碼：ch08/code06_class.py

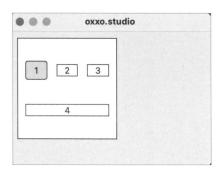

🔗 Layout 裡放入 Layout

使用 addWidget() 方法可以加入元件，使用 addItem() 方法可以在 Layout 裡加入其他 Layout，下方的程式碼執行後，會在第二列合併三格的網格裡，加入一個包含兩顆按鈕的 QGridLayout。

```python
from PyQt6 import QtWidgets    # 將 PyQt6 換成 PyQt5 就能改用 PyQt5
import sys
app = QtWidgets.QApplication(sys.argv)

Form = QtWidgets.QWidget()
Form.setWindowTitle('oxxo.studio')
Form.resize(300, 200)

box = QtWidgets.QWidget(Form)
box.setGeometry(10,10,150,150)

grid = QtWidgets.QGridLayout(box)

btn1 = QtWidgets.QPushButton(Form)
btn1.setText('1')
grid.addWidget(btn1, 0, 0)

btn2 = QtWidgets.QPushButton(Form)
btn2.setText('2')
grid.addWidget(btn2, 0, 1)

btn3 = QtWidgets.QPushButton(Form)
btn3.setText('3')
grid.addWidget(btn3, 0, 2)

grid2 = QtWidgets.QGridLayout(box)      # 新建一個 QGridLayout
grid.addItem(grid2, 1, 0, 1, 3)         # 使用 addItem 方法

btn4 = QtWidgets.QPushButton(Form)
btn4.setText('4')
grid2.addWidget(btn4, 0, 0)             # 新的 QGridLayout 加入按鈕

btn5 = QtWidgets.QPushButton(Form)
btn5.setText('5')
grid2.addWidget(btn5, 0, 1)             # 新的 QGridLayout 加入按鈕

Form.show()
sys.exit(app.exec())
```

✤ 範例程式碼：ch08/code07.py

使用 class 寫法：

```python
from PyQt6 import QtWidgets, QtCore    # 將 PyQt6 換成 PyQt5 就能改用 PyQt5
import sys

class MyWidget(QtWidgets.QWidget):
    def __init__(self):
        super().__init__()
        self.setObjectName("MainWindow")
        self.setWindowTitle('oxxo.studio')
        self.resize(300, 200)
        self.ui()

    def ui(self):
        box = QtWidgets.QWidget(self)
        box.setGeometry(10,10,150,150)

        grid = QtWidgets.QGridLayout(box)

        btn1 = QtWidgets.QPushButton(self)
        btn1.setText('1')
        grid.addWidget(btn1, 0, 0)

        btn2 = QtWidgets.QPushButton(self)
        btn2.setText('2')
        grid.addWidget(btn2, 0, 1)

        btn3 = QtWidgets.QPushButton(self)
        btn3.setText('3')
        grid.addWidget(btn3, 0, 2)

        grid2 = QtWidgets.QGridLayout(box)      # 新建一個 QGridLayout
        grid.addItem(grid2, 1, 0, 1, 3)         # 使用 addItem 方法

        btn4 = QtWidgets.QPushButton(self)
        btn4.setText('4')
        grid2.addWidget(btn4, 0, 0)             # 新的 QGridLayout 加入按鈕

        btn5 = QtWidgets.QPushButton(self)
        btn5.setText('5')
        grid2.addWidget(btn5, 0, 1)             # 新的 QGridLayout 加入按鈕

if __name__ == '__main__':
    app = QtWidgets.QApplication(sys.argv)
```

```
Form = MyWidget()
Form.show()
sys.exit(app.exec())
```

❖ 範例程式碼：ch08/code07_class.py

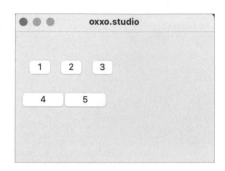

8-3 Layout 佈局 (Form 表單)

這個小節會介紹如何透過 PyQt6 視窗裡的 QFormLayout() 方法，進行元件的 Form 表單佈局。

🔗 建立 Form 網格佈局

當 PyQt5 或 PyQt6 建立視窗後，視窗本身是一個 Widget，因此只要使用 QFormLayout() 方法，就可以在視窗 Widget 上建立 Form 表單佈局的「layout」，當 QFormLayout 建立後，預設只會有兩個欄位，一個是 QLabel 文字，另一個是 QLineEdit 單行輸入框或 QPlainTextEdit 多行輸入框。

下方的程式碼使用 addRow(text, input) 方法在 QFormLayout 中增加內容，執行結果會出現三個「文字＋輸入框」。

```
from PyQt6 import QtWidgets    # 將 PyQt6 換成 PyQt5 就能改用 PyQt5
import sys
app = QtWidgets.QApplication(sys.argv)

Form = QtWidgets.QWidget()
Form.setWindowTitle('oxxo.studio')
Form.resize(300, 200)
```

```
label1 = QtWidgets.QLabel('AAA')
input1 = QtWidgets.QLineEdit(Form)
label2 = QtWidgets.QLabel('BBB')
input2 = QtWidgets.QLineEdit(Form)
label3 = QtWidgets.QLabel('CCC')
input3 = QtWidgets.QPlainTextEdit(Form)

box = QtWidgets.QWidget(Form)              # 建立放置 QFormLayout 的 Widget
box.setGeometry(10,10,200,150)

layout = QtWidgets.QFormLayout(box)        # 建立 QFormLayout
layout.addRow(label1, input1)             # QFormLayout 加入一列，內容為文字 + 輸入框
layout.addRow(label2, input2)             # QFormLayout 加入一列，內容為文字 + 輸入框
layout.addRow(label3, input3)             # QFormLayout 加入一列，內容為文字 + 輸入框

Form.show()
sys.exit(app.exec())
```

❖ 範例程式碼：ch08/code08.py

使用 class 寫法：

```
from PyQt6 import QtWidgets    # 將 PyQt6 換成 PyQt5 就能改用 PyQt5
import sys

class MyWidget(QtWidgets.QWidget):
    def __init__(self):
        super().__init__()
        self.setWindowTitle('oxxo.studio')
        self.resize(300, 200)
        self.ui()

    def ui(self):
        self.label1 = QtWidgets.QLabel('AAA')
        self.input1 = QtWidgets.QLineEdit(self)
        self.label2 = QtWidgets.QLabel('BBB')
        self.input2 = QtWidgets.QLineEdit(self)
        self.label3 = QtWidgets.QLabel('CCC')
        self.input3 = QtWidgets.QPlainTextEdit(self)

        self.box = QtWidgets.QWidget(self)  # 建立放置 QFormLayout 的 Widget
        self.box.setGeometry(10,10,200,150)

        self.layout = QtWidgets.QFormLayout(self.box)     # 建立 QFormLayout
```

```
        self.layout.addRow(self.label1, self.input1)      # QFormLayout 加入一列，
                                                              內容為文字 + 輸入框

        self.layout.addRow(self.label2, self.input2)      # QFormLayout 加入一列，
                                                              內容為文字 + 輸入框
        self.layout.addRow(self.label3, self.input3)      # QFormLayout 加入一列，
                                                              內容為文字 + 輸入框

if __name__ == '__main__':
    app = QtWidgets.QApplication(sys.argv)
    Form = MyWidget()
    Form.show()
    sys.exit(app.exec())
```

❖ 範例程式碼：ch08/code08_class.py

🔗 調整排列方式

QFormLayout 提供三種排列方式，可以設定文字與輸入框的位置（PyQt5 和 PyQt6 的方法名稱不同）：

PyQt5：

排列方式	說明
QtWidgets.QFormLayout.DontWrapRows	預設，文字左邊，輸入框右邊，文字長度過長會自動截斷。
QtWidgets.QFormLayout.WrapLongRows	文字左邊，輸入框右邊，文字長度過長會將輸入框改到文字下方。
QtWidgets.QFormLayout.WrapAllRows	文字上面，輸入框下面。

PyQt6：

排列方式	說明
QtWidgets.QFormLayout.RowWrapPolicy.DontWrapRows	預設，文字左邊，輸入框右邊，文字長度過長會自動截斷。
QtWidgets.QFormLayout.RowWrapPolicy.WrapLongRows	文字左邊，輸入框右邊，文字長度過長將輸入框改到文字下方。
QtWidgets.QFormLayout.RowWrapPolicy.WrapAllRows	文字上面，輸入框下面。

延伸上面的程式碼，透過不同方法，設定出不同的排列方式。

PyQt5：

```
layout.setRowWrapPolicy(QtWidgets.QFormLayout.DontWrapRows)
```

PyQt6：

```
layout.setRowWrapPolicy(QtWidgets.QFormLayout.RowWrapPolicy.DontWrapRows)
```

PyQt5：

```
layout.setRowWrapPolicy(QtWidgets.QFormLayout.WrapLongRows)
```

PyQt6：

```
layout.setRowWrapPolicy(QtWidgets.QFormLayout.RowWrapPolicy.WrapLongRows)
```

PyQt5：

```
layout.setRowWrapPolicy(QtWidgets.QFormLayout.DontWrapRows)
```

PyQt6：

```
layout.setRowWrapPolicy(QtWidgets.QFormLayout.RowWrapPolicy.DontWrapRows)
```

小結

　　透過這個章節的介紹，就更能了解 PyQt 所提供的多種佈局模式，透過這些佈局的方法，開發者就能輕鬆地設計出豐富多變的使用者界面，並且可以根據應用的需求，選擇合適的佈局模式來進行設計，提高應用程式的易用性和吸引力。

第 **9** 章

時間、行為與信號

前　言

PyQt 裡的 QTimer、QThread 和 PyQSignal 模組，可以幫助使用者更加輕鬆的完成多線程、定時器和事件信號處理等任務，這三個模組的應用將會是開發複雜應用程式的重要助手，這個章節會介紹相關的原理以及如何使用這三個模組。

✤ 本章節的範例程式碼：
　 https://github.com/oxxostudio/book-code/tree/master/pyqt/ch09

本章節所有的範例裡，使用 PyQt5 和 PyQt6 並沒有什麼差異，只需要將 PyQt6 換成 PyQt5，就能改用 PyQt5。

9-1 QTimer 定時器

　　QTimer 是 PyQt 裡的處理時間的一個非常重要的方法，由於透過 PyQt5 或 PyQt6 產生視窗介面時，所有功能等同被封裝在一個「迴圈」裡，如果需要在迴圈中處理「定時執行某件事」，就需要使用 QTimer 定時器的功能，這個小節會介紹如何在 PyQt5 或 PyQt6 視窗裡使用 QTimer 定時器，並透過定時器做出一些簡單的應用。

使用 QTimer 定時器

　　載入 QtCore 模組，就能開始使用 QTimer 方法，基本的操作流程如下：

● 使用 QtCore.QTimer() 加入定時器。

● 使用 timeout.connect(fn) 設定定時要啟用的 function。

● 使用 start(ms) 啟用定時器，設定間隔毫秒數。

● 使用 stop() 停止定時器。

　　以下方的程式碼為例，程式執行後，畫面中會以每格 0.5 秒（500 毫秒）的間隔，將數字不斷往上累加。

```
from PyQt6 import QtWidgets, QtCore   # 將 PyQt6 換成 PyQt5 就能改用 PyQt5
import sys
app = QtWidgets.QApplication(sys.argv)

Form = QtWidgets.QWidget()
Form.setWindowTitle('oxxo.studio')
Form.resize(300, 200)

label = QtWidgets.QLabel(Form)              # 加入 QLabel 顯示數字
label.setGeometry(20,10,100,40)
label.setStyleSheet('font-size:30px;')

a = 0
def count():
    global a
    a = a + 1                             # 數字增加 1
```

```
    label.setText(str(a))          # QLabel 顯示數字

timer = QtCore.QTimer()            # 加入定時器
timer.timeout.connect(count)       # 設定定時要執行的 function
timer.start(500)                   # 啟用定時器，設定間隔時間為 500 毫秒

Form.show()
sys.exit(app.exec())
```

✦ 範例程式碼：ch09/code01.py

使用 class 寫法：

```python
from PyQt6 import QtWidgets, QtCore   # 將 PyQt6 換成 PyQt5 就能改用 PyQt5
import sys

class MyWidget(QtWidgets.QWidget):
    def __init__(self):
        super().__init__()
        self.setWindowTitle('oxxo.studio')
        self.resize(300, 200)
        self.ui()

    def ui(self):
        self.label = QtWidgets.QLabel(self)     # 加入 QLabel 顯示數字
        self.label.setGeometry(20,10,100,40)
        self.label.setStyleSheet('font-size:30px;')

        self.a = 0

        self.timer = QtCore.QTimer()            # 加入定時器
        self.timer.timeout.connect(self.count)  # 設定定時要執行的 function
        self.timer.start(500)                   # 啟用定時器，設定間隔時間為 500 毫秒

    def count(self):
        self.a = self.a + 1                     # 數字增加 1
        self.label.setText(str(self.a))         # QLabel 顯示數字

if __name__ == '__main__':
    app = QtWidgets.QApplication(sys.argv)
    Form = MyWidget()
    Form.show()
    sys.exit(app.exec())
```

✦ 範例程式碼：ch09/code01_class.py

🔗 按鈕控制定時器

　　了解 QTimer 的用法後，就可以透過按鈕的方式控制定時器，下方的程式碼執行後，畫面中會有三顆按鈕，分別負責啟用 start、暫停 pause 和重設 reset，點擊按鈕後就可以看見累加的數字變化。

```python
from PyQt6 import QtWidgets, QtCore    # 將 PyQt6 換成 PyQt5 就能改用 PyQt5
import sys
app = QtWidgets.QApplication(sys.argv)

Form = QtWidgets.QWidget()
Form.setWindowTitle('oxxo.studio')
Form.resize(300, 200)

label = QtWidgets.QLabel(Form)
label.setGeometry(20,10,100,40)
label.setStyleSheet('font-size:30px;')
label.setText('0')

a = 0
def count():
    global a
    a = a + 1
    label.setText(str(a))

timer = QtCore.QTimer()
timer.timeout.connect(count)

def start():
    timer.start(500)                          # 啟用定時器
```

```
def pause():
    timer.stop()                                        # 停止定時器

def reset():
    global a
    a = 0                                               # 數值歸零
    label.setText('0')
    timer.stop()                                        # 停止定時器

btn_start = QtWidgets.QPushButton(Form)
btn_start.setText(' 開始 ')
btn_start.setGeometry(20,70,80,30)
btn_start.clicked.connect(start)                        # 點擊按鈕執行 start()

btn_pause = QtWidgets.QPushButton(Form)
btn_pause.setText(' 暫停 ')
btn_pause.setGeometry(100,70,80,30)
btn_pause.clicked.connect(pause)                        # 點擊按鈕執行 pause()

btn_reset = QtWidgets.QPushButton(Form)
btn_reset.setText(' 重設 ')
btn_reset.setGeometry(180,70,80,30)
btn_reset.clicked.connect(reset)                        # 點擊按鈕執行 reset()

Form.show()
sys.exit(app.exec())
```

❖ 範例程式碼：ch09/code02.py

使用 class 寫法：

```
from PyQt6 import QtWidgets, QtCore    # 將 PyQt6 換成 PyQt5 就能改用 PyQt5
import sys

class MyWidget(QtWidgets.QWidget):
    def __init__(self):
        super().__init__()
        self.setWindowTitle('oxxo.studio')
        self.resize(300, 200)
        self.ui()

    def ui(self):
        self.label = QtWidgets.QLabel(self)
        self.label.setGeometry(20,10,100,40)
```

```
        self.label.setStyleSheet('font-size:30px;')
        self.label.setText('0')

        self.timer = QtCore.QTimer()
        self.timer.timeout.connect(self.count)

        self.a = 0

        self.btn_start = QtWidgets.QPushButton(self)
        self.btn_start.setText(' 開始 ')
        self.btn_start.setGeometry(20,70,80,30)
        self.btn_start.clicked.connect(self.start)        # 點擊按鈕執行 start()

        self.btn_pause = QtWidgets.QPushButton(self)
        self.btn_pause.setText(' 暫停 ')
        self.btn_pause.setGeometry(100,70,80,30)
        self.btn_pause.clicked.connect(self.pause)        # 點擊按鈕執行 pause()

        self.btn_reset = QtWidgets.QPushButton(self)
        self.btn_reset.setText(' 重設 ')
        self.btn_reset.setGeometry(180,70,80,30)
        self.btn_reset.clicked.connect(self.reset)        # 點擊按鈕執行 reset()

    def count(self):
        self.a = self.a + 1
        self.label.setText(str(self.a))

    def start(self):
        self.timer.start(500)              # 啟用定時器

    def pause(self):
        self.timer.stop()                  # 停止定時器

    def reset(self):
        self.a = 0                         # 數值歸零
        self.label.setText('0')
        self.timer.stop()                  # 停止定時器

if __name__ == '__main__':
    app = QtWidgets.QApplication(sys.argv)
    Form = MyWidget()
    Form.show()
    sys.exit(app.exec())
```

❖ 範例程式碼：ch09/code02_class.py

9-2 QThread 多執行緒

使用 PyQt 設計介面時，視窗主程式的本質是放在一個「無窮迴圈」裡執行，如果需要加入多個迴圈且不影響主視窗 (如果單純放入迴圈，會在所有迴圈結束後才啟動視窗)，就需要使用 QThread 機制，讓多個執行緒同時執行，這篇教學會介紹 QThread 的使用方式，還會額外介紹搭配 Python threading 標準函式庫的作法。

🔗 開始使用 QThread

建立 PyQt5 或 PyQt6 視窗物件後，如果要執行的程式內容裡出現了「迴圈」，則因為程式碼執行的順序，必須要等待所有迴圈結束後，才會正式啟動視窗，例如下方的程式碼，視窗裡放入兩個 QLabel，分別使用 a 和 b 兩個函式，透過迴圈的方式設定文字內容不斷改變，但因為裡面用到 time.sleep 的方法主視窗就會等待所有迴圈結束後才會啟動，造成視窗出現後，QLabel 裡的文字已經固定為最終的結果 (如果觀察 print 的內容，也會發現 a() 執行完畢後才會執行 b())。

```
from PyQt6 import QtWidgets   # 將 PyQt6 換成 PyQt5 就能改用 PyQt5
import sys, time

app = QtWidgets.QApplication(sys.argv)

Form = QtWidgets.QWidget()
Form.setWindowTitle('oxxo.studio')
Form.resize(300, 200)
```

```
label_a = QtWidgets.QLabel(Form)        # 第一個 QLabel
label_a.setGeometry(10, 10, 100, 30)

label_b = QtWidgets.QLabel(Form)        # 第二個 QLabel
label_b.setGeometry(10, 50, 100, 30)

def a():
    for i in range(0,5):
        label_a.setText(str(i))         # 每次迴圈執行時設定文字
        print('A:',i)
        time.sleep(0.5)                 # 等待 0.5 秒

def b():
    for i in range(0,50,10):
        label_b.setText(str(i))         # 每次迴圈執行時設定文字
        print('B:',i)
        time.sleep(0.5)                 # 等待 0.5 秒

a()            # 執行 a()
b()            # 執行 a()

Form.show()    # 顯示主視窗
print('主視窗出現')
sys.exit(app.exec())
```

❖ 範例程式碼：ch09/code03.py

使用 class 寫法：

```
from PyQt6 import QtWidgets    # 將 PyQt6 換成 PyQt5 就能改用 PyQt5
import sys, time

class MyWidget(QtWidgets.QWidget):
    def __init__(self):
        super().__init__()
        self.setWindowTitle('oxxo.studio')
        self.resize(300, 200)
        self.ui()
        self.a()
        self.b()

    def ui(self):
        self.label_a = QtWidgets.QLabel(self)        # 第一個 QLabel
```

```
        self.label_a.setGeometry(10, 10, 100, 30)

        self.label_b = QtWidgets.QLabel(self)      # 第二個 QLabel
        self.label_b.setGeometry(10, 50, 100, 30)

    def a(self):
        for i in range(0,5):
            self.label_a.setText(str(i))           # 每次迴圈執行時設定文字
            print('A:',i)
            time.sleep(0.5)                         # 等待 0.5 秒

    def b(self):
        for i in range(0,50,10):
            self.label_b.setText(str(i))           # 每次迴圈執行時設定文字
            print('B:',i)
            time.sleep(0.5)                         # 等待 0.5 秒

if __name__ == '__main__':
    app = QtWidgets.QApplication(sys.argv)
    Form = MyWidget()
    Form.show()
    print('主視窗出現')
    sys.exit(app.exec())
```

❖ 範例程式碼：ch09/code03_class.py

如果要讓程式正常運作，除了使用 PyQt6 的 QTimer 定時器，也可透過 QThread 多執行緒的方式，分別將函式放入不同的執行緒中去執行，就能做到「非同步」的效果，下方的程式碼先 import QThread 模組，接著定義出兩個 QThread 執行緒，再將執行緒的 run 對應到要執行的函式，執行後就會是預期的結果。

> 參考：https://steam.oxxostudio.tw/category/python/library/threading.html

```python
from PyQt6 import QtWidgets          # 將 PyQt6 換成 PyQt5 就能改用 PyQt5
from PyQt6.QtCore import QThread     # 將 PyQt6 換成 PyQt5 就能改用 PyQt5
import sys, time

app = QtWidgets.QApplication(sys.argv)

Form = QtWidgets.QWidget()
Form.setWindowTitle('oxxo.studio')
Form.resize(300, 200)

label_a = QtWidgets.QLabel(Form)
label_a.setGeometry(10, 10, 100, 30)

label_b = QtWidgets.QLabel(Form)
label_b.setGeometry(10, 50, 100, 30)

def a():
    for i in range(0,5):
        label_a.setText(str(i))
        print('A:',i)
        time.sleep(0.5)

def b():
    for i in range(0,50,10):
        label_b.setText(str(i))
        print('B:',i)
        time.sleep(0.5)

thread_a = QThread()      # 建立 Thread()
thread_a.run = a          # 設定該執行緒執行 a()
thread_a.start()          # 啟動執行緒

thread_b = QThread()      # 建立 Thread()
thread_b.run = b          # 設定該執行緒執行 b()
thread_b.start()          # 啟動執行緒

Form.show()
print(' 主視窗出現 ')
sys.exit(app.exec())
```

❖ 範例程式碼：ch09/code04.py

使用 class 寫法：

```python
from PyQt6 import QtWidgets              # 將 PyQt6 換成 PyQt5 就能改用 PyQt5
from PyQt6.QtCore import QThread         # 將 PyQt6 換成 PyQt5 就能改用 PyQt5
import sys, time

class MyWidget(QtWidgets.QWidget):
    def __init__(self):
        super().__init__()
        self.setWindowTitle('oxxo.studio')
        self.resize(300, 200)
        self.ui()
        self.run()

    def ui(self):
        self.label_a = QtWidgets.QLabel(self)        # 第一個 QLabel
        self.label_a.setGeometry(10, 10, 100, 30)

        self.label_b = QtWidgets.QLabel(self)        # 第二個 QLabel
        self.label_b.setGeometry(10, 50, 100, 30)

    def a(self):
        for i in range(0,5):
            self.label_a.setText(str(i))             # 每次迴圈執行時設定文字
            print('A:',i)
            time.sleep(0.5)                          # 等待 0.5 秒

    def b(self):
        for i in range(0,50,10):
            self.label_b.setText(str(i))             # 每次迴圈執行時設定文字
            print('B:',i)
            time.sleep(0.5)                          # 等待 0.5 秒

    def run(self):
        self.thread_a = QThread()
        self.thread_a.run = self.a
        self.thread_a.start()

        self.thread_b = QThread()
        self.thread_b.run = self.b
        self.thread_b.start()

if __name__ == '__main__':
    app = QtWidgets.QApplication(sys.argv)
```

```
Form = MyWidget()
Form.show()
print(' 主視窗出現 ')
sys.exit(app.exec())
```

❖ 範例程式碼：ch09/code04_class.py

QThread 常用方法

下列 QThread 常用方法，可以處理執行緒的開始與等待：

方法	參數	說明
start()		啟動執行緒。
wait()		等待該執行緒結束。
sleep()	sec	等待該執行緒幾秒。

舉例來說，修改上面的程式碼，在 b 函式裡加入 thread_a.wait()，b 函式的迴圈就會等到 a 函式執行完成後（thread_a 執行緒結束），才會開始動作。

```
def b():
    thread_a.wait()              # 使用 wait
    for i in range(0,50,10):
        label_b.setText(str(i))
        print('B:',i)
        time.sleep(0.5)
```

　　如果將 thread_a.wait() 改成 thread_a.sleep(1)，則 b 函式的迴圈就會等到 a 函式執行一秒後，再開始動作。

```
def b():
    thread_a.sleep(1)           # 使用 sleep
    for i in range(0,50,10):
        label_b.setText(str(i))
        print('B:',i)
        time.sleep(0.5)
```

QThread 搭配 threading Event

　　搭配 threading 標準函式庫的 Event 功能（需要 import threading），透過偵測事件的方式，就能讓不同的 QThread 之間可以互相溝通連動（例如 a 執行到發生某件事，再讓 b 開始動作），下方的程式碼執行後，會在 b 函式進行數字大於 20 的時候觸發事件，這時 a 函式收到事件被觸發的訊息，就會開始動作。

參考：https://steam.oxxostudio.tw/category/python/library/threading.html

```python
from PyQt6 import QtWidgets        # 將 PyQt6 換成 PyQt5 就能改用 PyQt5
from PyQt6.QtCore import QThread   # 將 PyQt6 換成 PyQt5 就能改用 PyQt5
import sys, time, threading

app = QtWidgets.QApplication(sys.argv)

Form = QtWidgets.QWidget()
Form.setWindowTitle('oxxo.studio')
Form.resize(300, 200)

label_a = QtWidgets.QLabel(Form)
label_a.setGeometry(10, 10, 100, 30)

label_b = QtWidgets.QLabel(Form)
label_b.setGeometry(10, 50, 100, 30)

event = threading.Event()     # 建立事件

def a():
    event.wait()              # 等待事件被觸發
    for i in range(0,5):
        label_a.setText(str(i))
        print('A:',i)
        time.sleep(0.5)

def b():
    for i in range(0,50,10):
        if i>20:
            event.set()       # 觸發事件
        label_b.setText(str(i))
        print('B:',i)
        time.sleep(0.5)

thread_a = QThread()
thread_a.run = a
thread_a.start()
```

```
thread_b = QThread()
thread_b.run = b
thread_b.start()

Form.show()
print(' 主視窗出現 ')
sys.exit(app.exec())
```

❖ 範例程式碼：ch09/code05.py

使用 class 寫法：

```
from PyQt6 import QtWidgets          # 將 PyQt6 換成 PyQt5 就能改用 PyQt5
from PyQt6.QtCore import QThread     # 將 PyQt6 換成 PyQt5 就能改用 PyQt5
import sys, time, threading

class MyWidget(QtWidgets.QWidget):
    def __init__(self):
        super().__init__()
        self.setWindowTitle('oxxo.studio')
        self.resize(300, 200)
        self.event = threading.Event()
        self.ui()
        self.run()

    def ui(self):
        self.label_a = QtWidgets.QLabel(self)
        self.label_a.setGeometry(10, 10, 100, 30)

        self.label_b = QtWidgets.QLabel(self)
        self.label_b.setGeometry(10, 50, 100, 30)

    def a(self):
        self.event.wait()               # 等待事件被觸發
        for i in range(0,5):
            self.label_a.setText(str(i))
            print('A:',i)
            time.sleep(0.5)

    def b(self):
        for i in range(0,50,10):
            if i>20:
                self.event.set()        # 觸發事件
```

```
            self.label_b.setText(str(i))
            print('B:',i)
            time.sleep(0.5)

    def run(self):
        self.thread_a = QThread()
        self.thread_a.run = self.a
        self.thread_a.start()

        self.thread_b = QThread()
        self.thread_b.run = self.b
        self.thread_b.start()

if __name__ == '__main__':
    app = QtWidgets.QApplication(sys.argv)
    Form = MyWidget()
    Form.show()
    print(' 主視窗出現 ')
    sys.exit(app.exec())
```

❖ 範例程式碼：ch09/code05_class.py

使用 threading + PyQt

除了使用 PyQt5 和 PyQt6 內建的 QThread，也可以單純使用 Python 標準函式庫 threading 來處理多執行緒（參考「threading 多執行緒處理」），下方的程式碼使用 threading 的方式，執行後會產生跟使用 QThread 同樣的效果。

```
from PyQt6 import QtWidgets              # 將 PyQt6 換成 PyQt5 就能改用 PyQt5
from PyQt6.QtCore import QThread         # 將 PyQt6 換成 PyQt5 就能改用 PyQt5
import sys, time, threading

app = QtWidgets.QApplication(sys.argv)

Form = QtWidgets.QWidget()
Form.setWindowTitle('oxxo.studio')
Form.resize(300, 200)

label_a = QtWidgets.QLabel(Form)
label_a.setGeometry(10, 10, 100, 30)

label_b = QtWidgets.QLabel(Form)
label_b.setGeometry(10, 50, 100, 30)

def a():
    for i in range(1,6):
        label_a.setText(str(i))
        print('A:',i)
        time.sleep(0.5)

def b():
    for i in range(10,60,10):
        label_b.setText(str(i))
        print('B:',i)
        time.sleep(0.5)

thread_a = threading.Thread(target=a)  # 建立執行緒，執行 a 函式
thread_b = threading.Thread(target=b)  # 建立執行緒，執行 b 函式

thread_a.start()                        # 啟動執行緒
thread_b.start()                        # 啟動執行緒

Form.show()
print(' 主視窗出現 ')
sys.exit(app.exec())
```

❖ 範例程式碼：ch09/code06.py

使用 class 寫法：

```
from PyQt6 import QtWidgets              # 將 PyQt6 換成 PyQt5 就能改用 PyQt5
from PyQt6.QtCore import QThread         # 將 PyQt6 換成 PyQt5 就能改用 PyQt5
```

```
import sys, time, threading

class MyWidget(QtWidgets.QWidget):
    def __init__(self):
        super().__init__()
        self.setWindowTitle('oxxo.studio')
        self.resize(300, 200)
        self.event = threading.Event()
        self.ui()
        self.run()

    def ui(self):
        self.label_a = QtWidgets.QLabel(self)
        self.label_a.setGeometry(10, 10, 100, 30)

        self.label_b = QtWidgets.QLabel(self)
        self.label_b.setGeometry(10, 50, 100, 30)

    def a(self):
        self.event.wait()                    # 等待事件被觸發
        for i in range(0,5):
            self.label_a.setText(str(i))
            print('A:',i)
            time.sleep(0.5)

    def b(self):
        for i in range(0,50,10):
            if i>20:
                self.event.set()             # 觸發事件
            self.label_b.setText(str(i))
            print('B:',i)
            time.sleep(0.5)

    def run(self):
        self.thread_a = threading.Thread(target=self.a)    # 建立執行緒，
                                                           # 執行 a 函式
        self.thread_b = threading.Thread(target=self.b)    # 建立執行緒，
                                                           # 執行 b 函式

        self.thread_a.start()                # 啟動執行緒
        self.thread_b.start()                # 啟動執行緒

if __name__ == '__main__':
```

```
app = QtWidgets.QApplication(sys.argv)
Form = MyWidget()
Form.show()
print(' 主視窗出現 ')
sys.exit(app.exec())
```

❖ 範例程式碼：ch09/code06_class.py

9-3   QtCore.pyqtSignal 信號傳遞

　　在 PyQt 裡的元件，都是透過信號的傳遞進行溝通和互動，雖然大部分的元件都有 connect 接收訊息的機制，但也可以使用 QtCore.pyqtSignal 的方式自訂信號進行傳遞，這篇教學會介紹相關用法。

🔗 開始使用 QtCore.pyqtSignal

　　首先使用 pyqtSignal() 建立 pyqtSignal 物件，接著透過 emit() 方法發送信號，使用 connect() 方法監聽是否有信號，下方程式碼執行後，按下按鈕時就會發送信號，並在後台印出收到信號的文字。

> QtCore.pyqtSignal 僅支援 class 寫法。

```python
from PyQt6 import QtWidgets              # 將 PyQt6 換成 PyQt5 就能改用 PyQt5
from PyQt6.QtCore import pyqtSignal      # 將 PyQt6 換成 PyQt5 就能改用 PyQt5
import sys

class mainWindow(QtWidgets.QWidget):

    signal = pyqtSignal()      # 建立信號物件

    def __init__(self):
        super().__init__()
        self.setWindowTitle('oxxo.studio')
        self.resize(300, 200)
        self.ui()
        self.signal.connect(self.signalListener)            # 監聽信號

    def ui(self):
        self.btn = QtWidgets.QPushButton(self)
        self.btn.setText(' 發送信號 ')
        self.btn.setGeometry(50,60,100,30)
        self.btn.clicked.connect(lambda:self.signal.emit())   # 發送信號

    def signalListener(self):
        print(' 收到信號 ')

if __name__ == '__main__':
    app = QtWidgets.QApplication(sys.argv)
    Form = mainWindow()
    Form.show()
sys.exit(app.exec())
```

✦ 範例程式碼：ch09/code07_class.py

QtCore.pyqtSignal 支援的信號類型

QtCore.pyqtSignal 可以在定義物件時，指定發送特定類型的信號，常見定義類型的方式如下：

定義類型	說明
pyqtSignal()	無參數信號。
pyqtSignal(int)	int 類型參數的信號。
pyqtSignal(int, str)	int 和 str 類型參數的信號。
pyqtSignal(list)	list 類型參數的信號。
pyqtSignal([int, str], str)	多重類型參數的信號。

 ## 將程式修改成 QtCore.pyqtSignal 方式

參考「4-2、QPushButton 按鈕」文章範例，建立具有 QLabel 和 QPushButton 的視窗，程式執行後，點擊不同的按鈕時，QLabel 就會顯示不同的文字。

```python
from PyQt6 import QtWidgets   # 將 PyQt6 換成 PyQt5 就能改用 PyQt5
import sys

class MyWidget(QtWidgets.QWidget):
    def __init__(self):
        super().__init__()
        self.setWindowTitle('oxxo.studio')
        self.resize(300, 200)
        self.ui()

    def ui(self):
        self.label = QtWidgets.QLabel(self)
        self.label.setText('A')
        self.label.setStyleSheet('font-size:20px;')
        self.label.setGeometry(50,30,100,30)

        self.btn2 = QtWidgets.QPushButton(self)
        self.btn2.setText('B')
```

```
        self.btn2.setGeometry(110,60,50,30)
        self.btn2.clicked.connect(lambda:self.showMsg('B'))    # 使用 lambda 函式

        self.btn1 = QtWidgets.QPushButton(self)
        self.btn1.setText('A')
        self.btn1.setGeometry(50,60,50,30)
        self.btn1.clicked.connect(lambda:self.showMsg('A'))    # 使用 lambda 函式

    def showMsg(self, e):
        self.label.setText(e)

if __name__ == '__main__':
    app = QtWidgets.QApplication(sys.argv)
    Form = MyWidget()
    Form.show()
    sys.exit(app.exec())
```

❖ 範例程式碼：ch09/code08_class.py

　　上述的程式碼裡，按鈕的點擊事件（clicked）使用了 connect 方法產生點擊事件的插槽（Slot），當點擊事件發生時在背後會發送信號 signal，當插槽 slot 收到信號時，就會執行對應的動作（函式），但信號的傳遞僅限於綁定的元件，沒有辦法跨出元件的範圍（例如不同視窗溝通、不同函式之間溝通 ... 等），這時如果使用 QtCore.pyqtSignal，就可以自訂發送的信號，只要放置接收信號的插槽接收到信號，就可以執行對應的動作。

　　了解原理後，就可將上述的程式碼改變成 pyqtSignal 的做法，也會得到相同的結果：

```
from PyQt6 import QtWidgets                # 將 PyQt6 換成 PyQt5 就能改用 PyQt5
from PyQt6.QtCore import pyqtSignal        # 將 PyQt6 換成 PyQt5 就能改用 PyQt5
import sys

class MyWidget(QtWidgets.QWidget):

    signal = pyqtSignal(str)               # 建立 pyqtSignal 物件，傳遞字串格式內容

    def __init__(self):
        super().__init__()
        self.setWindowTitle('oxxo.studio')
        self.resize(300, 200)
        self.ui()
        self.signal.connect(self.showMsg)     # 建立插槽監聽信號

    def ui(self):
        self.label = QtWidgets.QLabel(self)
        self.label.setText('A')
        self.label.setStyleSheet('font-size:20px;')
        self.label.setGeometry(50,30,100,30)

        self.btn2 = QtWidgets.QPushButton(self)
        self.btn2.setText('B')
        self.btn2.setGeometry(110,60,50,30)
        self.btn2.clicked.connect(lambda:self.signal.emit('B')) # 發送字串信號 B

        self.btn1 = QtWidgets.QPushButton(self)
        self.btn1.setText('A')
        self.btn1.setGeometry(50,60,50,30)
        self.btn1.clicked.connect(lambda:self.signal.emit('A')) # 發送字串信號 A

    def showMsg(self, val):
        self.label.setText(val)     # 顯示內容

if __name__ == '__main__':
    app = QtWidgets.QApplication(sys.argv)
    Form = MyWidget()
    Form.show()
    sys.exit(app.exec())
```

❖ 範例程式碼：ch09/code09_class.py

小結

　　總而言之，QTimer、QThread 和 PyqtSignal 這三個模組是 PyQt 中非常重要的模組，它們可以幫助使用者開發更加高效和彈性的應用程式，熟悉這些模組的使用方法，可以更好地掌握 PyQt，並提高應用程式開發技能。

滑鼠、鍵盤與視窗

前　言

在 PyQt5 或 PyQt6 所開發的應用程式裡，可以透過滑鼠、鍵盤事件來觸發畫面上的行為，並藉由視窗控制與資料傳遞的方式來管理應用程式的資料流。此外，PyQt5 和 PyQt6 也提供了便利的功能來建立新視窗或是更改現有視窗的外觀和屬性，使得開發者能夠輕鬆掌握視窗的各種互動方式，進而提升使用者體驗，這個章節會介紹滑鼠、鍵盤事件以及視窗控制與資料傳遞的方式。

❖　本章節的範例程式碼：

　　https://github.com/oxxostudio/book-code/tree/master/pyqt/ch10

本章節的部分範例，使用 PyQt5 和 PyQt6 有些許差異，請注意程式碼裡的註解和說明。

10-1 偵測滑鼠事件

這個小節會介紹在 PyQt5 的視窗裡，偵測滑鼠的按下、放開、移動、捲動等事件，並根據滑鼠事件，進行簡單的互動應用。

常用的滑鼠事件

建立 PyQt 的 Widget 元件之後，只要套用對應的偵測方法，就可以偵測滑鼠的事件 (按下、放開、移動 ... 等)，下方列出常用的滑鼠事件：

事件	說明
mousePressEvent	按下滑鼠。
mouseReleaseEvent	放開滑鼠。
mouseDoubleClickEvent	連點兩下滑鼠。
mouseMoveEvent	按下移動滑鼠，設定 setMouseTracking(True) 可不需要按下滑鼠。
wheelEvent	捲動滑鼠滾輪。
enterEvent	滑鼠進入。
leaveEvent	滑鼠移出。

以下方的程式碼執行後，會開啟一個空白的視窗，在視窗裡按下滑鼠時，後台就會印出 press 的文字 (注意，對應事件的函式需要包含一個 self 參數)。

```
from PyQt6 import QtWidgets    # 將 PyQt6 換成 PyQt5 就能改用 PyQt5
import sys

app = QtWidgets.QApplication(sys.argv)

Form = QtWidgets.QWidget()
Form.setWindowTitle('oxxo.studio')
Form.resize(300, 200)
```

```
def mousePress(self):
    print('press')

Form.mousePressEvent  = mousePress      # 新增按下滑鼠事件，事件發生時執行
                                          mousePress 函式


Form.show()
sys.exit(app.exec())
```

❖ 範例程式碼：ch10/code01.py

使用 class 寫法：

```
from PyQt6 import QtWidgets   # 將 PyQt6 換成 PyQt5 就能改用 PyQt5
import sys

class MyWidget(QtWidgets.QWidget):
    def __init__(self):
        super().__init__()
        self.setWindowTitle('oxxo.studio')
        self.resize(300, 200)

    def mousePressEvent(self, event):
        print('press')

if __name__ == '__main__':
    app = QtWidgets.QApplication(sys.argv)
    Form = MyWidget()
    Form.show()
    sys.exit(app.exec())
```

❖ 範例程式碼：ch10/code01_class.py

　　以下方的程式碼執行後，當滑鼠在視窗中移動時，會透過 QLabel 顯示目前滑鼠的座標。

```
from PyQt6 import QtWidgets         # 將 PyQt6 換成 PyQt5 就能改用 PyQt5
from PyQt6.QtGui import QCursor     # 將 PyQt6 換成 PyQt5 就能改用 PyQt5
import sys

app = QtWidgets.QApplication(sys.argv)

Form = QtWidgets.QWidget()
Form.setWindowTitle('oxxo.studio')
Form.resize(300, 200)

label = QtWidgets.QLabel(Form)
label.setGeometry(10,10,100,50)
label.setStyleSheet('font-size:24px;')

def mouseMove(self):
    mx = QCursor.pos().x() - Form.x()
    my= QCursor.pos().y() - Form.y()
    label.setText(f'{mx}, {my}')   # 透過 QLabel 顯示滑鼠座標

Form.setMouseTracking(True)              # 設定不需要按下滑鼠，就能偵測滑鼠移動
Form.mouseMoveEvent  = mouseMove         # 滑鼠移動事件發生時，執行 mouseMove 函式

Form.show()
sys.exit(app.exec())
```

❖ 範例程式碼：ch10/code02.py

使用 class 寫法：

```
from PyQt6 import QtWidgets         # 將 PyQt6 換成 PyQt5 就能改用 PyQt5
from PyQt6.QtGui import QCursor     # 將 PyQt6 換成 PyQt5 就能改用 PyQt5
import sys

class MyWidget(QtWidgets.QWidget):
    def __init__(self):
        super().__init__()
        self.setWindowTitle('oxxo.studio')
        self.resize(300, 200)
        self.setMouseTracking(True)
        self.ui()
```

```python
    def ui(self):
        self.label = QtWidgets.QLabel(self)
        self.label.setGeometry(10,10,100,50)
        self.label.setStyleSheet('font-size:24px;')

    def mouseMoveEvent(self, event):
        mx = QCursor.pos().x() - self.x()
        my= QCursor.pos().y() - self.y()
        self.label.setText(f'{mx}, {my}')    # 透過 QLabel 顯示滑鼠座標

if __name__ == '__main__':
    app = QtWidgets.QApplication(sys.argv)
    Form = MyWidget()
    Form.show()
    sys.exit(app.exec())
```

❖ 範例程式碼：ch10/code02_class.py

偵測事件後可以取得的數值

取的滑鼠事件後，如果是 PyQt6，能透過 PyQt6.QtGui 裡的 QEnterEvent 的方法，取得常用的幾個滑鼠數值 。

方法	說明
QEnterEvent.position(event).x()	滑鼠在綁定元件裡的 x 座標 (綁定元件左上角為 0,0)。
QEnterEvent.position(event).y()	滑鼠在綁定元件裡的 y 座標 (綁定元件左上角為 0,0)。

QEnterEvent.globalPosition(event).x()	滑鼠在電腦螢幕裡的 x 座標。
QEnterEvent.globalPosition(event).y()	滑鼠在電腦螢幕裡的 y 座標。
QEnterEvent.button(event)	按下哪個滑鼠鍵，LeftButton 左鍵，RightButton 右鍵，MiddleButton 中鍵或滾輪。
QEnterEvent.timestamp(event)	按下滑鼠鍵電腦時間 (毫秒)。

如果是 PyQt5，則是透過 QtWidgets 裡的方法，取得常用的幾個滑鼠數值。

方法	說明
x()	滑鼠在綁定元件裡的 x 座標 (綁定元件左上角為 0,0)。
y()	滑鼠在綁定元件裡的 y 座標 (綁定元件左上角為 0,0)。
globalX()	滑鼠在電腦螢幕裡的 x 座標。
globalY()	滑鼠在電腦螢幕裡的 y 座標。
button()	按下哪個滑鼠鍵，1 左鍵，2 右鍵，4 中鍵或滾輪。
timestamp()	按下滑鼠鍵電腦時間 (毫秒)。

下方的例子執行後，會使用 QLabel 顯示按下哪個滑鼠按鍵。

```
from PyQt6 import QtWidgets            # 將 PyQt6 換成 PyQt5 就能改用 PyQt5
from PyQt6.QtGui import QEnterEvent    # PyQt5 不用這行
import sys

app = QtWidgets.QApplication(sys.argv)

Form = QtWidgets.QWidget()
Form.setWindowTitle('oxxo.studio')
Form.resize(300, 200)

label = QtWidgets.QLabel(Form)
label.setGeometry(10,10,200,50)
label.setStyleSheet('font-size:24px;')

def mousePress(self):
```

```
        m = QEnterEvent.button(self)
        t = QEnterEvent.timestamp(self)
        # m = self.button()      # PyQt5 寫法
        # t = self.timestamp()   # PyQt5 寫法
        print(m,t)    # 印出按下了滑鼠的哪個鍵

def mouseMove(self):
        mx = QEnterEvent.position(self).x()
        my= QEnterEvent.position(self).y()
        mx = self.globalX()    # PyQt5 寫法
        my= self.globalY()     # PyQt5 寫法
        label.setText(f'{mx}, {my}')        # 透過 QLabel 顯示滑鼠座標

Form.setMouseTracking(True)             # 設定不需要按下滑鼠，就能偵測滑鼠移動
Form.mouseMoveEvent  = mouseMove        # 滑鼠移動事件發生時，執行 mouseMove 函式
Form.mousePressEvent = mousePress       # 滑鼠按下事件發生時，執行 mousePress 函式

Form.show()
sys.exit(app.exec())
```

❖ 範例程式碼：ch10/code03.py

使用 class 寫法：

```
from PyQt6 import QtWidgets              # 將 PyQt6 換成 PyQt5 就能改用 PyQt5
from PyQt6.QtGui import QEnterEvent      # PyQt5 不用這行
import sys

class MyWidget(QtWidgets.QWidget):
    def __init__(self):
        super().__init__()
        self.setWindowTitle('oxxo.studio')
        self.resize(300, 200)
        self.setMouseTracking(True)
        self.ui()

    def ui(self):
        self.label = QtWidgets.QLabel(self)
        self.label.setGeometry(10,10,200,50)
        self.label.setStyleSheet('font-size:24px;')

    def mousePressEvent(self, event):
        m = QEnterEvent.button(event)
        t = QEnterEvent.timestamp(event)
```

```
    # m = event.button()        # PyQt5 寫法
    # t = event.timestamp()     # PyQt5 寫法

    print(m,t)     # 印出按下了滑鼠的哪個鍵

def mouseMoveEvent(self, event):
    mx = QEnterEvent.position(event).x()
    my= QEnterEvent.position(event).y()
    # mx = event.globalX()      # PyQt5 寫法
    # my= event.globalY()       # PyQt5 寫法
    self.label.setText(f'{mx}, {my}')    # 透過 QLabel 顯示滑鼠座標

if __name__ == '__main__':
    app = QtWidgets.QApplication(sys.argv)
    Form = MyWidget()
    Form.show()
    sys.exit(app.exec())
```

❖ 範例程式碼：ch10/code03_class.py

10-2 偵測鍵盤事件與快速鍵組合

　　這個章節會介紹在 PyQt5 或 PyQt6 的視窗裡，偵測按下哪個鍵盤的按鍵，以及是否按下鍵盤的快速鍵（熱鍵）組合，透過鍵盤按鍵的事件，進行簡單的互動應用。

偵測按下鍵盤的按鍵

建立 PyQt6 的 Widget 元件之後，可以使用 keyPressEvent 偵測鍵盤按下事件，將事件對應到指定的函式，在函式內使用 key() 方法，就能取得鍵盤按鍵的 keycode，下方的程式碼執行後，會透過 QLabel 印出目前按下的鍵盤 keycode。

```python
from PyQt6 import QtWidgets    # 將 PyQt6 換成 PyQt5 就能改用 PyQt5
import sys

app = QtWidgets.QApplication(sys.argv)

Form = QtWidgets.QWidget()
Form.setWindowTitle('oxxo.studio')
Form.resize(300, 200)

label = QtWidgets.QLabel(Form)
label.setGeometry(20,20,100,30)

def key(self):
    keycode = self.key()            # 取得該按鍵的 keycode
    label.setText(str(keycode))     # QLabel 印出 keycode

Form.keyPressEvent = key            # 建立按下鍵盤事件，對應到 key 函式

Form.show()
sys.exit(app.exec())
```

❖ 範例程式碼：ch10/code04.py

使用 class 寫法：

```python
from PyQt6 import QtWidgets                    # 將 PyQt6 換成 PyQt5 就能改用 PyQt5
import sys

class MyWidget(QtWidgets.QWidget):
    def __init__(self):
        super().__init__()
        self.setWindowTitle('oxxo.studio')
        self.resize(300, 200)
        self.setMouseTracking(True)
        self.ui()
```

```
    def ui(self):
        self.label = QtWidgets.QLabel(self)
        self.label.setGeometry(20,20,100,30)

    def keyPressEvent(self, event):
        keycode = event.key()                # 取得該按鍵的 keycode
        self.label.setText(str(keycode))     # QLabel 印出 keycode

if __name__ == '__main__':
    app = QtWidgets.QApplication(sys.argv)
    Form = MyWidget()
    Form.show()
    sys.exit(app.exec())
```

✤ 範例程式碼：ch10/code04_class.py

🔗 PyQt6 keycode 對照表

在 PyQt6 裡大部分的 keycode 都與標準 keycode 相同，例如 A ～ Z、0 ～ 9、特殊符號 ... 等，然而像是 Enter、Del 等特殊鍵，則會出現比較不同的數值，下方列出常用按鍵的對照表。

按鍵	keycode	按鍵	keycode	按鍵	keycode
1	49	A	65	delete	16777219
2	50	B	66	enter	16777220
3	51	C	67	shift	16777248

按鍵	keycode	按鍵	keycode	按鍵	keycode
4	52	D	68	up	16777235
5	53	E	69	down	16777237
6	54	F	70	left	16777234
7	55	G	71	right	16777236
8	56	H	72	ctrl	16777250
9	57	I	73	alt	16777251
0	48	J	74	command	16777249
-	45	K	75	space	32
`	96	L	76		-
=	61	M	77		-
[	91	N	78		-
]	93	O	79		-
\	92	P	80		-
;	59	Q	81		-
'	39	R	82		-
,	44	S	83		-
/	47	T	84		-
.	46	U	85		-
	-	V	86		-
	-	W	87		-
	-	X	88		-
	-	Y	89		-
	-	Z	90		-

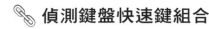 **偵測鍵盤快速鍵組合**

如果要偵測鍵盤的快速鍵組合 (熱鍵)，例如 Ctrl+O、Ctrl+C... 等，除了自己寫程式判斷，如果是 PyQt6 也可以載入 PyQt6.QtGui 的 QKeySequence 模組搭配 QShortcut() 方法，PyQt5 載入 PyQt5.QtGui 的 QKeySequence 模組，搭配 QtWidgets.QShortcut() 方法，就可以偵測快速鍵，使用方法如下：

```
shortcut = QtWidgets.QShortcut(QKeySequence("快速鍵組合"), Form)
shortcut.activated.connect(fn)
# Form 為主視窗元件
# 快速鍵組合例如 Ctrl+C、Alt+C... 等，不可以有空格，不區分大小寫
# fn 為按下快速鍵組合要執行的函式
```

下方的程式碼執行後，當使用者按下快速鍵組合，就會透過 QLabel 顯示目前的快速鍵組合內容。

```python
from PyQt6 import QtWidgets      # 將 PyQt6 換成 PyQt5 就能改用 PyQt5
from PyQt6.QtGui import QKeySequence, QShortcut
# from PyQt5.QtGui import QKeySequence  # PyQt5 使用這行
import sys

app = QtWidgets.QApplication(sys.argv)

Form = QtWidgets.QWidget()
Form.setWindowTitle('oxxo.studio')
Form.resize(300, 200)

label = QtWidgets.QLabel(Form)
label.setGeometry(20,20,100,30)

def ctrl_o():
    label.setText('Ctrl + O')

shortcut1 = QShortcut(QKeySequence("Ctrl+O"), Form)  # 偵測 Ctrl + O
# shortcut1 = QtWidgets.QShortcut(QKeySequence("Ctrl+O"), Form)  # PyQt5 寫法
shortcut1.activated.connect(ctrl_o)

def alt_shift_c():
```

```
    label.setText('Alt + Shift + C')

shortcut2 = QShortcut(QKeySequence("Alt+Shift+C"), Form)  # 偵測 Alt +
                                                 Shift + C
# shortcut2 = QtWidgets.QShortcut(QKeySequence("Alt+Shift+C"), Form)  # PyQt5
                                                 寫法

shortcut2.activated.connect(alt_shift_c)



Form.show()
sys.exit(app.exec())
```

❖ 範例程式碼：ch10/code05.py

使用 class 寫法：

```
from PyQt6 import QtWidgets      # 將 PyQt6 換成 PyQt5 就能改用 PyQt5
from PyQt6.QtGui import QKeySequence, QShortcut
# from PyQt5.QtGui import QKeySequence  # PyQt5 使用這行
import sys

class MyWidget(QtWidgets.QWidget):
    def __init__(self):
        super().__init__()
        self.setWindowTitle('oxxo.studio')
        self.resize(300, 200)
        self.setMouseTracking(True)
        self.ui()

    def ui(self):
        self.label = QtWidgets.QLabel(self)
        self.label.setGeometry(20,20,100,30)

        shortcut1 = QShortcut(QKeySequence("Ctrl+O"), self)  # 偵測 Ctrl + O
        # shortcut1 = QtWidgets.QShortcut(QKeySequence("Ctrl+O"), self) # PyQt5
寫法
        shortcut1.activated.connect(self.ctrl_o)

        shortcut2 = QShortcut(QKeySequence("Alt+Shift+C"), self)  # 偵測 Alt +
Shift + C
        # shortcut2 = QtWidgets.QShortcut(QKeySequence("Alt+Shift+C"),
self)  # PyQt5 寫法
        shortcut2.activated.connect(self.alt_shift_c)
```

```
    def ctrl_o(self):
        self.label.setText('Ctrl + O')

    def alt_shift_c(self):
        self.label.setText('Alt + Shift + C')

if __name__ == '__main__':
    app = QtWidgets.QApplication(sys.argv)
    Form = MyWidget()
    Form.show()
    sys.exit(app.exec())
```

✤ 範例程式碼：ch10/code05_class.py

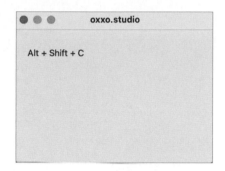

10-3　偵測與控制視窗

　　這個小節如何在 PyQt5 或 PyQt6 裡偵測視窗的位置、尺寸與縮放行為，並透過對應的方法，進一步控制視窗的尺寸和位置，最後還會介紹視窗相對應的事件，當視窗事件發生時，就能進行對應的動作。

偵測視窗

　　在 PyQt5 或 PyQt6 裡建立最底層的視窗 Widget 元件之後，只要套用對應的偵測方法，就可以偵測視窗的屬性，下方列出常用的偵測方法：

方法	說明
x()	視窗在螢幕裡的 x 座標。
y()	視窗在螢幕裡的 y 座標。
width()	視窗的寬度。
height()	視窗的高度。
windowTitle()	視窗的標題。

以下方的程式碼執行後，會開啟一個空白的視窗，並使用 QLabel 印出視窗的相關資訊。

```python
from PyQt6 import QtWidgets        # 將 PyQt6 換成 PyQt5 就能改用 PyQt5
import sys

app = QtWidgets.QApplication(sys.argv)

Form = QtWidgets.QWidget()
Form.setWindowTitle('oxxo.studio')
Form.resize(300, 200)

label = QtWidgets.QLabel(Form)
label.setGeometry(10,10,200,200)

label.setText(f'''
    x: {Form.x()}
    y: {Form.y()}
    w: {Form.width()}
    h: {Form.height()}
    t: {Form.windowTitle()}
''')

Form.show()
sys.exit(app.exec())
```

❖ 範例程式碼：ch10/code06.py

使用 class 寫法：

```python
from PyQt6 import QtWidgets      # 將 PyQt6 換成 PyQt5 就能改用 PyQt5
import sys

class MyWidget(QtWidgets.QWidget):
    def __init__(self):
        super().__init__()
        self.setWindowTitle('oxxo.studio')
        self.resize(300, 200)
        self.setMouseTracking(True)
        self.ui()

    def ui(self):
        self.label = QtWidgets.QLabel(self)
        self.label.setGeometry(10,10,200,200)
        self.label.setStyleSheet('font-size:20px;')

        self.label.setText(f'''
            x: {self.x()}
            y: {self.y()}
            w: {self.width()}
            h: {self.height()}
            t: {self.windowTitle()}
        ''')

if __name__ == '__main__':
    app = QtWidgets.QApplication(sys.argv)
    Form = MyWidget()
    Form.show()
    sys.exit(app.exec())
```

❖ 範例程式碼：ch10/code06_class.py

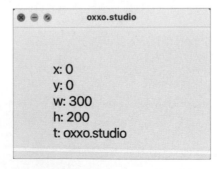

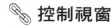 控制視窗

在 PyQt5 或 PyQt6 裡建立最底層的視窗 Widget 元件之後，只要套用對應的控制方法，就可以控制與設定視窗，下方列出常用的控制方法：

方法	參數	說明
setWindowTitle()	str	視窗標題。
resize()	width(int), height(int)	改變視窗尺寸。
move()	x(int), y(int)	設定視窗位置。
setGeometry()	x(int), y(int), width(int), height(int)	設定視窗位置與尺寸。
setFixedWidth()	hwidth(int)	固定視窗寬度。
setFixedHeight()	height(int)	固定視窗高度。
setFixedSize()	width(int), height(int)	固定視窗尺寸。
showMinimized()		視窗最小化。
showMaximized()		視窗最大化。
showFullscreen()		視窗全螢幕。
showNormal()		視窗恢復原本尺寸。

下方的例子執行後，會建立三顆按鈕，並將三顆按鈕的點擊行為綁定 lambda 匿名函式，使得點擊按鈕時會進行最大化視窗、恢復視窗以及移動視窗的效果。

```
from PyQt6 import QtWidgets  # 將 PyQt6 換成 PyQt5 就能改用 PyQt5
import sys

app = QtWidgets.QApplication(sys.argv)

Form = QtWidgets.QWidget()
Form.setWindowTitle('oxxo.studio')
Form.resize(300, 200)

btn1 = QtWidgets.QPushButton(Form)
btn1.setGeometry(10,10,100,30)
```

```
btn1.setText(' 最大化 ')
btn1.clicked.connect(lambda: Form.showMaximized())   # 最大化

btn2 = QtWidgets.QPushButton(Form)
btn2.setGeometry(110,10,100,30)
btn2.setText(' 恢復大小 ')
btn2.clicked.connect(lambda: Form.showNormal())         # 恢復原本大小

btn3 = QtWidgets.QPushButton(Form)
btn3.setGeometry(10,50,100,30)
btn3.setText(' 移動視窗 ')
btn3.clicked.connect(lambda: Form.move(100, 100))      # 移動到 (100, 100)

Form.show()
sys.exit(app.exec())
```

✤ 範例程式碼：ch10/code07.py

使用 class 寫法：

```
from PyQt6 import QtWidgets   # 將 PyQt6 換成 PyQt5 就能改用 PyQt5
import sys

class MyWidget(QtWidgets.QWidget):
    def __init__(self):
        super().__init__()
        self.setWindowTitle('oxxo.studio')
        self.resize(300, 200)
        self.setMouseTracking(True)
        self.ui()

    def ui(self):
        self.btn1 = QtWidgets.QPushButton(self)
        self.btn1.setGeometry(10,10,100,30)
        self.btn1.setText(' 最大化 ')
        self.btn1.clicked.connect(lambda: self.showMaximized()) # 最大化

        self.btn2 = QtWidgets.QPushButton(self)
        self.btn2.setGeometry(110,10,100,30)
        self.btn2.setText(' 恢復大小 ')
        self.btn2.clicked.connect(lambda: self.showNormal())      # 恢復原本大小

        self.btn3 = QtWidgets.QPushButton(self)
        self.btn3.setGeometry(10,50,100,30)
```

```
        self.btn3.setText('移動視窗')
        self.btn3.clicked.connect(lambda: self.move(100, 100))   # 移動到 (100,
                                                                         100)

if __name__ == '__main__':
    app = QtWidgets.QApplication(sys.argv)
    Form = MyWidget()
    Form.show()
    sys.exit(app.exec())
```

❖ 範例程式碼：ch10/code07_class.py

🔗 視窗置中、取得螢幕資訊

在控制視窗位置與尺寸時，有時需要獲取電腦螢幕的資訊，PyQt6 使用 QtWidgets.QApplication.screens()，PyQt5 使用 QtWidgets.QApplication. desktop() 之後，就能透過下列的方法取得電腦螢幕的尺寸。

方法	說明
width()	電腦螢幕的寬度。
height()	電腦螢幕的高度。

下方的程式碼執行後，會根據電腦螢幕的尺寸，以及視窗的尺寸，換算出視窗置中的座標 (座標必須為整數)，進而讓視窗置中顯示。

```
from PyQt6 import QtWidgets   # 將 PyQt6 換成 PyQt5 就能改用 PyQt5
import sys
```

```
app = QtWidgets.QApplication(sys.argv)
screen = QtWidgets.QApplication.screens()
# screen = QtWidgets.QApplication.desktop()    # PyQt5 寫法
screen_size = screen[0].size()
screen_w = screen_size.width()         # 電腦螢幕寬度
screen_h = screen_size.height()        # 電腦螢幕高度

Form = QtWidgets.QWidget()
Form.setWindowTitle('oxxo.studio')
Form.resize(300, 200)
Form_w = Form.width()                   # 視窗寬度
Form_h = Form.height()                  # 視窗高度

new_x = int((screen_w - Form_w)/2)     # 計算後的 x 座標
new_y = int((screen_h - Form_h)/2)     # 計算後的 y 座標
Form.move(new_x, new_y)                # 移動視窗

Form.show()
sys.exit(app.exec())
```

❖ 範例程式碼：ch10/code08.py

使用 class 寫法：

```
from PyQt6 import QtWidgets  # 將 PyQt6 換成 PyQt5 就能改用 PyQt5
import sys

class MyWidget(QtWidgets.QWidget):
    def __init__(self):
        super().__init__()
        self.setWindowTitle('oxxo.studio')
        self.resize(300, 200)
        self.setMouseTracking(True)
        self.screen()
        self.windowMove()

    def screen(self):
        screen = QtWidgets.QApplication.screens()
        # screen = QtWidgets.QApplication.desktop()    # PyQt5 寫法
        screen_size = screen[0].size()
        self.screen_w = screen_size.width()            # 電腦螢幕寬度
        self.screen_h = screen_size.height()           # 電腦螢幕高度

    def windowMove(self):
```

```
        Form_w = self.width()                 # 視窗寬度
        Form_h = self.height()                # 視窗高度
        new_x = int((self.screen_w - Form_w)/2)   # 計算後的 x 座標
        new_y = int((self.screen_h - Form_h)/2)   # 計算後的 y 座標
        self.move(new_x, new_y)               # 移動視窗

if __name__ == '__main__':
    app = QtWidgets.QApplication(sys.argv)
    Form = MyWidget()
    Form.show()
    sys.exit(app.exec())
```

❖ 範例程式碼：ch10/code08_class.py

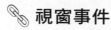 視窗事件

　　下方列出常用的視窗事件，可以在視窗顯示、關閉、移動、縮放或焦點改變時觸發。

事件	說明
showEvent	開啟視窗。
closeEvent	關閉視窗。
moveEvent	移動視窗。
resizeEvent	視窗尺寸改變。
focusInEvent	視窗為焦點 (需要先使用 setFocus() 方法)。
focusOutEvent	視窗失去焦點，使用者操作其他視窗 (需要先使用 setFocus() 方法)。

　　下方的程式碼執行後，用滑鼠改變視窗大小或位置，就能看見後台印出對應的事件內容。

```
from PyQt6 import QtWidgets  # 將 PyQt6 換成 PyQt5 就能改用 PyQt5
import sys

app = QtWidgets.QApplication(sys.argv)

Form = QtWidgets.QWidget()
```

```
Form.setWindowTitle('oxxo.studio')
Form.resize(300, 200)

def close(self):
    print('close!!')

def move(self):
    print('move...')

def resize(self):
    print('resize')

def show(self):
    print('show')

def focusIn(self):
    print('focus in')

def focusOut(self):
    print('focus out')

Form.closeEvent = close         # 關閉視窗
Form.moveEvent = move           # 移動視窗
Form.resizeEvent = resize       # 視窗改變大小
Form.showEvent = show           # 顯示視窗
Form.setFocus()                 # 設定為焦點
Form.focusInEvent = focusIn     # 成為焦點
Form.focusOutEvent = focusOut   # 離開焦點

Form.show()
sys.exit(app.exec())
```

❖ 範例程式碼：ch10/code09.py

使用 class 寫法：

```
from PyQt6 import QtWidgets   # 將 PyQt6 換成 PyQt5 就能改用 PyQt5
import sys

class MyWidget(QtWidgets.QWidget):
    def __init__(self):
        super().__init__()
        self.setWindowTitle('oxxo.studio')
        self.resize(300, 200)
```

```
            self.setMouseTracking(True)
            self.setFocus()    # 設定為焦點
        # 關閉視窗
        def closeEvent(self, event):
            print('close!!')
        # 移動視窗
        def moveEvent(self, event):
            print('move...')
        # 視窗改變大小
        def resizeEvent(self, event):
            print('resize')
        # 顯示視窗
        def showEvent(self, event):
            print('show')
        # 成為焦點
        def focusInEvent(self, event):
            print('focus in')
        # 離開焦點
        def focusOutEvent(self, event):
            print('focus out')

if __name__ == '__main__':
    app = QtWidgets.QApplication(sys.argv)
    Form = MyWidget()
    Form.show()
    sys.exit(app.exec())
```

❖ 範例程式碼：ch10/code09_class.py

10-4 視窗中開啟新視窗

這個小節會介紹使用 PyQt5 或 PyQt6 建立基本的應用程式視窗,並在主視窗中點擊按鈕開啟新視窗,更會進一步實作點擊按鈕修改其他視窗文字的效果。

🔗 建立 PyQt6 視窗

參考「4-2、QPushButton 按鈕」文章範例,建立具有 QLabel 和 QPushButton 的視窗。

```python
from PyQt6 import QtWidgets   # 將 PyQt6 換成 PyQt5 就能改用 PyQt5
import sys
app = QtWidgets.QApplication(sys.argv)

Form = QtWidgets.QWidget()
Form.setWindowTitle('oxxo.studio')
Form.resize(300, 200)

label = QtWidgets.QLabel(Form)
label.setText('測試文字')
label.setStyleSheet('font-size:20px;')
label.setGeometry(50,30,100,30)

btn = QtWidgets.QPushButton(Form)
btn.setText('開啟新視窗')
btn.setStyleSheet('font-size:16px;')
btn.setGeometry(40,60,120,40)

Form.show()
sys.exit(app.exec())
```

✦ 範例程式碼:ch10/code10.py

使用 class 寫法:

```python
from PyQt6 import QtWidgets
import sys

class mainWindow(QtWidgets.QWidget):
```

```
    def __init__(self):
        super().__init__()
        self.setWindowTitle('oxxo.studio')
        self.resize(300, 200)
        self.ui()

    def ui(self):
        self.label = QtWidgets.QLabel(self)
        self.label.setText('測試文字')
        self.label.setStyleSheet('font-size:20px;')
        self.label.setGeometry(50,30,100,30)

        self.btn = QtWidgets.QPushButton(self)
        self.btn.setText('開啟新視窗')
        self.btn.setStyleSheet('font-size:16px;')
        self.btn.setGeometry(40,60,120,40)

if __name__ == '__main__':
    app = QtWidgets.QApplication(sys.argv)
    Form = mainWindow()
    Form.show()
    sys.exit(app.exec())
```

❖ 範例程式碼：ch10/code10_class.py

🔗 主視窗點擊按鈕，開啟新視窗

　　主視窗建立後，仿照主視窗建立方法建立新視窗，並將主視窗的按鈕綁定「點擊後開啟新視窗」的匿名函式，程式執行後，點擊主視窗的按鈕，就會開啟新視窗。

```
from PyQt6 import QtWidgets, QtGui, QtCore   # 將 PyQt6 換成 PyQt5 就能改
用 PyQt5
import sys
app = QtWidgets.QApplication(sys.argv)

Form = QtWidgets.QWidget()
Form.setWindowTitle('oxxo.studio')
Form.resize(300, 200)

label = QtWidgets.QLabel(Form)
label.setText(' 測試文字 ')
label.setStyleSheet('font-size:20px;')
label.setGeometry(50,30,100,30)

btn = QtWidgets.QPushButton(Form)
btn.setText(' 開啟新視窗 ')
btn.setStyleSheet('font-size:16px;')
btn.setGeometry(40,60,120,40)
btn.clicked.connect(lambda:Form2.show())   # 使用 lambda 函式，顯示新視窗

Form2 = QtWidgets.QWidget()                 # 建立新視窗
Form2.setWindowTitle('oxxo.studio.2')
Form2.resize(300, 200)

btn2 = QtWidgets.QPushButton(Form2)
btn2.setText('test')
btn2.setGeometry(110,60,50,30)

Form.show()
sys.exit(app.exec())
```

❖ 範例程式碼：ch10/code11.py

　　使用 class 寫法（由於多視窗可能會牽扯到互相呼叫與傳遞訊息的操作，建議使用 class 的做法）。

```
from PyQt6 import QtWidgets   # 將 PyQt6 換成 PyQt5 就能改用 PyQt5
import sys

# 主視窗
class mainWindow(QtWidgets.QWidget):
    def __init__(self):
        super().__init__()
```

```python
        self.setWindowTitle('oxxo.studio')
        self.resize(300, 200)
        self.ui()

    def ui(self):
        self.label = QtWidgets.QLabel(self)
        self.label.setText(' 測試文字 ')
        self.label.setStyleSheet('font-size:20px;')
        self.label.setGeometry(50,30,100,30)

        self.btn = QtWidgets.QPushButton(self)
        self.btn.setText(' 開啟新視窗 ')
        self.btn.setStyleSheet('font-size:16px;')
        self.btn.setGeometry(40,60,120,40)
        self.btn.clicked.connect(self.showNewWindow)

    def showNewWindow(self):
        self.nw = newWindow()         # 連接新視窗
        self.nw.show()                # 顯示新視窗
        x = self.nw.pos().x()         # 取得新視窗目前 x 座標
        y = self.nw.pos().y()         # 取得新視窗目前 y 座標
        self.nw.move(x+100, y+100)    # 移動新視窗位置

# 新視窗
class newWindow(QtWidgets.QWidget):
    def __init__(self):
        super().__init__()
        self.setWindowTitle('oxxo.studio.2')
        self.resize(300, 200)
        self.ui()

    def ui(self):
        self.btn = QtWidgets.QPushButton(self)
        self.btn.setText('test')
        self.btn.setStyleSheet('font-size:16px;')
        self.btn.setGeometry(40,60,120,40)

if __name__ == '__main__':
    app = QtWidgets.QApplication(sys.argv)
    Form = mainWindow()
    Form.show()
    sys.exit(app.exec())
```

❖ 範例程式碼：ch10/code11_class.py

🔗 點擊按鈕修改其他視窗文字

　　在主視窗點擊按鈕所開啟的新視窗，是根據定義的 class 而產生的新視窗物件，因此只要將主視窗與新視窗的程式都寫在主視窗裡，就能讓彼此都能獲得點擊按鈕的訊息，執行下方的程式碼，點擊按鈕開啟新視窗後，點擊新視窗的按鈕時，主視窗的文字會發生變化，點擊主視窗的按鈕時，新視窗裡的文字也會發生變化。

```
from PyQt6 import QtWidgets  # 將 PyQt6 換成 PyQt5 就能改用 PyQt5
import sys

class mainWindow(QtWidgets.QWidget):
    def __init__(self):
        super().__init__()
        self.setWindowTitle('oxxo.studio')
        self.resize(300, 200)
        self.ui()

    def ui(self):
        self.label = QtWidgets.QLabel(self)
        self.label.setText('測試文字')
        self.label.setStyleSheet('font-size:20px;')
        self.label.setGeometry(50,30,100,30)

        self.btn = QtWidgets.QPushButton(self)
        self.btn.setText('開啟新視窗')
```

```
        self.btn.setStyleSheet('font-size:16px;')
        self.btn.setGeometry(40,60,120,40)
        self.btn.clicked.connect(self.showNewWindow)        # 點擊按鈕，開啟新視窗

        self.btn2 = QtWidgets.QPushButton(self)
        self.btn2.setText(' 在新視窗裡顯示文字 ')
        self.btn2.setStyleSheet('font-size:16px;')
        self.btn2.setGeometry(40,100,200,40)
        self.btn2.clicked.connect(self.changeNewWindowText) # 點擊按鈕，改變新視窗
                                                            #   裡的文字

    def showNewWindow(self):
        self.nw = newWindow()
        self.nw.show()
        x = self.nw.pos().x()
        y = self.nw.pos().y()
        self.nw.move(x+50, y+50)
        self.nw.btn.clicked.connect(self.changeText) # 點擊按鈕，改變主視窗裡的文字

    def changeText(self):
        self.label.setText(' 點擊按鈕囉 ')

    def changeNewWindowText(self):
        self.nw.label.setText(' 主視窗也點擊按鈕囉 ')

class newWindow(QtWidgets.QWidget):
    def __init__(self):
        super().__init__()
        self.setWindowTitle('oxxo.studio.2')
        self.resize(300, 200)
        self.ui()

    def ui(self):
        self.label = QtWidgets.QLabel(self)
        self.label.setText('')
        self.label.setStyleSheet('font-size:20px;')
        self.label.setGeometry(50,30,200,30)

        self.btn = QtWidgets.QPushButton(self)
        self.btn.setText('test')
        self.btn.setStyleSheet('font-size:16px;')
        self.btn.setGeometry(40,60,120,40)
```

```
if __name__ == '__main__':
    app = QtWidgets.QApplication(sys.argv)
    Form = mainWindow()
    Form.show()
    sys.exit(app.exec())
```

❖ 範例程式碼：ch10/code12_class.py

小結

　　在 PyQt5 或 PyQt6 所開發的應用程式裡，可以透過滑鼠、鍵盤事件來觸發畫面上的行為，並透過視窗控制與資料傳遞的方式來管理應用程式的資料流。此外，PyQt5 和 PyQt6 也提供了便利的功能來建立新視窗或是更改現有視窗的外觀和屬性，使得開發者能夠輕鬆掌握視窗的各種互動方式，進而提升使用者體驗。

第 **11** 章

樣式設定

前　言

QSS 是 PyQt 裡用來設定元件樣式的樣式表（Qt Style Sheet），使用方法和網頁 CSS 非常類似，雖然 QSS 沒有辦法像網頁 CSS 般的完整，但已經可以滿足大部分的樣式設計需求，這個章節會介紹一些常見的 QSS 樣式，以及如何使用 QSS 設定元件樣式。

❖　本章節的範例程式碼：

https://github.com/oxxostudio/book-code/tree/master/pyqt/ch11

本章節的部分範例，使用 PyQt5 和 PyQt6 有些許差異，請注意程式碼裡的註解和說明。

11-1 QSS 樣式設定

這個小節會介紹如何使用 QSS 樣式表，並且透過 QSS，設定 PyQt5 或 PyQt6 的元件樣式。

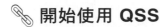 開始使用 QSS

在 PyQt5 或 PyQt6 裡建立元件之後，元件會具有一個 setStyleSheet() 方法，在方法裡撰寫樣式，就會修改原本元件的樣式，例如下方的程式碼執行後，就會將 QLabel 的文字設定為 30px 的大小和紅色。

> 如果遇到多個樣式，可以使用三個單引號的方式撰寫。

```python
from PyQt6 import QtWidgets   # 將 PyQt6 換成 PyQt5 就能改用 PyQt5
import sys
app = QtWidgets.QApplication(sys.argv)

Form = QtWidgets.QWidget()
Form.setWindowTitle('oxxo.studio')
Form.resize(300, 200)

label = QtWidgets.QLabel(Form)         # 加入 QLabel
label.setGeometry(10,10,150,100)       # 設定位置
label.setText('HELLO')                 # 設定內容文字
# 設定樣式
label.setStyleSheet('''
        font-size:30px;
        color:red;
    ''')

Form.show()
sys.exit(app.exec())
```

❖ 範例程式碼：ch11/code01.py

使用 class 寫法：

```
from PyQt6 import QtWidgets   # 將 PyQt6 換成 PyQt5 就能改用 PyQt5
import sys

class MyWidget(QtWidgets.QWidget):
    def __init__(self):
        super().__init__()
        self.setObjectName("MainWindow")
        self.setWindowTitle('oxxo.studio')
        self.resize(300, 200)
        self.ui()

    def ui(self):
        self.label = QtWidgets.QLabel(self)        # 加入 QLabel
        self.label.setGeometry(10,10,150,100)      # 設定位置
        self.label.setText('HELLO')                # 設定內容文字
        # 設定樣式
        self.label.setStyleSheet('''
                font-size:30px;
                color:red;
            ''')

if __name__ == '__main__':
    app = QtWidgets.QApplication(sys.argv)
    Form = MyWidget()
    Form.show()
    sys.exit(app.exec())
```

✛ 範例程式碼：ch11/code01_class.py

🔗 偽狀態設定

　　除了設定主要樣式，QSS 也像 CSS 一樣可以設定「偽狀態」(Pseudo-States)，偽狀態的意思是「觸發了某些事件或進行某些行為後，才會出現

的狀態」（偽狀態會使用一個冒號開頭），例如「滑鼠移到按鈕上」的行為，對應的偽狀態就是「 :hover 」，下方列出一些常見的偽狀態：

完整偽狀態參考：
https://doc.qt.io/qt-6/stylesheet-reference.html#list-of-pseudo-states

偽狀態	說明
:hover	滑鼠移上去。
:active	發生行為 (通常可能是點擊)。
:focus	成為焦點 (通常是點擊之後)。
:checked	被勾選。
:disabled	停用狀態。
:enabled	啟用狀態。
:selected	被選取。

以下方的程式碼為例，執行後會設定 QPushButton 的 :hover 樣式（注意需要額外使用 QPushButton:hover ），當滑鼠移動到按鈕上方時，按鈕的邊框會變粗，背景色會變成黃色。

```
from PyQt6 import QtWidgets    # 將 PyQt6 換成 PyQt5 就能改用 PyQt5
import sys
app = QtWidgets.QApplication(sys.argv)

Form = QtWidgets.QWidget()
Form.setWindowTitle('oxxo.studio')
Form.resize(300, 200)

btn = QtWidgets.QPushButton(Form)
btn.setGeometry(10,10,150,100)
btn.setText('HELLO')
btn.setStyleSheet('''
    QPushButton{
```

```
        border:1px solid #000;
        background:#fff;
    }
    QPushButton:hover{
        border:5px solid #000;
        background:#ff0;
    }
''')

Form.show()
sys.exit(app.exec())
```

❖ 範例程式碼：ch11/code02.py

使用 class 寫法：

```
from PyQt6 import QtWidgets   # 將 PyQt6 換成 PyQt5 就能改用 PyQt5
import sys

class MyWidget(QtWidgets.QWidget):
    def __init__(self):
        super().__init__()
        self.setObjectName("MainWindow")
        self.setWindowTitle('oxxo.studio')
        self.resize(300, 200)
        self.ui()

    def ui(self):
        self.btn = QtWidgets.QPushButton(self)
        self.btn.setGeometry(10,10,150,100)
        self.btn.setText('HELLO')
        self.btn.setStyleSheet('''
            QPushButton{
                border:1px solid #000;
                background:#fff;
            }
            QPushButton:hover{
                border:5px solid #000;
                background:#ff0;
            }
        ''')

if __name__ == '__main__':
    app = QtWidgets.QApplication(sys.argv)
```

```
Form = MyWidget()
Form.show()
sys.exit(app.exec())
```

❖ 範例程式碼：ch11/code02_class.py

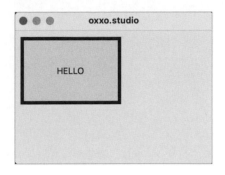

🔗 子控制項設定

　　在 PyQt6 裡，有些元件可能會包含其他的子控制項（例如 QListWidget 列表選擇框會包含選項的子元件），這些子元件也可以使用對應的 QSS 語法設定樣式（子控制項會使用兩個冒號開頭），下方列出一些常見的子元件設定方法：

完整子元件設定參考：
https://doc.qt.io/qt-6/stylesheet-reference.html#list-of-sub-controls

子控制項	說明
::chunk	進度條進度。
::item	列表選擇框項目。
::groove	滑桿底線。
::handle	滑桿拉霸。
::sub-page	滑桿調整線。

下方的程式碼執行後，會將 QSlider 數值調整滑桿更改為黑底線與紅色調整桿。

```python
from PyQt6 import QtWidgets, QtCore    # 將 PyQt6 換成 PyQt5 就能改用 PyQt5
import sys
app = QtWidgets.QApplication(sys.argv)

Form = QtWidgets.QWidget()
Form.setWindowTitle('oxxo.studio')
Form.resize(300, 200)

slider = QtWidgets.QSlider(Form)     # 加入滑桿
slider.setGeometry(20,20,200,30)     # 設定位置
slider.setOrientation(QtCore.Qt.Orientation.Horizontal) # 設定為水平
# slider.setOrientation(1)           # PyQt5 寫法
slider.setStyleSheet('''
    QSlider {
        border-radius: 10px;
    }
    QSlider::groove:horizontal {
        height: 5px;
        background: #000;
    }
    QSlider::handle:horizontal{
        background: #f00;
        width: 16px;
        height: 16px;
        margin:-6px 0;
        border-radius:8px;
    }
    QSlider::sub-page:horizontal{
        background:#f90;
    }
''')

Form.show()
sys.exit(app.exec())
```

❖ 範例程式碼：ch11/code03.py

使用 class 寫法：

```python
from PyQt6 import QtWidgets, QtCore    # 將 PyQt6 換成 PyQt5 就能改用 PyQt5
import sys

class MyWidget(QtWidgets.QWidget):
    def __init__(self):
        super().__init__()
        self.setObjectName("MainWindow")
        self.setWindowTitle('oxxo.studio')
        self.resize(300, 200)
        self.ui()

    def ui(self):
        self.slider = QtWidgets.QSlider(self)        # 加入滑桿
        self.slider.setGeometry(20,20,200,30)        # 設定位置
        self.slider.setOrientation(QtCore.Qt.Orientation.Horizontal) # 設定為水平
        # self.slider.setOrientation(1)              # PyQt5 寫法
        self.slider.setStyleSheet('''
            QSlider {
                border-radius: 10px;
            }
            QSlider::groove:horizontal {
                height: 5px;
                background: #000;
            }
            QSlider::handle:horizontal{
                background: #f00;
                width: 16px;
                height: 16px;
                margin:-6px 0;
                border-radius:8px;
            }
            QSlider::sub-page:horizontal{
                background:#f90;
            }
        ''')

if __name__ == '__main__':
    app = QtWidgets.QApplication(sys.argv)
    Form = MyWidget()
    Form.show()
    sys.exit(app.exec())
```

❖ 範例程式碼：ch11/code03_class.py

🔗 注意事項

　　雖然使用 QSS 可以很方便的修改樣式，但仍然有些小細節需要注意，例如 QPushButton，一旦設定了「邊框」，則必須要一併設定背景色和點擊樣式，不然其他樣式就會被清空。

> 類似這種狀況可以參考「https://doc.qt.io/qt-6/stylesheet-reference.html」裡有特別標注「粉紅色背景」的說明。

　　下方的程式碼執行後，會發現本來按鈕的點擊效果，因為設定了 border 樣式而消失了。

```python
from PyQt6 import QtWidgets    # 將 PyQt6 換成 PyQt5 就能改用 PyQt5
import sys
app = QtWidgets.QApplication(sys.argv)

Form = QtWidgets.QWidget()
Form.setWindowTitle('oxxo.studio')
Form.resize(300, 200)

btn = QtWidgets.QPushButton(Form)
btn.setGeometry(10,10,150,100)
btn.setText('HELLO')
btn.setStyleSheet('border:1px solid #000')   # 設定邊框後，點擊按鈕的效果就會消失

Form.show()
sys.exit(app.exec())
```

❖ 範例程式碼：ch11/code04.py

使用 class 寫法：

```
from PyQt6 import QtWidgets, QtCore    # 將 PyQt6 換成 PyQt5 就能改用 PyQt5
import sys

class MyWidget(QtWidgets.QWidget):
    def __init__(self):
        super().__init__()
        self.setObjectName("MainWindow")
        self.setWindowTitle('oxxo.studio')
        self.resize(300, 200)
        self.ui()

    def ui(self):
        self.btn = QtWidgets.QPushButton(self)
        self.btn.setGeometry(10,10,150,100)
        self.btn.setText('HELLO')
        self.btn.setStyleSheet('border:1px solid #000')    # 設定邊框後，點擊按鈕的
                                                            # 效果就會消失

if __name__ == '__main__':
    app = QtWidgets.QApplication(sys.argv)
    Form = MyWidget()
    Form.show()
    sys.exit(app.exec())
```

❖ 範例程式碼：ch11/code04_class.py

11-2　常用 QSS 樣式

　　這個小節會列出 PyQt 裡常用的 QSS 樣式（完整樣式參考 https://doc.qt.io/qt-6/stylesheet-reference.html#list-of-properties）

樣式	說明
font-size	文字大小，單位 px。
color	文字顏色，可使用顏色名稱或色碼，例如 #f00 為紅色。
font-family	字體。
font-weight	字體粗細，可設定 normal、bold。
font-style	文字樣式，可設定 normal、italic、oblique。
spacing	文字間距，不用單位。
text-align	文字對齊方式，可設定 left、center、right。
height	元件高度，單位 px。
width	元件寬度，單位 px。
margin	元件外邊距，單位 px。
padding	元件內邊距，單位 px。
opacity	透明度，範圍 0 ～ 255，0 為透明。
background	背景色或背景圖，可使用顏色名稱或色碼，例如 #f00 為紅色。
background-color	背景色，可使用顏色名稱或色碼，例如 #f00 為紅色。
border	邊框，有三個值分別是 (粗細、樣式、顏色)。
border-width	邊框寬度，單位 px。
border-style	邊框樣式，可設定 solid、dashed、dotted。
border-color	邊框顏色，可使用顏色名稱或色碼，例如 #f00 為紅色。
border-radius	邊框是否圓角，圓角半徑單位 px。

樣式裡的 padding、margin、border-width、border-style、border-color 的簡單設定規則如下 (以 padding 為例)：

寫法	說明
padding:1px	上下左右都 1px。
padding:1px 2px	上下 1px，左右 2px。
padding:1px 2px 3px	上 1px，左右 2px，下 3px。
padding:1px 2px 3px 4px	上 1px，右 2px，下 3px，左 4px。

如果不要一次設定 padding、margin、border、border-width、border-style、border-color，也可以加上方向的名稱單獨設定（以 pad padding 為例）：

樣式	說明
padding-top	元件上方內邊距，單位 px。
padding-right	元件右側內邊距，單位 px。
padding-bottom	元件下方內邊距，單位 px。
padding-left	元件左側內邊距，單位 px。

小結

QSS 是 PyQt 非常重要的特色，雖然 QSS 沒有辦法像網頁 CSS 般的完整，但也足夠應付許多介面設計的需求，透過 QSS 的設定，就能讓設計 PyQt 介面元件如同設計網頁一樣簡單，不僅在開發上更具效率，對於程式碼的維護和閱讀也都更容易理解，所設計出的介面也會更加美觀和好用。

第 **12** 章

繪圖

QPainter 是 PyQt 中用於繪圖的重要模組，QPainter 提供了豐富的繪圖方法和功能，可以讓使用者自由地繪製圖形和設計 UI。QPainter 還可以搭配 QPen 一起使用，來控制畫筆的顏色、粗細等屬性，這個章節會從 QPainter 出發，介紹如何在 PyQt5 和 PyQt6 裡使用繪圖功能。

❖ 本章節的範例程式碼：
https://github.com/oxxostudio/book-code/tree/master/pyqt/ch12

本章節的部分範例，使用 PyQt5 和 PyQt6 有些許差異，請注意程式碼裡的註解和說明。

12-1 QPainter 繪圖

運用 PyQt 的 QPainter 模組，就能在視窗裡繪製各種形狀，或進行放入文字和圖片的動作，這個小節會介紹如何在 PyQt5 和 PyQt6 視窗裡使用 QPainter。

🔗 開始使用 QPainter

使用 QPainter 需要 import QPainter 和 QPen 模組，並額外 import QColor 設定顏色，接著在建立 PyQt5 或 PyQt6 視窗物件後，修改視窗物件的 paintEvent 屬性，將該屬性的內容設定為繪圖的內容，執行後就會看見視窗出現紅色正方形。

```python
from PyQt6 import QtWidgets                      # 將 PyQt6 換成 PyQt5 就能改用 PyQt5
from PyQt6.QtGui import QPainter, QColor, QPen   # 將 PyQt6 換成 PyQt5
                                                 #   就能改用 PyQt5
import sys

app = QtWidgets.QApplication(sys.argv)
MainWindow = QtWidgets.QMainWindow()
MainWindow.setObjectName("MainWindow")
MainWindow.setWindowTitle("oxxo.studio")
MainWindow.resize(300, 200)

# 定義繪圖的函式，注意需要包含 self 參數
def draw(self):
    qpainter = QPainter()                        # 建立繪圖器
    qpainter.begin(MainWindow)                   # 在 MainWindow 開始繪圖

    qpainter.setPen(QPen(QColor('#ff0000'),5))   # 設定畫筆顏色和寬度
    qpainter.drawRect(50, 50, 100, 100)          # 繪製正方形

    qpainter.end()                               # 結束繪圖

MainWindow.paintEvent = draw                     # 設定 paintEvent 屬性
MainWindow.show()
sys.exit(app.exec())
```

❖ 範例程式碼：ch12/code01.py

使用 class 寫法：

```python
from PyQt6 import QtWidgets
from PyQt6.QtGui import QPainter, QColor, QPen
import sys

class MyWidget(QtWidgets.QWidget):
    def __init__(self):
        super().__init__()
        self.setObjectName("MainWindow")
        self.setWindowTitle('oxxo.studio')
        self.resize(300, 200)

        # 定義 paintEvent 屬性，注意需要包含 self 和 event 參數
    def paintEvent(self, event):
        qpainter = QPainter()                          # 建立繪圖器
        qpainter.begin(self)                           # 在 MainWindow 開始繪圖

        qpainter.setPen(QPen(QColor('#ff0000'),5))     # 設定畫筆顏色和寬度
        qpainter.drawRect(50, 50, 100, 100)            # 繪製正方形

        qpainter.end()                                 # 結束繪圖

if __name__ == '__main__':
    app = QtWidgets.QApplication(sys.argv)
    Form = MyWidget()
    Form.show()
    sys.exit(app.exec())
```

❖ 範例程式碼：ch12/code01_class.py

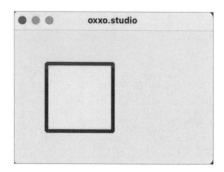

QPainter 常用方法說明

透過 QPainter 建立繪圖器之後，就可以使用下列常用的設定方法：

完整方法參考：
https://doc.qt.io/qtforpython-5/PySide2/QtGui/QPainter.html#functions

方法	參數	說明
begin()		開始繪圖。
end()		結束繪圖。
setPen()	QPen 或 QColor 或 style	設定畫筆。
setBrush()	QBrush 或 style	設定填充筆刷。
setFont()	QFont	設定文字。

常用的繪圖方法：

方法	參數	說明
drawArc()	x, y, w, h, a, alen	繪製弧線。
drawEllipse()	x, y, w, h	繪製橢圓形。
drawLine()	x1, y1, x2, y2	繪製直線。
drawPie()	x, y, w, h, a, alen	繪製圓餅圖。
drawPoint()	x, y	繪製單一個點。
drawRect()	x1, y1, w, h	繪製矩形。
drawRoundRect()	x, y, w, h, xRound=25, yRound=25	繪製圓角矩形。
drawText()	x, y, text	放入文字。
fillRect()	x, y, w, h, color	填滿矩形。
eraseRect()	x, y, w, h	清除特定區域。

QPainter 放入文字

透過 QPainter 的 drawText() 方法，就能在視窗中放入文字，以下方的程式碼為例，執行後視窗中間會出現紅色的 hello 文字 (文字的顏色由 setPen() 決定)。

```python
from PyQt6 import QtWidgets
from PyQt6.QtGui import QPainter, QColor
import sys

app = QtWidgets.QApplication(sys.argv)
MainWindow = QtWidgets.QMainWindow()
MainWindow.setObjectName("MainWindow")
MainWindow.setWindowTitle("oxxo.studio")
MainWindow.resize(300, 200)

def draw(self):
    qpainter = QPainter()
    qpainter.begin(MainWindow)

    qpainter.setPen(QColor('#ff0000'))
    qpainter.drawText(50,50,'hello')    # 在 (50,50) 的位置加入文字

    qpainter.end()

MainWindow.paintEvent = draw
MainWindow.show()
sys.exit(app.exec())
```

❖ 範例程式碼：ch12/code02.py

使用 class 寫法：

```python
from PyQt6 import QtWidgets
from PyQt6.QtGui import QPainter, QColor
import sys

class MyWidget(QtWidgets.QWidget):
    def __init__(self):
        super().__init__()
        self.setObjectName("MainWindow")
        self.setWindowTitle('oxxo.studio')
```

```
        self.resize(300, 200)

    # 定義 paintEvent 屬性，注意需要包含 self 和 event 參數
    def paintEvent(self, event):
        self.qpainter = QPainter()
        self.qpainter.begin(self)

        self.qpainter.setPen(QColor('#ff0000'))
        self.qpainter.drawText(50,50,'hello') # 在 (50,50) 的位置加入文字

        self.qpainter.end()

if __name__ == '__main__':
    app = QtWidgets.QApplication(sys.argv)
    Form = MyWidget()
    Form.show()
    sys.exit(app.exec())
```

❖ 範例程式碼：ch12/code02_class.py

　　如果要設定文字的樣式，則可以使用 setFont() 方法搭配 QFont() 進行設定，QFont() 可以設定字體、字體大小、粗細 ... 等樣式（PyQt6 的用法和 PyQt5 相同，但設定需改成 QFont.Style.StyleItalic），例如下方的程式碼執行後，會產生兩組不同樣式的文字。

```
from PyQt6 import QtWidgets
from PyQt6.QtGui import QPainter, QColor, QFont
import sys

app = QtWidgets.QApplication(sys.argv)
MainWindow = QtWidgets.QMainWindow()
MainWindow.setObjectName("MainWindow")
MainWindow.setWindowTitle("oxxo.studio")
```

```
MainWindow.resize(300, 200)

def draw(self):
    qpainter = QPainter()
    qpainter.begin(MainWindow)

    font = QFont()                                # 建立文字樣式物件
    font.setFamily('Times')                       # 設定字型
    font.setPointSize(50)                         # 設定文字大小
    font.setWeight(87)                            # 設定文字粗細
    font.setStyle(QFont.Style.StyleItalic)        # 設定文字樣式
    # font.setStyle(QFont.StyleItalic)            # PyQt5 寫法

    qpainter.setPen(QColor('#ff0000'))
    qpainter.setFont(font)                        # 根據文字樣式物件設定文字樣式
    qpainter.drawText(50,50,'hello')              # 放入文字

    qpainter.setPen(QColor('#0000ff'))
    qpainter.setFont(QFont('Arial',30))           # 直接使用 QFont 設定文字樣式
    qpainter.drawText(50,100,'hello')             # 放入文字

    qpainter.end()

MainWindow.paintEvent = draw
MainWindow.show()
sys.exit(app.exec())
```

✤ 範例程式碼：ch12/code03.py

使用 class 寫法：

```
from PyQt5 import QtWidgets
from PyQt5.QtGui import QPainter, QColor, QFont
import sys

class MyWidget(QtWidgets.QWidget):
    def __init__(self):
        super().__init__()
        self.setObjectName("MainWindow")
        self.setWindowTitle('oxxo.studio')
        self.resize(300, 200)

    def paintEvent(self, event):
        qpainter = QPainter()
```

```
        qpainter.begin(self)

        font = QFont()                           # 建立文字樣式物件
        font.setWeight(87)                       # 設定文字粗細
        font.setPointSize(50)                    # 設定文字大小
        font.setFamily('Times')                  # 設定字型
        font.setStyle(QFont.StyleItalic)         # 設定文字樣式
        # font.setStyle(QFont.StyleItalic)       # PyQt5 寫法

        qpainter.setPen(QColor('#ff0000'))
        qpainter.setFont(font)                   # 根據文字樣式物件設定文字樣式
        qpainter.drawText(50,50,'hello')         # 放入文字

        qpainter.setPen(QColor('#0000ff'))
        qpainter.setFont(QFont('Arial',30))      # 直接使用 QFont 設定文字樣式
        qpainter.drawText(50,100,'hello')        # 放入文字

        qpainter.end()
if __name__ == '__main__':
    app = QtWidgets.QApplication(sys.argv)
    Form = MyWidget()
    Form.show()
    sys.exit(app.exec_())
```

✤ 範例程式碼：ch12/code03_class.py

🔗 QPainter 繪製形狀

　　透過 QPainter 的繪製形狀方法 (設定 paintEvent 屬性)，就能在視窗中放入各種形狀，以下方的程式碼為例，執行後視窗中會出現紅色正方形、綠色圓形和黑色直線。

```
from PyQt6 import QtWidgets
from PyQt6.QtGui import *
import sys

app = QtWidgets.QApplication(sys.argv)
MainWindow = QtWidgets.QMainWindow()
MainWindow.setObjectName("MainWindow")
MainWindow.setWindowTitle("oxxo.studio")
MainWindow.resize(300, 200)

def draw(self):
    qpainter = QPainter()
    qpainter.begin(MainWindow)

    qpainter.setPen(QPen(QColor('#ff0000'), 5))
    qpainter.drawRect(10,10,100,100)

    qpainter.setPen(QPen(QColor('#00aa00'), 5))
    qpainter.drawEllipse(50, 50, 100, 100)

    qpainter.setPen(QPen(QColor('#000000'), 5))
    qpainter.drawLine(100,100,300,200)

    qpainter.end()

MainWindow.paintEvent = draw
MainWindow.show()
sys.exit(app.exec())
```

❖ 範例程式碼：ch12/code04.py

使用 class 寫法：

```
from PyQt6 import QtWidgets
from PyQt6.QtGui import QPainter, QColor, QPen
import sys

class MyWidget(QtWidgets.QWidget):
    def __init__(self):
        super().__init__()
        self.setObjectName("MainWindow")
        self.setWindowTitle('oxxo.studio')
        self.resize(300, 200)
```

```
    def paintEvent(self, event):
        self.qpainter = QPainter()
        self.qpainter.begin(self)

        self.qpainter.setPen(QPen(QColor('#ff0000'), 5))
        self.qpainter.drawRect(10,10,100,100)

        self.qpainter.setPen(QPen(QColor('#00aa00'), 5))
        self.qpainter.drawEllipse(50, 50, 100, 100)

        self.qpainter.setPen(QPen(QColor('#000000'), 5))
        self.qpainter.drawLine(100,100,300,200)

        self.qpainter.end()
if __name__ == '__main__':
    app = QtWidgets.QApplication(sys.argv)
    Form = MyWidget()
    Form.show()
    sys.exit(app.exec())
```

❖ 範例程式碼：ch12/code04_class.py

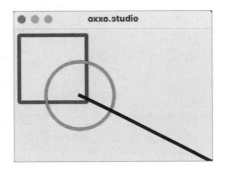

　　通常在繪製形狀時，會搭配 QPen() 進行畫筆的設定，例如下方的程式碼執行後，會產生三組不同樣式的直線。

```
from PyQt6 import QtWidgets
from PyQt6.QtGui import *
from PyQt6.QtCore import *
import sys

app = QtWidgets.QApplication(sys.argv)
```

```
MainWindow = QtWidgets.QMainWindow()
MainWindow.setObjectName("MainWindow")
MainWindow.setWindowTitle("oxxo.studio")
MainWindow.resize(300, 200)

def draw(self):
    qpainter = QPainter()
    qpainter.begin(MainWindow)

    qpainter.setPen(QPen(QColor('#000000'), 10))
    qpainter.drawLine(50,25,250,25)

    pen = QPen()                        # 建立畫筆樣式物件
    pen.setStyle(Qt.PenStyle.DashDotLine)  # 設定樣式為 Qt.DashDotLine ( Qt 在
                                        #             PyQt6.QtCore 裡 )
    # pen.setStyle(Qt.DashDotLine)      # PyQt5 寫法
    pen.setColor(QColor('#000000'))     # 設定顏色
    pen.setWidth(5)                     # 設定粗細
    qpainter.setPen(pen)
    qpainter.drawLine(50,50,250,50)

    pen = QPen()                        # 建立畫筆樣式物件
    pen.setStyle(Qt.PenStyle.DotLine)   # 設定樣式為 Qt.DotLine ( Qt 在 PyQt6.
                                        #  QtCore 裡 )
    # pen.setStyle(Qt.DotLine)          # PyQt5 寫法
    pen.setColor(QColor('#000000'))     # 設定顏色
    pen.setWidth(2)                     # 設定粗細
    qpainter.setPen(pen)
    qpainter.drawLine(50,75,250,75)

    qpainter.end()

MainWindow.paintEvent = draw
MainWindow.show()
sys.exit(app.exec())
```

❖ 範例程式碼：ch12/code05.py

使用 class 寫法：

```
from PyQt6 import QtWidgets
from PyQt6.QtGui import *
from PyQt6.QtCore import *
import sys
```

```python
class MyWidget(QtWidgets.QWidget):
    def __init__(self):
        super().__init__()
        self.setObjectName("MainWindow")
        self.setWindowTitle('oxxo.studio')
        self.resize(300, 200)

    def paintEvent(self, event):
        self.qpainter = QPainter()
        self.qpainter.begin(self)

        self.qpainter.setPen(QPen(QColor('#000000'), 10))
        self.qpainter.drawLine(50,25,250,25)

        self.pen = QPen()                             # 建立畫筆樣式物件
        self.pen.setStyle(Qt.PenStyle.DashDotLine)    # 設定樣式為 Qt.DashDotLine
                                                      #  ( Qt 在 PyQt6.QtCore 裡 )
        # self.pen.setStyle(Qt.DashDotLine)           # PyQt5 寫法
        self.pen.setColor(QColor('#000000'))          # 設定顏色
        self.pen.setWidth(5)                          # 設定粗細
        self.qpainter.setPen(self.pen)
        self.qpainter.drawLine(50,50,250,50)

        self.pen = QPen()                             # 建立畫筆樣式物件
        self.pen.setStyle(Qt.PenStyle.DotLine)        # 設定樣式為 Qt.DotLine
                                                      #  ( Qt 在 PyQt6.QtCore 裡 )
        # self.pen.setStyle(Qt.DotLine)               # PyQt5 寫法
        self.pen.setColor(QColor('#000000'))          # 設定顏色
        self.pen.setWidth(2)                          # 設定粗細
        self.qpainter.setPen(self.pen)
        self.qpainter.drawLine(50,75,250,75)

        self.qpainter.end()

if __name__ == '__main__':
    app = QtWidgets.QApplication(sys.argv)
    Form = MyWidget()
    Form.show()
    sys.exit(app.exec())
```

❖ 範例程式碼：ch12/code05_class.py

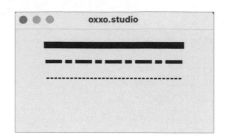

🔗 QPainter 放入圖片

透過 QPainter 的 drawImage 方法，就能顯示已經轉換成 QImage 的圖片，使用時需要搭配 QRect 指定圖片的左上角座標以及長寬，下方的程式碼執行後，畫面裡會出現一張蒙娜麗莎的畫像。

```python
from PyQt6 import QtWidgets
from PyQt6.QtGui import *
from PyQt6.QtCore import *
import sys

app = QtWidgets.QApplication(sys.argv)
MainWindow = QtWidgets.QMainWindow()
MainWindow.setObjectName("MainWindow")
MainWindow.setWindowTitle("oxxo.studio")
MainWindow.resize(300, 300)

def draw(self):
    qpainter = QPainter()
    qpainter.begin(MainWindow)

    qimage = QImage('mona.jpg')
    w = qimage.size().width()
    h = qimage.size().height()
    qpainter.drawImage(QRect(20, 20, w, h), qimage)

    qpainter.end()

MainWindow.paintEvent = draw
MainWindow.show()
sys.exit(app.exec())
```

❖ 範例程式碼：ch12/code06.py

使用 class 寫法：

```python
from PyQt6 import QtWidgets
from PyQt6.QtGui import *
from PyQt6.QtCore import *
import sys

class MyWidget(QtWidgets.QWidget):
    def __init__(self):
        super().__init__()
        self.setObjectName("MainWindow")
        self.setWindowTitle('oxxo.studio')
        self.resize(300, 300)

    def paintEvent(self, event):
        self.qpainter = QPainter()
        self.qpainter.begin(self)

        qimage = QImage('mona.jpg')
        w = qimage.size().width()
        h = qimage.size().height()
        self.qpainter.drawImage(QRect(20, 20, w, h), qimage)

        self.qpainter.end()

if __name__ == '__main__':
    app = QtWidgets.QApplication(sys.argv)
    Form = MyWidget()
    Form.show()
    sys.exit(app.exec())
```

❖ 範例程式碼：ch12/code06_class.py

修改 QRect 的參數，就能改變放入圖片的位置和大小，下方的程式碼執行後，畫面裡會出現兩張位置與大小不同的蒙娜麗莎像。

```python
from PyQt6 import QtWidgets
from PyQt6.QtGui import *
from PyQt6.QtCore import *
import sys

app = QtWidgets.QApplication(sys.argv)
MainWindow = QtWidgets.QMainWindow()
MainWindow.setObjectName("MainWindow")
MainWindow.setWindowTitle("oxxo.studio")
MainWindow.resize(300, 200)

def draw(self):
    qpainter = QPainter()
    qpainter.begin(MainWindow)

    qimage = QImage('mona.jpg')
    qpainter.drawImage(QRect(0, 0, 100, 150), qimage)
    qpainter.drawImage(QRect(150, 30, 150, 150), qimage)

    qpainter.end()

MainWindow.paintEvent = draw
MainWindow.show()
sys.exit(app.exec())
```

❖ 範例程式碼：ch12/code07.py

使用 class 寫法：

```python
from PyQt6 import QtWidgets
from PyQt6.QtGui import *
from PyQt6.QtCore import *
import sys

class MyWidget(QtWidgets.QWidget):
    def __init__(self):
        super().__init__()
        self.setObjectName("MainWindow")
        self.setWindowTitle('oxxo.studio')
        self.resize(300, 200)
```

```
    def paintEvent(self, event):
        self.qpainter = QPainter()
        self.qpainter.begin(self)

        qimage = QImage('mona.jpg')
        self.qpainter.drawImage(QRect(0, 0, 100, 150), qimage)
        self.qpainter.drawImage(QRect(150, 30, 150, 150), qimage)

        self.qpainter.end()
if __name__ == '__main__':
    app = QtWidgets.QApplication(sys.argv)
    Form = MyWidget()
    Form.show()
    sys.exit(app.exec())
```

❖ 範例程式碼：ch12/code07_class.py

12-2　QPainter 繪圖（QPen）

使用 PyQt 的 QPainter 繪圖時，通常都會透過 QPen 設定畫筆的顏色與樣式，這個小節會介紹 QPen 常用的功能以及設定畫筆的指令。

開始使用 QPen

QPen 通常是搭配 QPainter 的 setPen 方法一起使用，基本的用法如下（ PyQt6 方法的位置和 PyQt5 有所不同 ）。

PyQt5：

```
qpainter = QPainter()
qpainter.setPen(QPen(color, width, style, capStyle, joinStyle))
```

PyQt6：

```
qpainter = QPainter()
qpainter.setPen(QPen(QColor, width, Qt.PenStyle, Qt.PenCapStyle,
Qt.PenJoinStyle))
```

QPen 基本的用法需要設定下列參數：

參數	說明
QColor	設定顏色。
width	畫筆寬度。
Qt.PenStyle	畫筆樣式。
Qt.PenCapStyle	線段開頭與結尾樣式。
Qt.PenJoinStyle	線段連接處樣式。

下方的程式碼執行後，畫面中的兩個正方形雖然大小相同，但因為 QPen 的參數設定不同而產生的樣式就會不同。

```
from PyQt6 import QtWidgets
from PyQt6.QtGui import *
from PyQt6.QtCore import *
import sys

app = QtWidgets.QApplication(sys.argv)
MainWindow = QtWidgets.QMainWindow()
MainWindow.setObjectName("MainWindow")
MainWindow.setWindowTitle("oxxo.studio")
MainWindow.resize(300, 200)

def draw(self):
    qpainter = QPainter()
    qpainter.begin(MainWindow)
```

```
    # 左邊的正方形
    qpainter.setPen(QPen(QColor('#000000'), 5, Qt.PenStyle.DotLine,
Qt.PenCapStyle.FlatCap, Qt.PenJoinStyle.MiterJoin))
    # qpainter.setPen(QPen(QColor('#000000'), 5, Qt.DotLine,
Qt.FlatCap, Qt.MiterJoin))  # PyQt5 寫法
    qpainter.drawRect(30,50,100,100)

    # 右邊的正方形
    qpainter.setPen(QPen(QColor('#ff0000'), 10, Qt.PenStyle.
DashDotDotLine, Qt.PenCapStyle.RoundCap, Qt.PenJoinStyle.RoundJoin))
    # qpainter.setPen(QPen(QColor('#ff0000'), 10, Qt.DashDotDotLine,
Qt.RoundCap, Qt.RoundJoin))  # PyQt5 寫法
    qpainter.drawRect(160,50,100,100)

    qpainter.end()

MainWindow.paintEvent = draw
MainWindow.show()
sys.exit(app.exec())
```

❖ 範例程式碼：ch12/code08.py

使用 class 寫法：

```
from PyQt6 import QtWidgets
from PyQt6.QtGui import *
from PyQt6.QtCore import *
import sys

class MyWidget(QtWidgets.QWidget):
    def __init__(self):
        super().__init__()
        self.setObjectName("MainWindow")
        self.setWindowTitle('oxxo.studio')
        self.resize(300, 200)

    def paintEvent(self, event):
        self.qpainter = QPainter()
        self.qpainter.begin(self)

        # 左邊的正方形
        self.qpainter.setPen(QPen(QColor('#000000'), 5, Qt.PenStyle.
DotLine, Qt.PenCapStyle.FlatCap, Qt.PenJoinStyle.MiterJoin))
        # self.qpainter.setPen(QPen(QColor('#000000'), 5, Qt.DotLine,
Qt.FlatCap, Qt.MiterJoin))  # PyQt5 寫法
```

```
        self.qpainter.drawRect(30,50,100,100)

        # 右邊的正方形
        self.qpainter.setPen(QPen(QColor('#ff0000'), 10, Qt.PenStyle.
DashDotDotLine, Qt.PenCapStyle.RoundCap, Qt.PenJoinStyle.RoundJoin))
        # self.qpainter.setPen(QPen(QColor('#ff0000'), 10,
Qt.DashDotDotLine, Qt.RoundCap, Qt.RoundJoin))  # PyQt5 寫法
        self.qpainter.drawRect(160,50,100,100)

        self.qpainter.end()

if __name__ == '__main__':
    app = QtWidgets.QApplication(sys.argv)
    Form = MyWidget()
    Form.show()
    sys.exit(app.exec())
```

❖ 範例程式碼：ch12/code08_class.py

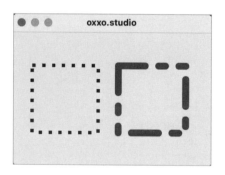

　　除了設定參數的方法，也可以先建立 QPen 物件，再透過物件本身提供的屬性進行設定，例如下方的程式碼，將黑色虛線的正方形改用 QPen 物件的設定方法，也能得到一模一樣的結果。

```
from PyQt6 import QtWidgets
from PyQt6.QtGui import *
from PyQt6.QtCore import *
import sys

app = QtWidgets.QApplication(sys.argv)
MainWindow = QtWidgets.QMainWindow()
MainWindow.setObjectName("MainWindow")
MainWindow.setWindowTitle("oxxo.studio")
```

```
MainWindow.resize(300, 200)

def draw(self):
    qpainter = QPainter()
    qpainter.begin(MainWindow)

    qpen = QPen()                                           # 建立 QPen 物件
    qpen.setColor(QColor('#000000'))                        # 設定顏色
    qpen.setWidth(5)                                        # 設定寬度
    qpen.setStyle(Qt.PenStyle.DotLine)                      # 設定樣式
    qpen.setCapStyle(Qt.PenCapStyle.FlatCap)                # 設定線段開頭與結尾樣式
    qpen.setJoinStyle(Qt.PenJoinStyle.MiterJoin)            # 設定線段連接處樣式

    qpainter.setPen(qpen)                                   # 效果等同下方
    # qpainter.setPen(QPen(QColor('#000000'), 5, Qt.PenStyle.DotLine,
Qt.PenCapStyle.FlatCap, Qt.PenJoinStyle.MiterJoin))
    # qpainter.setPen(QPen(QColor('#000000'), 5, Qt.DotLine,
Qt.FlatCap, Qt.MiterJoin))                                 # PyQt5 寫法
    qpainter.drawRect(30,50,100,100)

    qpainter.setPen(QPen(QColor('#ff0000'), 10, Qt.PenStyle.
DashDotDotLine, Qt.PenCapStyle.RoundCap, Qt.PenJoinStyle.RoundJoin))
    # qpainter.setPen(QPen(QColor('#ff0000'), 10, Qt.DashDotDotLine,
Qt.RoundCap, Qt.RoundJoin))                                # PyQt5 寫法
    qpainter.drawRect(160,50,100,100)

    qpainter.end()

MainWindow.paintEvent = draw
MainWindow.show()
sys.exit(app.exec())
```

❖ 範例程式碼：ch12/code09.py

使用 class 寫法：

```
from PyQt6 import QtWidgets
from PyQt6.QtGui import *
from PyQt6.QtCore import *
import sys

class MyWidget(QtWidgets.QWidget):
    def __init__(self):
        super().__init__()
```

12 繪圖

```
        self.setObjectName("MainWindow")
        self.setWindowTitle('oxxo.studio')
        self.resize(300, 200)

    def paintEvent(self, event):
        self.qpainter = QPainter()
        self.qpainter.begin(self)

        qpen = QPen()                                    # 建立 QPen 物件
        qpen.setColor(QColor('#000000'))                 # 設定顏色
        qpen.setWidth(5)                                 # 設定寬度
        qpen.setStyle(Qt.PenStyle.DotLine)               # 設定樣式
        qpen.setCapStyle(Qt.PenCapStyle.FlatCap)         # 設定線段開頭與結尾樣式
        qpen.setJoinStyle(Qt.PenJoinStyle.MiterJoin)     # 設定線段連接處樣式

        self.qpainter.setPen(qpen)                       # 效果等同下方
        # self.qpainter.setPen(QPen(QColor('#000000'), 5, Qt.PenStyle.
DotLine, Qt.PenCapStyle.FlatCap, Qt.PenJoinStyle.MiterJoin))
        self.qpainter.drawRect(30,50,100,100)

        self.qpainter.setPen(QPen(QColor('#ff0000'), 10, Qt.PenStyle.
DashDotDotLine, Qt.PenCapStyle.RoundCap, Qt.PenJoinStyle.RoundJoin))
        # self.qpainter.setPen(QPen(QColor('#ff0000'), 10,
Qt.DashDotDotLine, Qt.RoundCap, Qt.RoundJoin))          # PyQt5 寫法
        self.qpainter.drawRect(160,50,100,100)

        self.qpainter.end()

if __name__ == '__main__':
    app = QtWidgets.QApplication(sys.argv)
    Form = MyWidget()
    Form.show()
    sys.exit(app.exec())
```

❖ 範例程式碼：ch12/code09_class.py

12-22

🔗 QPen 畫筆顏色與寬度

　　QPen 設定畫筆寬度只需要填入一個數字，單位是像素，但設定顏色則需要搭配 QtGui 模組裡的 QColor 方法，QColor 常使用兩種方式設定顏色，第一種方式直接填入十六進位色碼：

```
QColor('#ff0000')   # 紅色
QColor('#00ff00')   # 綠色
QColor('#0000ff')   # 藍色
```

　　第二種方式可以填入 Red、Green、Blue 和 Alpha (透明度，不填預設 255) 的數值，數值範圍 0 ～ 255：

```
QColor(255, 0, 0)        # 紅色
QColor(255, 0, 0, 50)    # 半透明紅色
QColor(0, 255, 0, 255)   # 綠色
QColor(0, 0, 255, 100)   # 半透明藍色
```

　　下方的例子執行後，會出現兩個邊框透明度不同的正方形。

```python
from PyQt6 import QtWidgets
from PyQt6.QtGui import *
from PyQt6.QtCore import *
import sys

app = QtWidgets.QApplication(sys.argv)
MainWindow = QtWidgets.QMainWindow()
MainWindow.setObjectName("MainWindow")
MainWindow.setWindowTitle("oxxo.studio")
MainWindow.resize(300, 200)

def draw(self):
    qpainter = QPainter()
    qpainter.begin(MainWindow)

    qpainter.setPen(QPen(QColor(255,0,0), 10))        # 紅色
    qpainter.drawRect(30,50,100,100)

    qpainter.setPen(QPen(QColor(255,0,0,50), 10))     # 半透明紅色
```

```
    qpainter.drawRect(160,50,100,100)

    qpainter.end()

MainWindow.paintEvent = draw
MainWindow.show()
sys.exit(app.exec())
```

❖ 範例程式碼：ch12/code10_class.py

使用 class 寫法：

```python
from PyQt6 import QtWidgets
from PyQt6.QtGui import *
from PyQt6.QtCore import *
import sys

class MyWidget(QtWidgets.QWidget):
    def __init__(self):
        super().__init__()
        self.setObjectName("MainWindow")
        self.setWindowTitle('oxxo.studio')
        self.resize(300, 200)

    def paintEvent(self, event):
        self.qpainter = QPainter()
        self.qpainter.begin(self)

        self.qpainter.setPen(QPen(QColor(255,0,0), 10))        # 紅色
        self.qpainter.drawRect(30,50,100,100)

        self.qpainter.setPen(QPen(QColor(255,0,0,50), 10))     # 半透明紅色
        self.qpainter.drawRect(160,50,100,100)

        self.qpainter.end()

if __name__ == '__main__':
    app = QtWidgets.QApplication(sys.argv)
    Form = MyWidget()
    Form.show()
    sys.exit(app.exec())
```

❖ 範例程式碼：ch12/code10_class.py

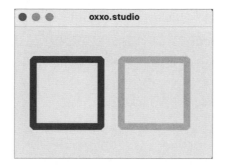

QPen 畫筆樣式

QPen 總共有六種畫筆樣式：

PyQt5：

樣式名稱	說明
Qt.SolidLine	實線。
Qt.DashLine	虛線。
Qt.DotLine	點狀線。
Qt.DashDotLine	一點狀線混合虛線。
Qt.DashDotDotLine	兩點狀線混合虛線。
Qt.CustomDashLine	自訂虛線。

PyQt6：

樣式名稱	說明
Qt.PenStyle.SolidLine	實線。
Qt.PenStyle.DashLine	虛線。
Qt.PenStyle.DotLine	點狀線。
Qt.PenStyle.DashDotLine	一點狀線混合虛線。
Qt.PenStyle.DashDotDotLine	兩點狀線混合虛線。
Qt.PenStyle.CustomDashLine	自訂虛線。

使用時只有自訂虛線 Qt.CustomDashLine 需要搭配 setDashPattern 方法額外設定，setDashPattern 方法可以指定虛線和空白間隔的長度，例如下方的程式碼執行後，就會出現六種樣式的線條。

```
rom PyQt6 import QtWidgets
from PyQt6.QtGui import *
from PyQt6.QtCore import *
import sys

app = QtWidgets.QApplication(sys.argv)
MainWindow = QtWidgets.QMainWindow()
MainWindow.setObjectName("MainWindow")
MainWindow.setWindowTitle("oxxo.studio")
MainWindow.resize(300, 200)

def draw(self):
    qpainter = QPainter()
    qpainter.begin(MainWindow)

    qpainter.setPen(QPen(QColor(0,0,0), 6, Qt.PenStyle.SolidLine)) # 實線
    # qpainter.setPen(QPen(QColor(0,0,0), 6, Qt.SolidLine))        # PyQt5 寫法
    qpainter.drawLine(50, 40, 250, 40)

    qpainter.setPen(QPen(QColor(0,0,0), 6, Qt.PenStyle.DashLine)) # 虛線
    # qpainter.setPen(QPen(QColor(0,0,0), 6, Qt.DashLine))        # PyQt5 寫法
    qpainter.drawLine(50, 60, 250, 60)

    qpainter.setPen(QPen(QColor(0,0,0), 6, Qt.PenStyle.DotLine)) # 點狀線
    # qpainter.setPen(QPen(QColor(0,0,0), 6, Qt.DotLine))        # PyQt5 寫法
    qpainter.drawLine(50, 80, 250, 80)

    qpainter.setPen(QPen(QColor(0,0,0), 6, Qt.PenStyle.DashDotLine))# 一點狀線
                                                                    混合虛線
    # qpainter.setPen(QPen(QColor(0,0,0), 6, Qt.DashDotLine))     # PyQt5 寫法
    qpainter.drawLine(50, 100, 250, 100)

    qpainter.setPen(QPen(QColor(0,0,0), 6, Qt.PenStyle.DashDotDotLine)) # 兩點
                                                                        狀線混合虛線
    # qpainter.setPen(QPen(QColor(0,0,0), 6, Qt.DashDotDotLine))  # PyQt5 寫法
    qpainter.drawLine(50, 120, 250, 120)

    qpen = QPen()
```

```
        qpen.setColor(QColor(0,0,0))
        qpen.setWidth(6)
        space = 4                                      # 空白長度
        dashes = [1, space, 3, space, 9, space, 5, space, 1, space] # 自訂虛線樣式，
                                                                    偶數為空白
        qpen.setDashPattern(dashes)                    # 設定虛線樣式
        qpen.setStyle(Qt.PenStyle.CustomDashLine)      # 自訂虛線
        # qpen.setStyle(Qt.CustomDashLine)             # PyQt5 寫法
        qpainter.setPen(qpen)
        qpainter.drawLine(50, 140, 250, 140)

        qpainter.end()

MainWindow.paintEvent = draw
MainWindow.show()
sys.exit(app.exec())
```

❖ 範例程式碼：ch12/code11.py

使用 class 寫法：

```
rom PyQt6 import QtWidgets
from PyQt6.QtGui import *
from PyQt6.QtCore import *
import sys

class MyWidget(QtWidgets.QWidget):
    def __init__(self):
        super().__init__()
        self.setObjectName("MainWindow")
        self.setWindowTitle('oxxo.studio')
        self.resize(300, 200)

    def paintEvent(self, event):
        self.qpainter = QPainter()
        self.qpainter.begin(self)

        self.qpainter.setPen(QPen(QColor(0,0,0), 6, Qt.PenStyle.SolidLine))
                                                                    # 實線
        # self.qpainter.setPen(QPen(QColor(0,0,0), 6, Qt.SolidLine)) # PyQt5 寫法
        self.qpainter.drawLine(50, 40, 250, 40)

        self.qpainter.setPen(QPen(QColor(0,0,0), 6, Qt.PenStyle.DashLine))# 虛線
        # self.qpainter.setPen(QPen(QColor(0,0,0), 6, Qt.DashLine)) # PyQt5 寫法
```

```
        self.qpainter.drawLine(50, 60, 250, 60)

        self.qpainter.setPen(QPen(QColor(0,0,0), 6, Qt.PenStyle.DotLine))# 點狀線
        # self.qpainter.setPen(QPen(QColor(0,0,0), 6, Qt.DotLine))# PyQt5 寫法
        self.qpainter.drawLine(50, 80, 250, 80)

        self.qpainter.setPen(QPen(QColor(0,0,0), 6, Qt.PenStyle.DashDotLine))
# 一點狀線混合虛線
        # self.qpainter.setPen(QPen(QColor(0,0,0), 6, Qt.DashDotLine))
# PyQt5 寫法
        self.qpainter.drawLine(50, 100, 250, 100)

        self.qpainter.setPen(QPen(QColor(0,0,0), 6, Qt.PenStyle.DashDotDotLine))
# 兩點狀線混合虛線
        # self.qpainter.setPen(QPen(QColor(0,0,0), 6, Qt.DashDotDotLine))
# PyQt5 寫法
        self.qpainter.drawLine(50, 120, 250, 120)

        qpen = QPen()
        qpen.setColor(QColor(0,0,0))
        qpen.setWidth(6)
        space = 4                                   # 空白長度
        dashes = [1, space, 3, space, 9, space, 5, space, 1, space] # 自訂虛線
                                                            樣式，偶數為空白
        qpen.setDashPattern(dashes)                 # 設定虛線樣式
        qpen.setStyle(Qt.PenStyle.CustomDashLine)   # 自訂虛線
        # qpen.setStyle(Qt.CustomDashLine)          # PyQt5 寫法
        self.qpainter.setPen(qpen)
        self.qpainter.drawLine(50, 140, 250, 140)

        self.qpainter.end()

if __name__ == '__main__':
    app = QtWidgets.QApplication(sys.argv)
    Form = MyWidget()
    Form.show()
    sys.exit(app.exec())
```

❖ 範例程式碼：ch12/code11_class.py

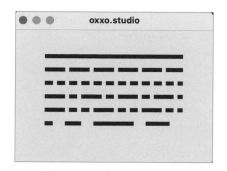

 QPen 線段開頭與結尾樣式

QPen 總共有三種線段開頭與結尾樣式：

PyQt5：

線段開頭與結尾樣式	說明
Qt.SquareCap	平面樣式，會超過端點線寬的一半的距離。
Qt.FlatCap	平面樣式，會切齊端點。
Qt.RoundCap	圓形樣式，中心點對齊端點。

PyQt6：

線段開頭與結尾樣式	說明
Qt.PenCapStyle.SquareCap	平面樣式，會超過端點線寬的一半的距離。
Qt.PenCapStyle.FlatCap	平面樣式，會切齊端點。
Qt.PenCapStyle.RoundCap	圓形樣式，中心點對齊端點。

下方的程式碼執行後，會先畫使用 Qt.FlatCap 切齊端點的黑線，接著在畫三條開頭與結尾樣式不同的半透明粗紅線。

```
from PyQt6 import QtWidgets
from PyQt6.QtGui import *
from PyQt6.QtCore import *
import sys
```

```
app = QtWidgets.QApplication(sys.argv)
MainWindow = QtWidgets.QMainWindow()
MainWindow.setObjectName("MainWindow")
MainWindow.setWindowTitle("oxxo.studio")
MainWindow.resize(300, 200)

def draw(self):
    qpainter = QPainter()
    qpainter.begin(MainWindow)

    qpainter.setPen(QPen(QColor(0,0,0), 2, Qt.PenStyle.SolidLine,
Qt.PenCapStyle.FlatCap))
    # qpainter.setPen(QPen(QColor(0,0,0), 2, Qt.SolidLine, Qt.FlatCap))
# PyQt5
    qpainter.drawLine(50, 40, 250, 40)

    qpainter.setPen(QPen(QColor(0,0,0), 2, Qt.PenStyle.SolidLine,
Qt.PenCapStyle.FlatCap))
    # qpainter.setPen(QPen(QColor(0,0,0), 2, Qt.SolidLine, Qt.FlatCap))
# PyQt5
    qpainter.drawLine(50, 80, 250, 80)

    qpainter.setPen(QPen(QColor(0,0,0), 2, Qt.PenStyle.SolidLine,
Qt.PenCapStyle.FlatCap))
    # qpainter.setPen(QPen(QColor(0,0,0), 2, Qt.SolidLine, Qt.FlatCap))
# PyQt5
    qpainter.drawLine(50, 120, 250, 120)

    qpainter.setPen(QPen(QColor(255,0,0,50), 20, Qt.PenStyle.SolidLine,
Qt.PenCapStyle.SquareCap))
    # qpainter.setPen(QPen(QColor(255,0,0,50), 2, Qt.SolidLine,
Qt.SquareCap))  # PyQt5
    qpainter.drawLine(50, 40, 250, 40)

    qpainter.setPen(QPen(QColor(255,0,0,50), 20, Qt.PenStyle.SolidLine,
Qt.PenCapStyle.FlatCap))
    # qpainter.setPen(QPen(QColor(255,0,0,50), 2, Qt.SolidLine,
Qt.FlatCap))  # PyQt5
    qpainter.drawLine(50, 80, 250, 80)

    qpainter.setPen(QPen(QColor(255,0,0,50), 20, Qt.PenStyle.SolidLine,
Qt.PenCapStyle.RoundCap))
```

```
    # qpainter.setPen(QPen(QColor(255,0,0,50), 2, Qt.SolidLine,
Qt.RoundCap))  # PyQt5
    qpainter.drawLine(50, 120, 250, 120)

    qpainter.end()

MainWindow.paintEvent = draw
MainWindow.show()
sys.exit(app.exec())
```

❖ 範例程式碼：ch12/code12.py

使用 class 寫法：

```
from PyQt6 import QtWidgets
from PyQt6.QtGui import *
from PyQt6.QtCore import *
import sys

class MyWidget(QtWidgets.QWidget):
    def __init__(self):
        super().__init__()
        self.setObjectName("MainWindow")
        self.setWindowTitle('oxxo.studio')
        self.resize(300, 200)

    def paintEvent(self, event):
        self.qpainter = QPainter()
        self.qpainter.begin(self)

        self.qpainter.setPen(QPen(QColor(0,0,0), 2, Qt.PenStyle.
SolidLine, Qt.PenCapStyle.FlatCap))
        # self.qpainter.setPen(QPen(QColor(0,0,0), 2, Qt.SolidLine,
Qt.FlatCap))  # PyQt5
        self.qpainter.drawLine(50, 40, 250, 40)

        self.qpainter.setPen(QPen(QColor(0,0,0), 2, Qt.PenStyle.
SolidLine, Qt.PenCapStyle.FlatCap))
        # self.qpainter.setPen(QPen(QColor(0,0,0), 2, Qt.SolidLine,
Qt.FlatCap))  # PyQt5
        self.qpainter.drawLine(50, 80, 250, 80)

        self.qpainter.setPen(QPen(QColor(0,0,0), 2, Qt.PenStyle.
SolidLine, Qt.PenCapStyle.FlatCap))
```

```
        # self.qpainter.setPen(QPen(QColor(0,0,0), 2, Qt.SolidLine,
Qt.FlatCap))  # PyQt5
        self.qpainter.drawLine(50, 120, 250, 120)

        self.qpainter.setPen(QPen(QColor(255,0,0,50), 20, Qt.PenStyle.
SolidLine, Qt.PenCapStyle.SquareCap))
        # self.qpainter.setPen(QPen(QColor(255,0,0,50), 20,
Qt.SolidLine, Qt.SquareCap))  # PyQt5
        self.qpainter.drawLine(50, 40, 250, 40)

        self.qpainter.setPen(QPen(QColor(255,0,0,50), 20, Qt.PenStyle.
SolidLine, Qt.PenCapStyle.FlatCap))
        # self.qpainter.setPen(QPen(QColor(255,0,0,50), 20,
Qt.SolidLine, Qt.FlatCap))  # PyQt5
        self.qpainter.drawLine(50, 80, 250, 80)

        self.qpainter.setPen(QPen(QColor(255,0,0,50), 20, Qt.PenStyle.
SolidLine, Qt.PenCapStyle.RoundCap))
        # self.qpainter.setPen(QPen(QColor(255,0,0,50), 20,
Qt.SolidLine, Qt.RoundCap))  # PyQt5
        self.qpainter.drawLine(50, 120, 250, 120)

        self.qpainter.end()

if __name__ == '__main__':
    app = QtWidgets.QApplication(sys.argv)
    Form = MyWidget()
    Form.show()
    sys.exit(app.exec())
```

❖ 範例程式碼：ch12/code12_class.py

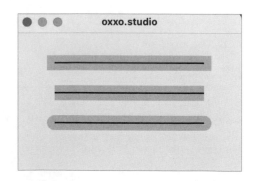

🔗 QPen 線段連接處樣式

QPen 總共有三種線段連接處樣式：

PyQt5：

線段連接處樣式	說明
Qt.BevelJoin	平面。
Qt.MiterJoin	延伸線條。
Qt.RoundJoin	圓弧。

PyQt6：

線段連接處樣式	說明
Qt.PenJoinStyle.BevelJoin	平面。
Qt.PenJoinStyle.MiterJoin	延伸線條。
Qt.PenJoinStyle.RoundJoin	圓弧。

下方的程式碼執行後，會畫出三條線段連接處樣式不同的粗紅線。

```
from PyQt6 import QtWidgets
from PyQt6.QtGui import *
from PyQt6.QtCore import *
import sys

app = QtWidgets.QApplication(sys.argv)
MainWindow = QtWidgets.QMainWindow()
MainWindow.setObjectName("MainWindow")
MainWindow.setWindowTitle("oxxo.studio")
MainWindow.resize(300, 200)

def draw(self):
    qpainter = QPainter()
    qpainter.begin(MainWindow)

    qpainter.setPen(QPen(QColor(255,0,0), 25, Qt.PenStyle.SolidLine,
```

```
Qt.PenCapStyle.FlatCap, Qt.PenJoinStyle.BevelJoin))
    # qpainter.setPen(QPen(QColor(255,0,0), 25, Qt.SolidLine,
Qt.FlatCap, Qt.BevelJoin))   # PyQt5
    points = [QPoint(30,160),QPoint(60,50),QPoint(90,160)]
    qpainter.drawPolyline(points)

    qpainter.setPen(QPen(QColor(255,0,0), 25, Qt.PenStyle.SolidLine,
Qt.PenCapStyle.FlatCap, Qt.PenJoinStyle.MiterJoin))
    # qpainter.setPen(QPen(QColor(255,0,0), 25, Qt.SolidLine,
Qt.FlatCap, Qt.MiterJoin))   # PyQt5
    points = [QPoint(120,160),QPoint(150,50),QPoint(180,160)]
    qpainter.drawPolyline(points)

    qpainter.setPen(QPen(QColor(255,0,0), 25, Qt.PenStyle.SolidLine,
Qt.PenCapStyle.FlatCap, Qt.PenJoinStyle.RoundJoin))
    # qpainter.setPen(QPen(QColor(255,0,0), 25, Qt.SolidLine,
Qt.FlatCap, Qt.RoundJoin))   # PyQt5
    points = [QPoint(210,160),QPoint(240,50),QPoint(270,160)]
    qpainter.drawPolyline(points)

    qpainter.end()

MainWindow.paintEvent = draw
MainWindow.show()
sys.exit(app.exec())
```

❖ 範例程式碼：ch12/code13.py

使用 class 寫法：

```
from PyQt6 import QtWidgets
from PyQt6.QtGui import *
from PyQt6.QtCore import *
import sys

class MyWidget(QtWidgets.QWidget):
    def __init__(self):
        super().__init__()
        self.setObjectName("MainWindow")
        self.setWindowTitle('oxxo.studio')
        self.resize(300, 200)

    def paintEvent(self, event):
        self.qpainter = QPainter()
```

```
        self.qpainter.begin(self)

        self.qpainter.setPen(QPen(QColor(255,0,0), 25, Qt.PenStyle.
SolidLine, Qt.PenCapStyle.FlatCap, Qt.PenJoinStyle.BevelJoin))
        # self.qpainter.setPen(QPen(QColor(255,0,0), 25, Qt.SolidLine,
Qt.FlatCap, Qt.BevelJoin))   # PyQt5
        points = [QPoint(30,160),QPoint(60,50),QPoint(90,160)]
        self.qpainter.drawPolyline(points)

        self.qpainter.setPen(QPen(QColor(255,0,0), 25, Qt.PenStyle.
SolidLine, Qt.PenCapStyle.FlatCap, Qt.PenJoinStyle.MiterJoin))
        # self.qpainter.setPen(QPen(QColor(255,0,0), 25, Qt.SolidLine,
Qt.FlatCap, Qt.MiterJoin))   # PyQt5
        points = [QPoint(120,160),QPoint(150,50),QPoint(180,160)]
        self.qpainter.drawPolyline(points)

        self.qpainter.setPen(QPen(QColor(255,0,0), 25, Qt.PenStyle.
SolidLine, Qt.PenCapStyle.FlatCap, Qt.PenJoinStyle.RoundJoin))
        # self.qpainter.setPen(QPen(QColor(255,0,0), 25, Qt.SolidLine,
Qt.FlatCap, Qt.RoundJoin))   # PyQt5
        points = [QPoint(210,160),QPoint(240,50),QPoint(270,160)]
        self.qpainter.drawPolyline(points)

        self.qpainter.end()

if __name__ == '__main__':
    app = QtWidgets.QApplication(sys.argv)
    Form = MyWidget()
    Form.show()
    sys.exit(app.exec())
```

❖ 範例程式碼：ch12/code13_class.py

12-3 QPainter 繪圖 (儲存圖片)

這個小節會使用 PyQt 的 QPainter() 搭配 QPixmap()，讓 QPainter() 所繪製的圖片可以儲存到電腦中。

使用 QPainter() 搭配 QPixmap()

在前面章節的教學範例中，是利用 QPainter() 物件在主視窗的背景繪圖，但許多實際的狀況並不會在主視窗的背景繪圖，而是會使用 QPixmap() 物件作為「畫布」，在畫布進行作畫，下方的程式碼執行後，會產生一個 QPixmap() 物件，在這個物件上作畫之後，再透過 QLabel() 呈現出繪圖的內容。

```python
from PyQt6 import QtWidgets
from PyQt6.QtGui import *
import sys

app = QtWidgets.QApplication(sys.argv)
MainWindow = QtWidgets.QMainWindow()
MainWindow.setObjectName("MainWindow")
MainWindow.setWindowTitle("oxxo.studio")
MainWindow.resize(300, 200)

label = QtWidgets.QLabel(MainWindow)          # 建立 QLabel
label.setGeometry(0, 20, 300, 180)            # 設定位置 ( 最上方留下 20px 空間 )

def draw(self):
    canvas = QPixmap(300,180)                 # 新增 QPixmap 物件為畫布
    canvas.fill(QColor('#ffdddd'))            # 設定畫布背景
    qpainter = QPainter()                     # 建立 QPainter() 物件
    qpainter.begin(canvas)                    # 綁定 canvas 進行繪畫

    qpainter.setPen(QPen(QColor('#ff0000'), 5))   # 繪製紅色矩形
    qpainter.drawRect(10,10,100,100)

    qpainter.setPen(QPen(QColor('#00aa00'), 5))   # 繪製綠色橢圓
    qpainter.drawEllipse(50, 50, 100, 100)

    qpainter.setPen(QPen(QColor('#000000'), 5))   # 繪製黑色直線
```

```
        qpainter.drawLine(100,100,300,200)

        qpainter.end()                      # 繪圖結束
        label.setPixmap(canvas)             # 將 canvas 放入 QLabel 中

MainWindow.paintEvent = draw
MainWindow.show()
sys.exit(app.exec())
```

❖ 範例程式碼：ch12/code14.py

使用 class 寫法：

```
from PyQt6 import QtWidgets
from PyQt6.QtGui import *
from PyQt6.QtCore import *
import sys

class MyWidget(QtWidgets.QWidget):
    def __init__(self):
        super().__init__()
        self.setObjectName("MainWindow")
        self.setWindowTitle('oxxo.studio')
        self.resize(300, 200)
        self.ui()

    def ui(self):
        self.label = QtWidgets.QLabel(self)        # 建立 QLabel
        self.label.setGeometry(0, 20, 300, 180)    # 設定位置（最上方留下 20px 空間）
        self.canvas = QPixmap(300,180)             # 新增 QPixmap 物件為畫布
        self.canvas.fill(QColor('#ffdddd'))        # 設定畫布背景

    def paintEvent(self, event):
        self.qpainter = QPainter()                 # 建立 QPainter() 物件
        self.qpainter.begin(self.canvas)           # 綁定 canvas 進行繪畫

        self.qpainter.setPen(QPen(QColor('#ff0000'), 5))  # 繪製紅色矩形
        self.qpainter.drawRect(10,10,100,100)

        self.qpainter.setPen(QPen(QColor('#00aa00'), 5))   # 繪製綠色橢圓
        self.qpainter.drawEllipse(50, 50, 100, 100)

        self.qpainter.setPen(QPen(QColor('#000000'), 5))   # 繪製黑色直線
        self.qpainter.drawLine(100,100,300,200)
```

```
        self.qpainter.end()                    # 繪圖結束
        self.label.setPixmap(self.canvas)      # 將 canvas 放入 QLabel 中

if __name__ == '__main__':
    app = QtWidgets.QApplication(sys.argv)
    Form = MyWidget()
    Form.show()
    sys.exit(app.exec())
```

✤ 範例程式碼：ch12/code14_class.py

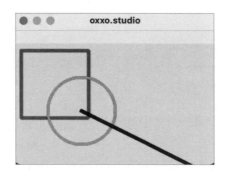

🔗 QPixmap() 儲存圖片

當作為畫布的 QPixmap() 物件已經繪製完成後，就能透過 save() 方法，將繪製的內容儲存成圖片，save() 的用法如下：

```
canvas = QPixmap(width, height)
canvas.save(name, fomat, quality)
```

修改前一段的程式碼，加入按鈕的功能，就能在點擊按鈕的當下，將 QPixmap() 物件儲存成指定格式的圖片。

```
from PyQt6 import QtWidgets
from PyQt6.QtGui import *
import sys

app = QtWidgets.QApplication(sys.argv)
MainWindow = QtWidgets.QMainWindow()
MainWindow.setObjectName("MainWindow")
```

```
MainWindow.setWindowTitle("oxxo.studio")
MainWindow.resize(300, 200)

label = QtWidgets.QLabel(MainWindow)
label.setGeometry(0, 30, 300, 170)

def save(format):
    if format == 'jpg':
        label.pixmap().save('demo.jpg','JPG',90)          # 儲存為 jpg
    else:
        label.pixmap().save('demo.png','PNG')             # 儲存為 png

btn1 = QtWidgets.QPushButton(MainWindow)
btn1.setText('儲存為 jpg')
btn1.setGeometry(20,0,100,30)
btn1.clicked.connect(lambda: save('jpg'))                 # 綁定儲存的函式

btn2 = QtWidgets.QPushButton(MainWindow)
btn2.setText('儲存為 png')
btn2.setGeometry(120,0,100,30)
btn2.clicked.connect(lambda: save('png'))                 # 綁定儲存的函式

def draw(self):
    canvas = QPixmap(300,170)
    canvas.fill(QColor('#ffdddd'))
    qpainter = QPainter()
    qpainter.begin(canvas)

    qpainter.setPen(QPen(QColor('#ff0000'), 5))
    qpainter.drawRect(10,10,100,100)

    qpainter.setPen(QPen(QColor('#00aa00'), 5))
    qpainter.drawEllipse(50, 50, 100, 100)

    qpainter.setPen(QPen(QColor('#000000'), 5))
    qpainter.drawLine(100,100,300,200)

    qpainter.end()
    label.setPixmap(canvas)

MainWindow.paintEvent = draw
MainWindow.show()
sys.exit(app.exec())
```

❖ 範例程式碼：ch12/code15.py

使用 class 寫法：

```
from PyQt6 import QtWidgets
from PyQt6.QtGui import *
import sys

class MyWidget(QtWidgets.QWidget):
    def __init__(self):
        super().__init__()
        self.setWindowTitle('oxxo.studio')
        self.resize(300, 200)
        self.ui()

    def ui(self):
        self.label = QtWidgets.QLabel(self)
        self.label.setGeometry(0, 30, 300, 170)

        self.btn1 = QtWidgets.QPushButton(self)
        self.btn1.setText(' 儲存為 jpg')
        self.btn1.setGeometry(20,0,100,30)
        self.btn1.clicked.connect(lambda: self.save('jpg'))      # 綁定儲存的函式

        self.btn2 = QtWidgets.QPushButton(self)
        self.btn2.setText(' 儲存為 png')
        self.btn2.setGeometry(120,0,100,30)
        self.btn2.clicked.connect(lambda: self.save('png'))      # 綁定儲存的函式

    def save(self, format):
        if format == 'jpg':
            self.label.pixmap().save('demo.jpg','JPG',90)       # 儲存為 jpg
        else:
            self.label.pixmap().save('demo.png','PNG')          # 儲存為 png

    def paintEvent(self, event):
        canvas = QPixmap(300,170)
        canvas.fill(QColor('#ffdddd'))
        qpainter = QPainter()
        qpainter.begin(canvas)

        qpainter.setPen(QPen(QColor('#ff0000'), 5))
        qpainter.drawRect(10,10,100,100)

        qpainter.setPen(QPen(QColor('#00aa00'), 5))
        qpainter.drawEllipse(50, 50, 100, 100)
```

```
        qpainter.setPen(QPen(QColor('#000000'), 5))
        qpainter.drawLine(100,100,300,200)

        qpainter.end()
        self.label.setPixmap(canvas)

if __name__ == '__main__':
    app = QtWidgets.QApplication(sys.argv)
    Form = MyWidget()
    Form.show()
    sys.exit(app.exec())
```

✦ 範例程式碼：ch12/code15_class.py

小結

　　這個章節介紹了 PyQt 的 QPainter 模組，QPainter 提供了豐富的繪圖方法和功能，可以進行繪製圖形和設計 UI，若是進一步搭配 QPen 使用，就能控制畫筆的顏色、粗細等屬性，繪製出各種多變的圖形，替 PyQt 的應用程式介面增添更豐富的變化。

顯示圖片、影片、聲音和網頁

前　言

在使用 PyQt 開發應用程式時，顯示圖片或多媒體內容是不可或缺的一部分，這個章節將會彙整一些顯示圖片、聲音或網頁方法（ 例 如 QLabel、QGraphicsView、QPainter、QMediaPlayer 和 QWebEngineView ），在 PyQt5 或 PyQt6 的介面中顯示圖片和多媒體內容。

❖ 本章節的範例程式碼：

https://github.com/oxxostudio/book-code/tree/master/pyqt/ch13

本章節的部分範例，使用 PyQt5 和 PyQt6 有些許差異，請注意程式碼裡的註解和說明。

13-1 顯示圖片的三種方法

如果要透過 PyQt5 或 PyQt6 顯示圖片，常常會透過 QLabel、QGraphicsView 或 QPainter 這三種方法進行圖片的顯示，這個小節會介紹這三種常用的方法。

使用 QLabel + QPixmap

QLabel 雖然是標籤元件 (參考「4-1、QLabel 標籤」)，但也常作為圖片的顯示元件使用，如果要透過 QLabel 顯示圖片，必須搭配 QPixmap 方法一同使用，使用的基本方法如下：

```python
from PyQt6 import QtWidgets    # 將 PyQt6 換成 PyQt5 就能改用 PyQt5
from PyQt6.QtGui import *      # 將 PyQt6 換成 PyQt5 就能改用 PyQt5
import sys

app = QtWidgets.QApplication(sys.argv)
MainWindow = QtWidgets.QMainWindow()
MainWindow.setObjectName("MainWindow")
MainWindow.setWindowTitle("oxxo.studio")
MainWindow.resize(300, 200)

label = QtWidgets.QLabel(MainWindow)        # 放入 QLabel
label.setGeometry(0, 0, 300, 200)           # 設定 QLabel 尺寸和位置

qpixmap = QPixmap()                          # 建立 QPixmap 物件
qpixmap.load('mona.jpg')                     # 讀取圖片
# 也可以寫成下面這樣
# qpixmap = QPixmap('mona.jpg')
label.setPixmap(qpixmap)                     # 將 QPixmap 物件加入到 label 裡

MainWindow.show()
sys.exit(app.exec())
```

❖ 範例程式碼：ch13/code01.py

使用 class 寫法：

```
from PyQt6 import QtWidgets       # 將 PyQt6 換成 PyQt5 就能改用 PyQt5
from PyQt6.QtGui import *         # 將 PyQt6 換成 PyQt5 就能改用 PyQt5
import sys

class mainWindow(QtWidgets.QWidget):
    def __init__(self):
        super().__init__()
        self.setWindowTitle('oxxo.studio')
        self.resize(300, 200)
        self.ui()

    def ui(self):
        self.label = QtWidgets.QLabel(self)        # 放入 QLabel
        self.label.setGeometry(0, 0, 300, 200)     # 設定 QLabel 尺寸和位置

        self.qpixmap = QPixmap()                    # 建立 QPixmap 物件
        self.qpixmap.load('mona.jpg')               # 讀取圖片
        # 也可以寫成下面這樣
        # self.qpixmap = QPixmap('mona.jpg')
        self.label.setPixmap(self.qpixmap)          # 將 QPixmap 物件加入到 label 裡

if __name__ == '__main__':
    app = QtWidgets.QApplication(sys.argv)
    Form = mainWindow()
    Form.show()
    sys.exit(app.exec())
```

❖ 範例程式碼：ch13/code01_class.py

　　QPixmap 物件除了使用 load 的方法讀圖片，也可以搭配 QImage 讀取
圖片，下方的程式碼會使用 QImage 的做法：

```
# 將 PyQt6 換成 PyQt5 就能改用 PyQt5
from PyQt6 import QtWidgets
from PyQt6.QtGui import *
import sys

app = QtWidgets.QApplication(sys.argv)
MainWindow = QtWidgets.QMainWindow()
MainWindow.setObjectName("MainWindow")
MainWindow.setWindowTitle("oxxo.studio")
MainWindow.resize(300, 200)

label = QtWidgets.QLabel(MainWindow)
label.setGeometry(0, 0, 300, 200)

qpixmap = QPixmap()
qimg = QImage('mona.jpg')              # 讀取圖片
qpixmap = qpixmap.fromImage(qimg)      # 將圖片加入 QPixmap 物件中
label.setPixmap(qpixmap)              # 將 QPixmap 物件加入到 label 裡
MainWindow.show()
sys.exit(app.exec())
```

❖ 範例程式碼：ch13/code02.py

使用 class 寫法：

```
# 將 PyQt6 換成 PyQt5 就能改用 PyQt5
from PyQt6 import QtWidgets
from PyQt6.QtGui import *
import sys

class mainWindow(QtWidgets.QWidget):
    def __init__(self):
        super().__init__()
        self.setWindowTitle('oxxo.studio')
        self.resize(300, 200)
        self.ui()

    def ui(self):
        self.label = QtWidgets.QLabel(self)
        self.label.setGeometry(0, 0, 300, 200)

        qpixmap = QPixmap()
```

```
        qimg = QImage('mona.jpg')              # 讀取圖片
        qpixmap = qpixmap.fromImage(qimg)      # 將圖片加入 QPixmap 物件中
        self.label.setPixmap(qpixmap)          # 將 QPixmap 物件加入到 label 裡

if __name__ == '__main__':
    app = QtWidgets.QApplication(sys.argv)
    Form = mainWindow()
    Form.show()
    sys.exit(app.exec())
```

❖ 範例程式碼：ch13/code02_class.py

　　建立 QPixmap 物件後，就能使用 scaled 方法產生不同尺寸的新物件，
下方的程式碼值執行後，會在畫面中放入兩張不同尺寸的圖片。

- 一個 QLabel 裡只能存在一個 QPixmap 物件，因此如果要放入兩張圖片，
  需要使用兩個 QLable。
- 如果要調整圖片位置，可使用 QLabel 的 move 方法進行調整。

```
# 將 PyQt6 換成 PyQt5 就能改用 PyQt5
from PyQt6 import QtWidgets
from PyQt6.QtGui import *
import sys

app = QtWidgets.QApplication(sys.argv)
MainWindow = QtWidgets.QMainWindow()
MainWindow.setObjectName("MainWindow")
MainWindow.setWindowTitle("oxxo.studio")
MainWindow.resize(300, 200)
```

```
label = QtWidgets.QLabel(MainWindow)   # 建立 QLabel
label.setGeometry(0, 0, 300, 200)
label2 = QtWidgets.QLabel(MainWindow)  # 建立 QLabel
label2.setGeometry(0, 0, 300, 200)
label2.move(0, -50)                    # 調整位置

qpixmap = QPixmap()
qpixmap.load('mona.jpg')
img1 = qpixmap.scaled(300,50)          # 建立圖片 1
label.setPixmap(img1)                  # 加入圖片 1
img2 = qpixmap.scaled(150,200)         # 建立圖片 2
label2.setPixmap(img2)                 # 加入圖片 2
MainWindow.show()
sys.exit(app.exec())
```

❖ 範例程式碼：ch13/code03.py

使用 class 寫法：

```
# 將 PyQt6 換成 PyQt5 就能改用 PyQt5
from PyQt6 import QtWidgets
from PyQt6.QtGui import *
import sys

class mainWindow(QtWidgets.QWidget):
    def __init__(self):
        super().__init__()
        self.setWindowTitle('oxxo.studio')
        self.resize(300, 200)
        self.ui()

    def ui(self):
        self.label = QtWidgets.QLabel(self)    # 建立 QLabel
        self.label.setGeometry(0, 0, 300, 200)
        self.label2 = QtWidgets.QLabel(self)   # 建立 QLabel
        self.label2.setGeometry(0, 0, 300, 200)
        self.label2.move(0, -50)               # 調整位置

        qpixmap = QPixmap()
        qpixmap.load('mona.jpg')
        img1 = qpixmap.scaled(300,50)          # 建立圖片 1
        self.label.setPixmap(img1)             # 加入圖片 1
        img2 = qpixmap.scaled(150,200)         # 建立圖片 2
```

```
        self.label2.setPixmap(img2)                # 加入圖片 2

if __name__ == '__main__':
    app = QtWidgets.QApplication(sys.argv)
    Form = mainWindow()
    Form.show()
    sys.exit(app.exec())
```

✦ 範例程式碼：ch13/code03_class.py

🔗 使用 QGraphicsView + QPixmap

參考「4-5、QGraphicsView 顯示圖片」，透過建立 QGraphicsView 物件，就能搭配 QPixmap 方法顯示圖片，下方的程式碼執行後，會在畫面中放入蒙娜麗莎像。

```
# 將 PyQt6 換成 PyQt5 就能改用 PyQt5
from PyQt6 import QtWidgets
from PyQt6.QtGui import *
import sys

app = QtWidgets.QApplication(sys.argv)
MainWindow = QtWidgets.QMainWindow()
MainWindow.setObjectName("MainWindow")
MainWindow.setWindowTitle("oxxo.studio")
MainWindow.resize(300, 300)

grview = QtWidgets.QGraphicsView(MainWindow)    # 加入 QGraphicsView
grview.setGeometry(0, 0, 300, 300)              # 設定 QGraphicsView 位置與大小
scene = QtWidgets.QGraphicsScene()              # 加入 QGraphicsScene
```

```
scene.setSceneRect(0, 0, 200, 200)        # 設定 QGraphicsScene 位置與大小
img = QPixmap('mona.jpg')                 # 加入圖片
scene.addPixmap(img)                      # 將圖片加入 scene
grview.setScene(scene)                    # 設定 QGraphicsView 的場景為 scene

MainWindow.show()
sys.exit(app.exec())
```

✦ 範例程式碼：ch13/code04.py

使用 class 寫法：

```
# 將 PyQt6 換成 PyQt5 就能改用 PyQt5
from PyQt6 import QtWidgets
from PyQt6.QtGui import *
import sys

class mainWindow(QtWidgets.QWidget):
    def __init__(self):
        super().__init__()
        self.setWindowTitle('oxxo.studio')
        self.resize(300, 300)
        self.ui()

    def ui(self):
        grview = QtWidgets.QGraphicsView(self)    # 加入 QGraphicsView
        grview.setGeometry(0, 0, 300, 300)        # 設定 QGraphicsView
                                                  #   位置與大小

        scene = QtWidgets.QGraphicsScene()        # 加入 QGraphicsScene
        scene.setSceneRect(0, 0, 200, 200)        # 設定 QGraphicsScene
                                                  #   位置與大小

        img = QPixmap('mona.jpg')                 # 加入圖片
        scene.addPixmap(img)                      # 將圖片加入 scene
        grview.setScene(scene)                    # 設定 QGraphicsView
                                                  #   的場景為 scene

if __name__ == '__main__':
    app = QtWidgets.QApplication(sys.argv)
    Form = mainWindow()
    Form.show()
    sys.exit(app.exec())
```

✦ 範例程式碼：ch13/code04_class.py

　　因為 setSceneRect 的定位是以「中心點」為主，如果要改成熟悉的「左上角」定位，就得透過簡單的數學公式換算，下方的程式碼執行後，除了會透過 scaled 調整尺寸，也會將場景定位在左上角 (20,20) 的位置。

```python
# 將 PyQt6 換成 PyQt5 就能改用 PyQt5
from PyQt6 import QtWidgets
from PyQt6.QtGui import *
import sys

app = QtWidgets.QApplication(sys.argv)
MainWindow = QtWidgets.QMainWindow()
MainWindow.setObjectName("MainWindow")
MainWindow.setWindowTitle("oxxo.studio")
MainWindow.resize(300, 300)

grview = QtWidgets.QGraphicsView(MainWindow)
gw = 300
gh = 300
grview.setGeometry(0, 0, gw, gh)        # QGraphicsView 的長寬改成變數
scene = QtWidgets.QGraphicsScene()
img = QPixmap('mona.jpg')
img_w = 120                             # 顯示圖片的寬度
img_h = 160                             # 顯示圖片的高度
img = img.scaled(img_w, img_h)         # 改變圖片尺寸
x = 20                                  # 左上角 x 座標
y = 20                                  # 左上角 y 座標
dx = int((gw - img_w) / 2) - x         # 修正公式
```

```
dy = int((gh - img_h) / 2) - y
scene.setSceneRect(dx, dy, img_w, img_h)
scene.addPixmap(img)
grview.setScene(scene)

MainWindow.show()
sys.exit(app.exec())
```

✦ 範例程式碼：ch13/code05.py

使用 class 寫法：

```
# 將 PyQt6 換成 PyQt5 就能改用 PyQt5
from PyQt6 import QtWidgets
from PyQt6.QtGui import *
import sys

class mainWindow(QtWidgets.QWidget):
    def __init__(self):
        super().__init__()
        self.setWindowTitle('oxxo.studio')
        self.resize(300, 300)
        self.ui()

    def ui(self):
        grview = QtWidgets.QGraphicsView(self)
        gw = 300
        gh = 300
        grview.setGeometry(0, 0, gw, gh)          # QGraphicsView 的長寬改成變數
        scene = QtWidgets.QGraphicsScene()
        img = QPixmap('mona.jpg')
        img_w = 120                               # 顯示圖片的寬度
        img_h = 160                               # 顯示圖片的高度
        img = img.scaled(img_w, img_h)            # 改變圖片尺寸
        x = 20                                    # 左上角 x 座標
        y = 20                                    # 左上角 y 座標
        dx = int((gw - img_w) / 2) - x            # 修正公式
        dy = int((gh - img_h) / 2) - y
        scene.setSceneRect(dx, dy, img_w, img_h)
        scene.addPixmap(img)
        grview.setScene(scene)

if __name__ == '__main__':
    app = QtWidgets.QApplication(sys.argv)
```

```
Form = mainWindow()
Form.show()
sys.exit(app.exec())
```

❖ 範例程式碼：ch13/code05_class.py

如果要加入多張圖片，就要使用 QItem 的做法，下方的程式碼執行後，會在場景裡放入兩個圖片尺寸不同的 QItem。

```
# 將 PyQt6 換成 PyQt5 就能改用 PyQt5
from PyQt6 import QtWidgets
from PyQt6.QtGui import *
import sys

app = QtWidgets.QApplication(sys.argv)
MainWindow = QtWidgets.QMainWindow()
MainWindow.setObjectName("MainWindow")
MainWindow.setWindowTitle("oxxo.studio")
MainWindow.resize(300, 300)

grview = QtWidgets.QGraphicsView(MainWindow)      # 加入 QGraphicsView
grview.setGeometry(0, 0, 300, 300)                # 設定 QGraphicsView 位置與大小
scene = QtWidgets.QGraphicsScene()                # 加入 QGraphicsScene
scene.setSceneRect(0, 0, 200, 200)                # 設定 QGraphicsScene 位置與大小
img = QPixmap('mona.jpg')                          # 建立圖片
img1 = img.scaled(200,50)                          # 建立不同尺寸圖片
qitem1 = QtWidgets.QGraphicsPixmapItem(img1)       # 設定 QItem，內容是 img1
img2 = img.scaled(100,150)                         # 建立不同尺寸圖片
qitem2 = QtWidgets.QGraphicsPixmapItem(img2)       # 設定 QItem，內容是 img2
```

```
scene.addItem(qitem1)              # 場景中加入 QItem
scene.addItem(qitem2)              # 場景中加入 QItem
grview.setScene(scene)             # 設定 QGraphicsView 的場
                                     景為 scene


MainWindow.show()
sys.exit(app.exec())
```

✦ 範例程式碼：ch13/code06.py

使用 class 寫法：

```
# 將 PyQt6 換成 PyQt5 就能改用 PyQt5
from PyQt6 import QtWidgets
from PyQt6.QtGui import *
import sys

class mainWindow(QtWidgets.QWidget):
    def __init__(self):
        super().__init__()
        self.setWindowTitle('oxxo.studio')
        self.resize(300, 300)
        self.ui()

    def ui(self):
        grview = QtWidgets.QGraphicsView(self)   # 加入 QGraphicsView
        grview.setGeometry(0, 0, 300, 300)       # 設定 QGraphicsView 位置與大小
        scene = QtWidgets.QGraphicsScene()       # 加入 QGraphicsScene
        scene.setSceneRect(0, 0, 200, 200)       # 設定 QGraphicsScene 位置與大小
        img = QPixmap('mona.jpg')                    # 建立圖片
        img1 = img.scaled(200,50)                    # 建立不同尺寸圖片
        qitem1 = QtWidgets.QGraphicsPixmapItem(img1) # 設定 QItem，內容是 img1
        img2 = img.scaled(100,150)                   # 建立不同尺寸圖片
        qitem2 = QtWidgets.QGraphicsPixmapItem(img2) # 設定 QItem，內容是 img2
        scene.addItem(qitem1)                        # 場景中加入 QItem
        scene.addItem(qitem2)                        # 場景中加入 QItem
        grview.setScene(scene)               # 設定 QGraphicsView 的場景為 scene

if __name__ == '__main__':
    app = QtWidgets.QApplication(sys.argv)
    Form = mainWindow()
    Form.show()
    sys.exit(app.exec())
```

✦ 範例程式碼：ch13/code06_class.py

🔗 使用 QPainter

參考「12-1、QPainter 繪圖」，透過 QPainter 的 drawImage 方法，就能顯示已經轉換成 QImage 的圖片，使用時需要搭配 QRect 指定圖片的左上角座標以及長寬，下方的程式碼執行後，畫面裡會出現一張蒙娜麗莎的畫像。

```python
# 將 PyQt6 換成 PyQt5 就能改用 PyQt5
from PyQt6 import QtWidgets
from PyQt6.QtGui import *
from PyQt6.QtCore import *
import sys

app = QtWidgets.QApplication(sys.argv)
MainWindow = QtWidgets.QMainWindow()
MainWindow.setObjectName("MainWindow")
MainWindow.setWindowTitle("oxxo.studio")
MainWindow.resize(300, 300)

def draw(self):
    qpainter = QPainter()          # 建立 qpainter 物件
    qpainter.begin(MainWindow)     # 開始繪圖

    qimage = QImage('mona.jpg')    # 建立圖片物件
    w = qimage.size().width()      # 取得圖片寬度
    h = qimage.size().height()     # 取得圖片高度
```

```
    qpainter.drawImage(QRect(20, 20, w, h), qimage)   # 放入圖片

    qpainter.end()

MainWindow.paintEvent = draw
MainWindow.show()
sys.exit(app.exec())
```

❖ 範例程式碼：ch13/code07.py

使用 class 寫法：

```
# 將 PyQt6 換成 PyQt5 就能改用 PyQt5
from PyQt6 import QtWidgets
from PyQt6.QtGui import *
from PyQt6.QtCore import *
import sys

class mainWindow(QtWidgets.QWidget):
    def __init__(self):
        super().__init__()
        self.setWindowTitle('oxxo.studio')
        self.resize(300, 300)

    def paintEvent(self, event):
        qpainter = QPainter()          # 建立 qpainter 物件
        qpainter.begin(self)           # 開始繪圖

        qimage = QImage('mona.jpg')  # 建立圖片物件
        w = qimage.size().width()    # 取得圖片寬度
        h = qimage.size().height()   # 取得圖片高度
        qpainter.drawImage(QRect(20, 20, w, h), qimage)   # 放入圖片

        qpainter.end()

if __name__ == '__main__':
    app = QtWidgets.QApplication(sys.argv)
    Form = mainWindow()
    Form.show()
    sys.exit(app.exec())
```

❖ 範例程式碼：ch13/code07_class.py

修改 QRect 的參數，就能改變放入圖片的位置和大小，下方的程式碼執行後，畫面裡會出現兩張位置與大小不同的蒙娜麗莎像。

```python
# 將 PyQt6 換成 PyQt5 就能改用 PyQt5
from PyQt6 import QtWidgets
from PyQt6.QtGui import *
from PyQt6.QtCore import *
import sys

app = QtWidgets.QApplication(sys.argv)
MainWindow = QtWidgets.QMainWindow()
MainWindow.setObjectName("MainWindow")
MainWindow.setWindowTitle("oxxo.studio")
MainWindow.resize(300, 200)

def draw(self):
    qpainter = QPainter()
    qpainter.begin(MainWindow)

    qimage = QImage('mona.jpg')
    qpainter.drawImage(QRect(0, 0, 100, 150), qimage)       # 修改位置和尺寸
    qpainter.drawImage(QRect(150, 30, 150, 150), qimage)    # 修改位置和尺寸

    qpainter.end()

MainWindow.paintEvent = draw
MainWindow.show()
sys.exit(app.exec())
```

✤ 範例程式碼：ch13/code08.py

使用 class 寫法：

```
# 將 PyQt6 換成 PyQt5 就能改用 PyQt5
from PyQt6 import QtWidgets
from PyQt6.QtGui import *
from PyQt6.QtCore import *
import sys

class mainWindow(QtWidgets.QWidget):
    def __init__(self):
        super().__init__()
        self.setWindowTitle('oxxo.studio')
        self.resize(300, 200)

    def paintEvent(self, event):
        qpainter = QPainter()
        qpainter.begin(self)

        qimage = QImage('mona.jpg')
        qpainter.drawImage(QRect(0, 0, 100, 150), qimage)        # 修改位置和尺寸
        qpainter.drawImage(QRect(150, 30, 150, 150), qimage)     # 修改位置和尺寸

        qpainter.end()

if __name__ == '__main__':
    app = QtWidgets.QApplication(sys.argv)
    Form = mainWindow()
    Form.show()
    sys.exit(app.exec())
```

❖ 範例程式碼：ch13/code08_class.py

13-2 顯示 Matplotlib 圖表（靜態圖表、圖表動畫）

這個小節會介紹如何運用 PyQt 的 QGraphicsView，在 PyQt5 和 PyQt6 的視窗中顯示 Matplotlib 圖表，最後還會搭配 QTimer 實作圖表動畫（不斷移動的正弦波形）。

 ### 安裝 Matplotlib 和 NumPy 函式庫

輸入下列指令安裝 Matplotlib 和 NumPy 函式庫，根據個人環境使用 pip 或 pip3，如果使用 Anaconda Jupyter，已經內建 Matplotlib 和 NumPy 函式庫。

```
pip install matplotlib
```

```
pip install numpy
```

Matplotlib 顯示正弦波形

參考下方教學範例，程式碼執行後，就會產生 0 ～ 2 之間的正弦波形（開啟的視窗並非 PyQt 視窗，而是 Matplotlib 的預覽視窗）。

> 折線圖 Line Chart：https://steam.oxxostudio.tw/category/python/example/ matplotlib-line-plot.html

```python
import numpy as np
import matplotlib.pyplot as plt

fig = plt.figure(figsize=(3,2), dpi=150)
ax = plt.axes(xlim=(0, 2), ylim=(-2, 2))
line, = ax.plot([], [])
line.set_data([], [])
x = np.linspace(0, 2, 100)
y = np.sin(5 * np.pi * x)
line.set_data(x, y)

plt.show()
```

❖ 範例程式碼：ch13/code09.py

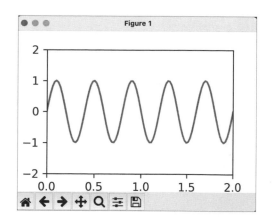

PyQt6 顯示 Matplotlib 圖表

如果要在 PyQt6 中顯示 Matplotlib 圖表，**需要額外載入 matplotlib.backends.backend_qt5agg 模組**，並將 Matplotlib 設定為使用 Qt5Agg，接著就能透過 PyQt6 的 QGraphicsView 元件顯示圖表，下方的程式碼執行後，會開啟 PyQt6 視窗顯示 Matplotlib 圖表 (需要注意 import 函式庫的順序)。

```python
import numpy as np
import matplotlib
matplotlib.use("Qt5Agg")   # 使用 Qt5

# 將 PyQt6 換成 PyQt5 就能改用 PyQt5
from PyQt6 import QtWidgets
from PyQt6.QtGui import *
from PyQt6.QtCore import *

import matplotlib.pyplot as plt
from matplotlib.backends.backend_qt5agg import FigureCanvasQTAgg as
FigureCanvas

import sys

# 建立正弦波繪圖函式
def sinWave(i=0):
    fig = plt.figure(figsize=(3,2), dpi=100)
    ax = plt.axes(xlim=(0, 2), ylim=(-2, 2))
    line, = ax.plot([], [])
    line.set_data([], [])
```

```
    x = np.linspace(0, 2, 100)
    y = np.sin(5 * np.pi * (x - 0.01*i))
    line.set_data(x, y)
    return fig

canvas = FigureCanvas(sinWave())                          # 將圖表繪製在 FigureCanvas 裡

app = QtWidgets.QApplication(sys.argv)
MainWindow = QtWidgets.QMainWindow()
MainWindow.setObjectName("MainWindow")
MainWindow.setWindowTitle("oxxo.studio")
MainWindow.resize(360, 240)

graphicview = QtWidgets.QGraphicsView(MainWindow)  # 建立顯示圖片元件
graphicview.setGeometry(0, 0, 360, 240)

graphicscene = QtWidgets.QGraphicsScene()                 # 建立場景
graphicscene.setSceneRect(0, 0, 340, 220)
graphicscene.addWidget(canvas)                        # 場景中放入圖表

graphicview.setScene(graphicscene)                    # 元件中放入場景

MainWindow.show()
sys.exit(app.exec())
```

❖ 範例程式碼：ch13/code10.py

使用 class 寫法：

```
import numpy as np
import matplotlib
matplotlib.use("Qt5Agg")  # 使用 Qt5

# 將 PyQt6 換成 PyQt5 就能改用 PyQt5
from PyQt6 import QtWidgets
from PyQt6.QtGui import *
from PyQt6.QtCore import *

import matplotlib.pyplot as plt
from matplotlib.backends.backend_qt5agg import FigureCanvasQTAgg as
FigureCanvas

import sys

class mainWindow(QtWidgets.QWidget):
```

```python
    def __init__(self):
        super().__init__()
        self.setWindowTitle('oxxo.studio')
        self.resize(360, 240)
        self.ui()

    def ui(self):
        canvas = FigureCanvas(self.sinWave())      # 將圖表繪製在 FigureCanvas 裡
        graphicview = QtWidgets.QGraphicsView(self) # 建立顯示圖片元件
        graphicview.setGeometry(0, 0, 360, 240)

        graphicscene = QtWidgets.QGraphicsScene()   # 建立場景
        graphicscene.setSceneRect(0, 0, 340, 220)
        graphicscene.addWidget(canvas)              # 場景中放入圖表

        graphicview.setScene(graphicscene)          # 元件中放入場景

    def sinWave(self, i=0):
        fig = plt.figure(figsize=(3,2), dpi=100)
        ax = plt.axes(xlim=(0, 2), ylim=(-2, 2))
        line, = ax.plot([], [])
        line.set_data([], [])
        x = np.linspace(0, 2, 100)
        y = np.sin(5 * np.pi * (x - 0.01*i))
        line.set_data(x, y)
        return fig

if __name__ == '__main__':
    app = QtWidgets.QApplication(sys.argv)
    Form = mainWindow()
    Form.show()
    sys.exit(app.exec())
```

❖ 範例程式碼：ch13/code10_class.py

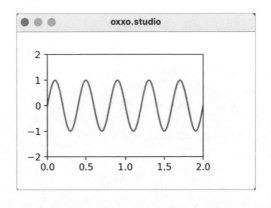

🔗 顯示 Matplotlib 圖表動畫

顯示圖表後，就能再透過 QTimer 定時器功能，不斷改變圖表內容，實現圖表動畫的效果 (注意，繪製圖表時先加入 plt.close() 關閉已存在但不顯示的圖表，避免圖表數量到達上限)。

```python
import numpy as np
import matplotlib
matplotlib.use("Qt5Agg")  # 使用 Qt5

# 將 PyQt6 換成 PyQt5 就能改用 PyQt5
from PyQt6 import QtWidgets
from PyQt6.QtGui import *
from PyQt6.QtCore import *

import matplotlib.pyplot as plt
from matplotlib.backends.backend_qt5agg import FigureCanvasQTAgg as
FigureCanvas

import sys

def sinWave(i=0):
    plt.close()        # 執行時先刪除已有的 plt
    fig = plt.figure(figsize=(3,2), dpi=100)
    ax = plt.axes(xlim=(0, 2), ylim=(-2, 2))
    line, = ax.plot([], [])
    line.set_data([], [])
    x = np.linspace(0, 2, 100)
    y = np.sin(5 * np.pi * (x - 0.01*i))
    line.set_data(x, y)
    return fig

canvas = FigureCanvas(sinWave())

app = QtWidgets.QApplication(sys.argv)
MainWindow = QtWidgets.QMainWindow()
MainWindow.setObjectName("MainWindow")
MainWindow.setWindowTitle("oxxo.studio")
MainWindow.resize(360, 240)

graphicview = QtWidgets.QGraphicsView(MainWindow)
graphicview.setGeometry(0, 0, 360, 240)
```

```
graphicscene = QtWidgets.QGraphicsScene()
graphicscene.setSceneRect(0, 0, 340, 220)
graphicscene.addWidget(canvas)

graphicview.setScene(graphicscene)

dx = 0    # x 位移初始值

def count():
    global dx, canvas
    dx = dx + 5                          # 每次定時器執行位移 5
    canvas = FigureCanvas(sinWave(dx)) # 產生新的正弦波圖形
    graphicscene.clear()                 # 清空場景
    graphicscene.addWidget(canvas)       # 場景放入圖形

timer = QTimer()                         # 加入定時器
timer.timeout.connect(count)             # 設定定時要執行的 function
timer.start(50)                          # 啟用定時器,設定間隔時間為 500 毫秒

MainWindow.show()
sys.exit(app.exec())
```

❖ 範例程式碼：ch13/code11.py

使用 class 寫法：

```
import numpy as np
import matplotlib
matplotlib.use("Qt5Agg")  # 使用 Qt5

# 將 PyQt6 換成 PyQt5 就能改用 PyQt5
from PyQt6 import QtWidgets
from PyQt6.QtGui import *
from PyQt6.QtCore import *

import matplotlib.pyplot as plt
from matplotlib.backends.backend_qt5agg import FigureCanvasQTAgg as
FigureCanvas

import sys

class MyWidget(QtWidgets.QWidget):
    def __init__(self):
```

```python
        super().__init__()
        self.setWindowTitle('oxxo.studio')
        self.resize(360, 240)
        self.t = 0
        self.ui()

    def ui(self):
        self.canvas = FigureCanvas(self.sinWave())

        self.graphicview = QtWidgets.QGraphicsView(self)
        self.graphicview.setGeometry(0, 0, 360, 240)

        self.graphicscene = QtWidgets.QGraphicsScene()
        self.graphicscene.setSceneRect(0, 0, 340, 220)
        self.graphicscene.addWidget(self.canvas)

        self.graphicview.setScene(self.graphicscene)

    def sinWave(self, i=0):
        fig = plt.figure(figsize=(3,2), dpi=100)
        ax = plt.axes(xlim=(0, 2), ylim=(-2, 2))
        line, = ax.plot([], [])
        line.set_data([], [])
        x = np.linspace(0, 2, 100)
        y = np.sin(5 * np.pi * (x - 0.01*i))
        line.set_data(x, y)
        plt.close()
        return fig

    def count(self):
        self.t = self.t + 5
        self.canvas = FigureCanvas(self.sinWave(self.t))
        self.graphicscene.clear()
        self.graphicscene.addWidget(self.canvas)

if __name__ == '__main__':
    app = QtWidgets.QApplication(sys.argv)
    Form = MyWidget()
    Form.show()

    timer = QTimer()                           # 加入定時器
    timer.timeout.connect(Form.count)   # 設定定時要執行的 function
    timer.start(50)                            # 啟用定時器，設定間隔時間為 500 毫秒
    sys.exit(app.exec())
```

❖ 範例程式碼：ch13/code11_class.py

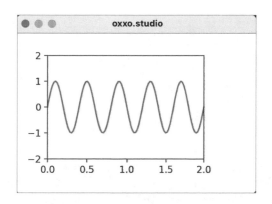

13-3 顯示 Pillow 圖片

這個小節會介紹如何運用 PyQt 的 QLabel 搭配 QPixmap，在 PyQt5 和 PyQt6 的視窗中顯示 Pillow 函式庫所開啟的圖片，如果可以顯示 Pillow 開啟的圖片，就能進一步實現調整圖片亮度對比的功能，實作出簡單的影像調整軟體。

安裝 Pillow

輸入下列指令安裝 Pillow，根據個人環境使用 pip 或 pip3，如果使用 Anaconda Jupyter，已經內建 Pillow 函式庫。

```
pip install Pillow
```

顯示 Pillow 圖片

載入對應的函式庫時，額外載入 PIL 的 ImageQt 模組，這個模組可以將 Pillow 所讀取的圖片檔案，轉換成可以在 QPixmap 中顯示的格式，讀取之後就能利用「使用 QLabel + QPixmap」方法顯示圖片。

```
# 將 PyQt6 換成 PyQt5 就能改用 PyQt5
from PyQt6 import QtWidgets
from PyQt6.QtGui import *
from PyQt6.QtCore import *
```

```
import sys
from PIL import Image, ImageQt

app = QtWidgets.QApplication(sys.argv)
MainWindow = QtWidgets.QMainWindow()
MainWindow.setObjectName("MainWindow")
MainWindow.setWindowTitle("oxxo.studio")
MainWindow.resize(300, 300)

img = Image.open('mona.jpg')                          # 使用 Pillow 開啟圖片
qimg = ImageQt.toqimage(img)                          # 轉換成 QPixmap 格式
canvas = QPixmap(300,300).fromImage(qimg)             # 建立 QPixmap 畫布，讀取圖片
label = QtWidgets.QLabel(MainWindow)                  # 建立 QLabel
label.setGeometry(0, 0, 300, 300)                     # 設定 QLabel 尺寸位置
label.setPixmap(canvas)                               # QLabel 放入畫布

MainWindow.show()
sys.exit(app.exec())
```

❖ 範例程式碼：ch13/code12.py

使用 class 寫法：

```
# 將 PyQt6 換成 PyQt5 就能改用 PyQt5
from PyQt6 import QtWidgets
from PyQt6.QtGui import *
from PyQt6.QtCore import *
import sys
from PIL import Image, ImageQt

class MyWidget(QtWidgets.QWidget):
    def __init__(self):
        super().__init__()
        self.setWindowTitle('oxxo.studio')
        self.resize(300, 300)
        self.setUpdatesEnabled(True)
        self.ui()

    def ui(self):
        img = Image.open('mona.jpg')                      # 使用 Pillow 開啟圖片
        qimg = ImageQt.toqimage(img)                      # 轉換成 QPixmap 格式
        self.canvas = QPixmap(300,300).fromImage(qimg)    # 建立 QPixmap 畫布，讀取
                                                          # 圖片
        self.label = QtWidgets.QLabel(self)               # 建立 QLabel
```

```
        self.label.setGeometry(0, 0, 300, 300)      # 設定 QLabel 尺寸位置
        self.label.setPixmap(self.canvas)           # QLabel 放入畫布

if __name__ == '__main__':
    app = QtWidgets.QApplication(sys.argv)
    Form = MyWidget()
    Form.show()
    sys.exit(app.exec())
```

❖ 範例程式碼：ch13/code12_class.py

🔗 顯示 Pillow 調整後的圖片

　　因為已經是透過 Pillow 載入圖片，所以就能善用 Pillow 影像處理的功能，額外載入 Pillow 的 ImageEnhance 模組，在 PyQt5 或 PyQt6 的視窗介面中，呈現使用 Pillow 調整後的圖片。

> 參考：
> https://steam.oxxostudio.tw/category/python/example/image-enhance.html

```
# 將 PyQt6 換成 PyQt5 就能改用 PyQt5
from PyQt6 import QtWidgets
from PyQt6.QtGui import *
from PyQt6.QtCore import *
```

```
import sys
from PIL import Image, ImageQt, ImageEnhance

app = QtWidgets.QApplication(sys.argv)
MainWindow = QtWidgets.QMainWindow()
MainWindow.setObjectName("MainWindow")
MainWindow.setWindowTitle("oxxo.studio")
MainWindow.resize(300, 300)

img = Image.open('mona.jpg')
img = ImageEnhance.Brightness(img).enhance(5)  # 提高亮度
img = ImageEnhance.Contrast(img).enhance(5)    # 提高對比

qimg = ImageQt.toqimage(img)
canvas = QPixmap(300,300).fromImage(qimg)
label = QtWidgets.QLabel(MainWindow)
label.setGeometry(0, 0, 300, 300)
label.setPixmap(canvas)

MainWindow.show()
sys.exit(app.exec())
```

❖ 範例程式碼：ch13/code13.py

使用 class 寫法：

```
# 將 PyQt6 換成 PyQt5 就能改用 PyQt5
from PyQt6 import QtWidgets
from PyQt6.QtGui import *
from PyQt6.QtCore import *
import sys
from PIL import Image, ImageQt, ImageEnhance

class MyWidget(QtWidgets.QWidget):
    def __init__(self):
        super().__init__()
        self.setWindowTitle('oxxo.studio')
        self.resize(300, 300)
        self.setUpdatesEnabled(True)
        self.ui()

    def ui(self):
        img = Image.open('mona.jpg')
        img = ImageEnhance.Brightness(img).enhance(5)  # 提高亮度
```

```
        img = ImageEnhance.Contrast(img).enhance(5)    # 提高對比
        qimg = ImageQt.toqimage(img)
        self.canvas = QPixmap(300,300).fromImage(qimg)
        self.label = QtWidgets.QLabel(self)
        self.label.setGeometry(0, 0, 300, 300)
        self.label.setPixmap(self.canvas)

if __name__ == '__main__':
    app = QtWidgets.QApplication(sys.argv)
    Form = MyWidget()
    Form.show()
    sys.exit(app.exec())
```

❖ 範例程式碼：ch13/code13_class.py

13-4　顯示 OpenCV 圖片和影片

這個小節會介紹如何運用 PyQt 的 QLabel 搭配 QPixmap，在 PyQt5 或 PyQt6 的視窗中顯示 OpenCV 函式庫所開啟的圖片，或透過 OpenCV 讀取電腦攝影機鏡頭顯示影片。

安裝 OpenCV 函式庫

輸入下列指令安裝 OpenCV，根據個人環境使用 pip 或 pip3。

> 更多 OpenCV 教學參考：
> https://steam.oxxostudio.tw/category/python/ai/opencv-index.html

```
pip install opencv-python
```

顯示 OpenCV 圖片

使用 OpenCV 的 imread 方法讀取圖片後，先將圖片轉換成 RGB 色彩模式（OpenCV 預設為 RBG），接著透過 PyQt 的 QImage 方法將圖片轉換成 PyQt 使用的圖片格式（PyQt6 轉換方法的屬性和 PyQt5 有所不同），再使用 QPixmap 讀取圖片，就能在視窗中顯示 OpenCV 的圖片。

```python
# 將 PyQt6 換成 PyQt5 就能改用 PyQt5
from PyQt6 import QtWidgets
from PyQt6.QtGui import *
import sys, cv2

app = QtWidgets.QApplication(sys.argv)
MainWindow = QtWidgets.QMainWindow()
MainWindow.setObjectName("MainWindow")
MainWindow.setWindowTitle("oxxo.studio")
MainWindow.resize(300, 300)

label = QtWidgets.QLabel(MainWindow)          # 建立 QLabel
label.setGeometry(0,0,300,300)                # 設定 QLabel 大小位置

img = cv2.imread('mona.jpg')                  # 開啟圖片，預設使用 cv2.
IMREAD_COLOR 模式
img = cv2.cvtColor(img, cv2.COLOR_BGR2RGB)    # 轉換顏色為 RGB
height, width, channel = img.shape            # 取得圖片長寬尺寸和色彩頻道數量
bytesPerline = channel * width                # 計算 bytesPerline
qimg = QImage(img, width, height, bytesPerline, QImage.Format.Format_
RGB888)                                       # 轉換成 PyQt6 使用的圖片格式
# qimg = QImage(img, width, height, bytesPerline, QImage.Format_RGB888)
# PyQt5 寫法
canvas = QPixmap(300,300).fromImage(qimg)     # 建立 QPixmap 畫布，讀取圖片
label.setPixmap(canvas)                       # 放入畫布
```

```
MainWindow.show()
sys.exit(app.exec())
```

❖ 範例程式碼：ch13/code14.py

使用 class 寫法：

```
# 將 PyQt6 換成 PyQt5 就能改用 PyQt5
from PyQt6 import QtWidgets
from PyQt6.QtGui import *
import sys, cv2

class MyWidget(QtWidgets.QWidget):
    def __init__(self):
        super().__init__()
        self.setWindowTitle('oxxo.studio')
        self.resize(300, 300)
        self.setUpdatesEnabled(True)
        self.ui()

    def ui(self):
        self.label = QtWidgets.QLabel(self)
        self.setGeometry(0,0,300,300)
        img = cv2.imread('mona.jpg')
        img = cv2.cvtColor(img, cv2.COLOR_BGR2RGB)
        height, width, channel = img.shape
        bytesPerline = channel * width
        qimg = QImage(img, width, height, bytesPerline, QImage.Format.
Format_RGB888)
        # qimg = QImage(img, width, height, bytesPerline, QImage.
Format_RGB888) # PyQt5 寫法
        canvas = QPixmap(300,300).fromImage(qimg)
        self.label.setPixmap(canvas)

if __name__ == '__main__':
    app = QtWidgets.QApplication(sys.argv)
    Form = MyWidget()
    Form.show()
    sys.exit(app.exec())
```

❖ 範例程式碼：ch13/code14_class.py

顯示 OpenCV 影片

因為 PyQt6 的視窗本身是「無窮迴圈」，OpenCV 讀取電腦攝影機影像也是「無窮迴圈」，如果要讓兩個無窮迴圈同時動作，需要使用 threading 將 OpenCV 讀取影像的功能，放在另外的執行緒執行，並搭配一個全域變數控制關閉的事件，當 PyQt6 視窗關閉時，同時也將 OpenCV 的迴圈停止，避免仍然在背景運作的狀況。

```python
# 將 PyQt6 換成 PyQt5 就能改用 PyQt5
from PyQt6 import QtWidgets
from PyQt6.QtGui import *
import sys, cv2, threading

app = QtWidgets.QApplication(sys.argv)
MainWindow = QtWidgets.QMainWindow()
MainWindow.setObjectName("MainWindow")
MainWindow.setWindowTitle("oxxo.studio")
MainWindow.resize(300, 200)

label = QtWidgets.QLabel(MainWindow)       # 建立 QLabel
label.setGeometry(0,0,300,200)             # 設定 QLabel 位置尺寸

ocv = True                          # 設定全域變數，讓關閉視窗時 OpenCV 也會跟著關閉
def closeOpenCV():
    global ocv
```

```
    ocv = False          # 關閉視窗時，將 ocv 設為 False

MainWindow.closeEvent = closeOpenCV  # 設定關閉視窗的動作

# 讀取攝影機的函式
def opencv():
    global ocv
    cap = cv2.VideoCapture(0)        # 設定攝影機鏡頭
    if not cap.isOpened():
        print("Cannot open camera")
        exit()
    while ocv:
        ret, frame = cap.read()       # 讀取攝影機畫面
        if not ret:
            print("Cannot receive frame")
            break
        frame = cv2.resize(frame, (480, 320))   # 改變尺寸和視窗相同
        frame = cv2.cvtColor(frame, cv2.COLOR_BGR2RGB)  # 轉換成 RGB
        height, width, channel = frame.shape    # 讀取尺寸和 channel 數量
        bytesPerline = channel * width          # 設定 bytesPerline（轉換使用）
        # 轉換影像為 QImage，讓 PyQt 可以讀取
        img = QImage(frame, width, height, bytesPerline, QImage.Format.
Format_RGB888)
        label.setPixmap(QPixmap.fromImage(img)) # QLabel 顯示影像

video = threading.Thread(target=opencv)           # 建立 OpenCV 的 Thread
video.start()                                     # 啟動 Thread

MainWindow.show()
sys.exit(app.exec())
```

❖ 範例程式碼：ch13/code15.py

使用 class 寫法：

```
# 將 PyQt6 換成 PyQt5 就能改用 PyQt5
from PyQt6 import QtWidgets
from PyQt6.QtGui import *
import sys, cv2, threading

class MyWidget(QtWidgets.QWidget):
    def __init__(self):
        super().__init__()
        self.setWindowTitle('oxxo.studio')
```

```python
        self.resize(480, 320)
        self.setUpdatesEnabled(True)
        self.ui()
        self.ocv = True

    def ui(self):
        self.label = QtWidgets.QLabel(self)
        self.label.setGeometry(0, 0, 480, 320)

    def closeEvent(self):
        self.ocv = False

    def opencv(self):
        cap = cv2.VideoCapture(0)              # 設定攝影機鏡頭
        if not cap.isOpened():
            print("Cannot open camera")
            exit()
        while self.ocv:
            ret, frame = cap.read()           # 讀取攝影機畫面
            if not ret:
                print("Cannot receive frame")
                break
            frame = cv2.resize(frame, (480, 320))  # 改變尺寸和視窗相同
            frame = cv2.cvtColor(frame, cv2.COLOR_BGR2RGB) # 轉換成 RGB
            height, width, channel = frame.shape    # 讀取尺寸和 channel 數量
            bytesPerline = channel * width          # 設定 bytesPerline ( 轉換使用 )
            # 轉換影像為 QImage，讓 PyQt 可以讀取
            qimg = QImage(frame, width, height, bytesPerline, QImage.
Format.Format_RGB888)
            self.label.setPixmap(QPixmap.fromImage(qimg)) # QLabel 顯示影像


if __name__ == '__main__':
    app = QtWidgets.QApplication(sys.argv)
    Form = MyWidget()
    video = threading.Thread(target=Form.opencv)   # 建立 OpenCV 的 Thread
    video.start()                                  # 啟動 Thread
    Form.show()
    sys.exit(app.exec())
```

❖ 範例程式碼：ch13/code14_class.py

13-5 QtMultimedia 播放聲音

　　QtMultimedia 是 PyQt 裡負責播放多媒體影音的元件，使用其中的 QMediaPlayer 方法就能建立播放器，播放指定位址的影片或聲音，這篇教學會介紹如何在 PyQt5 和 PyQt6 視窗裡加入 QtMultimedia 元件並播放聲音，最後會實作一個簡單的音樂播放器。

🔗 QtMultimedia 播放聲音或音樂

　　建立 PyQt 視窗物件後，透過 QtMultimedia.QMediaPlayer() 方法，就能建立播放器物件，再透過 QtMultimedia.QAudioOutput() 建立音樂輸出器，將兩者綁定後就能使用對應的方法播放聲音，下方的程式碼執行後，開啟視窗就會播放聲音。

- 聲音的路徑必須與執行的 Python 路徑相同，並透過 QUrl 轉換成指定的格式。
- PyQt5 和 PyQt6 的寫法不太相同。

```
# 將 PyQt6 換成 PyQt5 就能改用 PyQt5
from PyQt6 import QtWidgets
```

```
from PyQt6.QtCore import *
from PyQt6.QtMultimedia import *
import sys, os

app = QtWidgets.QApplication(sys.argv)
main = QtWidgets.QMainWindow()
main.setObjectName("MainWindow")
main.setWindowTitle("oxxo.studio")
main.resize(300, 300)

player = QMediaPlayer()                        # 建立播放器
path = os.getcwd() + '/'                        # 取得目前工作路徑
qurl = QUrl.fromLocalFile(path+'test.mp3')     # 取得音樂路徑
audio_output = QAudioOutput()                   # 建立音樂輸出器

player.setAudioOutput(audio_output)            # PyQt6 播放器與音樂輸出器綁定
player.setSource(qurl)                          # PyQt5 建立音樂內容
# qmusic = QMediaContent(qurl)                  # PyQt5 建立音樂內容
# player.setMedia(qmusic)                       # PyQt5 將播放器與音樂內容綁定

audio_output.setVolume(100)                     # 設定音量
player.play()                                   # 播放

main.show()
sys.exit(app.exec())
```

✦ 範例程式碼：ch13/code16.py

使用 class 寫法：

```
# 將 PyQt6 換成 PyQt5 就能改用 PyQt5
from PyQt6 import QtWidgets, QtCore, QtMultimedia
import sys, os

class MyWidget(QtWidgets.QWidget):
    def __init__(self):
        super().__init__()
        self.setWindowTitle('oxxo.studio')
        self.resize(300, 200)
        self.playMusic()

    def playMusic(self):
        self.player = QtMultimedia.QMediaPlayer()      # 建立播放器
        self.path = os.getcwd() + '/'                   # 取得目前工作路徑
```

```
            self.qurl = QtCore.QUrl.fromLocalFile(self.path+'test.mp3')
                                                        # 取得音樂路徑
            self.audio_output = QtMultimedia.QAudioOutput() # 建立音樂輸出器

            self.player.setAudioOutput(self.audio_output)    # PyQt6 播放器與音樂輸出
                                                             器綁定
            self.player.setSource(self.qurl)                 # PyQt6 建立音樂內容
            # self.qmusic = QtMultimedia.QMediaContent(self.qurl)# PyQt5 建立音樂內容
            # self.player.setMedia(self.qmusic)          # PyQt5 將播放器與音樂內容綁定

            self.audio_output.setVolume(100)                 # 設定音量
            self.player.play()                               # 播放
if __name__ == '__main__':
    app = QtWidgets.QApplication(sys.argv)
    Form = MyWidget()
    Form.show()
    sys.exit(app.exec())
```

✦ 範例程式碼：ch13/code16_class.py

🔗 QMediaPlayer() 播放器常用方法

建立播放器之後，就能使用播放器的方法操作聲音檔案，下方列出常用的操作與設定方法：

方法	參數	說明
play()		播放。
pause()		暫停。
stop()		停止。
setMedia()	QUrl	設定播放媒體檔案。
setPlaybackRate()	float	設定播放速度，預設 1.0 正常，數值越小越慢。
setMuted()	bool	設定靜音，True 靜音，False 取消靜音。
setPosition()	bool	設定播放的毫秒數（ms）。
setPlaylist()	QMediaPlaylist()	設定播放清單。

取得媒體資訊的常用方法：

方法	說明
duration()	聲音檔案的總毫秒數 (ms)。
position()	目前播放位置的毫秒數 (ms)。
playbackRate()	目前播放速度。
state()	目前播放狀態，0 為停止，1 為播放，2 為暫停。
volume()	前的音量大小。
currentMedia()	.canonicalUrl().fileName() 目前的檔案，.playlist().currentIndex() 目前播放清單的號碼。
isMuted()	目前是否靜音。

媒體觸發事件的常用方法，通常會再搭配 connect 串接對應的函式：

方法	說明
mutedChanged	當靜音狀態改變。
durationChanged	當聲音長度發生改變。
currentMediaChanged	當來源發生改變 (播放清單)。
mediaChanged	當來源發生改變。
volumeChanged	當音量改變。
stateChanged	當播放狀態改變。
positionChanged	當播放位置改變。
playbackRateChanged	當播放速度改變。

🔗 簡單的音樂播放器

在畫面中加入一些 QLabel 和 QPushButton，就能透過 QMediaPlayer() 的各種方法，做出一個簡單的音樂播放器，詳細的說明寫在下方的程式碼中。

PyQt6 版本：

```
from PyQt6 import QtWidgets
from PyQt6.QtCore import *
from PyQt6.QtMultimedia import *
import sys, os

app = QtWidgets.QApplication(sys.argv)
main = QtWidgets.QMainWindow()
main.setObjectName("MainWindow")
main.setWindowTitle("oxxo.studio")
main.resize(300, 300)

label = QtWidgets.QLabel(main)              # 放入 QLabel 顯示時間
label.setGeometry(210, 30, 100, 30)         # 設定位置
label.setText('0.0 / 0.0')                  # 預設顯示文字

# 點擊播放按鈕的程式
def f1():
    btn1.setDisabled(True)                  # 停用播放按鈕
    btn2.setDisabled(False)                 # 啟用暫停按鈕
    btn3.setDisabled(False)                 # 啟用停止按鈕
    player.play()                           # 播放聲音

# 點擊暫停按鈕的程式
def f2():
    btn1.setDisabled(False)                 # 啟用播放按鈕
    btn2.setDisabled(True)                  # 停用暫停按鈕
    btn3.setDisabled(False)                 # 啟用停止按鈕
    player.pause()                          # 暫停聲音

# 點擊停止按鈕的程式
def f3():
    btn1.setDisabled(False)                 # 啟用播放按鈕
    btn2.setDisabled(False)                 # 啟用暫停按鈕
    btn3.setDisabled(True)                  # 停用停止按鈕
    player.stop()                           # 停止聲音

btn1 = QtWidgets.QPushButton(main)          # 放入播放按鈕
btn1.setText(' 播放 ')                      # 設定文字
btn1.setGeometry(25, 30, 60, 30)            # 設定位置
btn1.setDisabled(True)                      # 預設停用
btn1.clicked.connect(f1)                    # 連接 f1 程式
```

```
btn2 = QtWidgets.QPushButton(main)      # 放入暫停按鈕
btn2.setText(' 暫停 ')                   # 設定文字
btn2.setGeometry(75, 30, 60, 30)        # 設定位置
btn2.clicked.connect(f2)                # 連接 f2 程式

btn3 = QtWidgets.QPushButton(main)      # 放入停止按鈕
btn3.setText(' 停止 ')                   # 設定文字
btn3.setGeometry(125, 30, 60, 30)       # 設定位置
btn3.clicked.connect(f3)                # 連接 f3 程式

slider = QtWidgets.QSlider(main)        # 放入調整滑桿
slider.setOrientation(Qt.Orientation.Horizontal)   # 設定水平顯示
slider.setGeometry(30, 60, 240, 30)     # 設定位置
slider.setRange(0, 100)                 # 設定預設範圍
slider.setValue(50)                     # 設定預設值
slider.sliderMoved.connect(lambda: player.setPosition(slider.value()))
                                        # 當滑桿移動時，設定播放器的播放位置

player = QMediaPlayer()                 # 設定播放器
path = os.getcwd()                      # 取得音樂檔案路徑
qurl = QUrl.fromLocalFile(path+'/test.mp3')  # 轉換成 QUrl
audio_output = QAudioOutput()           # 建立音樂輸出器
player.setAudioOutput(audio_output)     # 播放器與音樂輸出器綁定
player.setSource(qurl)                  # 設定音樂內容
player.durationChanged.connect(lambda: slider.setMaximum(player.
duration()))                            # 當總長度改變時，設定滑桿的最大值
player.play()                           # 播放音樂

# 播放器的函式
def playmusic():
    progress = player.position()        # 取的目前播放時間
    slider.setValue(progress)           # 設定滑桿位置
    label.setText(f'{str(round(progress/1000, 1))} / {str(round(player.
duration()/1000, 1))}')                 # 文字顯示

timer = QTimer()                        # 加入定時器
timer.timeout.connect(playmusic)        # 設定定時要執行的 function
timer.start(1000)                       # 啟用定時器，設定間隔時間為 500 毫秒

main.show()
sys.exit(app.exec())
```

✦ 範例程式碼：ch13/code17.py

PyQt6 版本使用 class 寫法：

```
from PyQt6 import QtWidgets
from PyQt6.QtCore import *
from PyQt6.QtMultimedia import *
import sys, os

class MyWidget(QtWidgets.QWidget):
    def __init__(self):
        super().__init__()
        self.setObjectName("MainWindow")
        self.setWindowTitle('oxxo.studio')
        self.resize(300, 200)
        self.ui()
        self.run()

    def ui(self):
        self.label = QtWidgets.QLabel(self)
        self.label.setText('0.0 / 0.0')
        self.label.setGeometry(210, 30, 100, 30)

        self.btn1 = QtWidgets.QPushButton(self)
        self.btn1.setText(' 播放 ')
        self.btn1.setGeometry(25, 30, 60, 30)
        self.btn1.setDisabled(True)
        self.btn1.clicked.connect(self.f1)

        self.btn2 = QtWidgets.QPushButton(self)
        self.btn2.setText(' 暫停 ')
        self.btn2.setGeometry(75, 30, 60, 30)
        self.btn2.clicked.connect(self.f2)

        self.btn3 = QtWidgets.QPushButton(self)
        self.btn3.setText(' 停止 ')
        self.btn3.setGeometry(125, 30, 60, 30)
        self.btn3.clicked.connect(self.f3)

        self.slider = QtWidgets.QSlider(self)
        self.slider.setOrientation(Qt.Orientation.Horizontal)
        self.slider.setGeometry(30, 60, 240, 30)
        self.slider.setRange(0, 100)
        self.slider.setValue(50)
        self.slider.sliderMoved.connect(lambda: self.player.
setPosition(self.slider.value()))
```

```
        self.player = QMediaPlayer()                # 設定播放器
        self.path = os.getcwd()                      # 取得音樂檔案路徑
        self.qurl = QUrl.fromLocalFile(self.path+'/test.mp3')  # 轉換成 QUrl
        self.audio_output = QAudioOutput()
        self.player.setAudioOutput(self.audio_output)    # 播放器與音樂輸出器綁定
        self.player.setSource(self.qurl)
        self.player.durationChanged.connect(lambda: self.slider.
setMaximum(self.player.duration()))
        self.player.play()

    def f1(self):
        self.btn1.setDisabled(True)
        self.btn2.setDisabled(False)
        self.btn3.setDisabled(False)
        self.player.play()

    def f2(self):
        self.btn1.setDisabled(False)
        self.btn2.setDisabled(True)
        self.btn3.setDisabled(False)
        self.player.pause()

    def f3(self):
        self.btn1.setDisabled(False)
        self.btn2.setDisabled(False)
        self.btn3.setDisabled(True)
        self.player.stop()

    def playmusic(self):
        progress = self.player.position()
        self.slider.setValue(progress)
        self.label.setText(f'{str(round(progress/1000, 1))} /
{str(round(self.player.duration()/1000, 1))}')

    def run(self):
        self.timer = QTimer()                        # 加入定時器
        self.timer.timeout.connect(self.playmusic)   # 設定定時要執行的
function
        self.timer.start(1000)                       # 啟用定時器，設定間隔時間為 500 毫秒

if __name__ == '__main__':
    app = QtWidgets.QApplication(sys.argv)
```

```
    Form = MyWidget()
    Form.show()
    sys.exit(app.exec())
```

❖ 範例程式碼：ch13/code17_class.py

PyQt5 版本：

```python
from PyQt5 import QtWidgets
from PyQt5.QtCore import *
from PyQt5.QtMultimedia import *
import sys, os

app = QtWidgets.QApplication(sys.argv)
main = QtWidgets.QMainWindow()
main.setObjectName("MainWindow")
main.setWindowTitle("oxxo.studio")
main.resize(300, 300)

label = QtWidgets.QLabel(main)           # 放入 QLabel 顯示時間
label.setGeometry(210, 30, 100, 30)      # 設定位置
label.setText('0.0 / 0.0')               # 預設顯示文字

# 點擊播放按鈕的程式
def f1():
    btn1.setDisabled(True)               # 停用播放按鈕
    btn2.setDisabled(False)              # 啟用暫停按鈕
    btn3.setDisabled(False)              # 啟用停止按鈕
    player.play()                        # 播放聲音

# 點擊暫停按鈕的程式
def f2():
    btn1.setDisabled(False)              # 啟用播放按鈕
    btn2.setDisabled(True)               # 停用暫停按鈕
    btn3.setDisabled(False)              # 啟用停止按鈕
    player.pause()                       # 暫停聲音

# 點擊停止按鈕的程式
def f3():
    btn1.setDisabled(False)              # 啟用播放按鈕
    btn2.setDisabled(False)              # 啟用暫停按鈕
    btn3.setDisabled(True)               # 停用停止按鈕
    player.stop()                        # 停止聲音
```

```
btn1 = QtWidgets.QPushButton(main)        # 放入播放按鈕
btn1.setText(' 播放 ')                      # 設定文字
btn1.setGeometry(25, 30, 60, 30)          # 設定位置
btn1.setDisabled(True)                     # 預設停用
btn1.clicked.connect(f1)                   # 連接 f1 程式

btn2 = QtWidgets.QPushButton(main)        # 放入暫停按鈕
btn2.setText(' 暫停 ')                      # 設定文字
btn2.setGeometry(75, 30, 60, 30)          # 設定位置
btn2.clicked.connect(f2)                   # 連接 f2 程式

btn3 = QtWidgets.QPushButton(main)        # 放入停止按鈕
btn3.setText(' 停止 ')                      # 設定文字
btn3.setGeometry(125, 30, 60, 30)         # 設定位置
btn3.clicked.connect(f3)                   # 連接 f3 程式

slider = QtWidgets.QSlider(main)          # 放入調整滑桿
slider.setOrientation(1)                   # 設定水平顯示
slider.setGeometry(30, 60, 240, 30)       # 設定位置
slider.setRange(0, 100)                    # 設定預設範圍
slider.setValue(50)                        # 設定預設值
slider.sliderMoved.connect(lambda: player.setPosition(slider.value()))
                                           # 當滑桿移動時，設定播放器的播放位置

player = QMediaPlayer()                     # 設定播放器
path = os.getcwd()                          # 取得音樂檔案路徑
qurl = QUrl.fromLocalFile(path+'/test.mp3') # 轉換成 QUrl
music = QMediaContent(qurl)                 # 讀取音樂
player.setMedia(music)                      # 設定播放音樂
player.durationChanged.connect(lambda: slider.setMaximum(player.
duration()))                                # 當總長度改變時，設定滑桿的最大值
player.play()                               # 播放音樂

# 播放器的函式
def playmusic():
    progress = player.position()           # 取的目前播放時間
    slider.setValue(progress)              # 設定滑桿位置
    label.setText(f'{str(round(progress/1000, 1))} / {str(round(player.
duration()/1000, 1))}')                    # 文字顯示

timer = QTimer()                            # 加入定時器
timer.timeout.connect(playmusic)           # 設定定時要執行的 function
timer.start(1000)                           # 啟用定時器，設定間隔時間為 500 毫秒
```

```
main.show()
sys.exit(app.exec_())
```

✦ 範例程式碼：ch13/code18.py

PyQt5 版本使用 class 寫法：

```python
from PyQt5 import QtWidgets
from PyQt5.QtCore import *
from PyQt5.QtMultimedia import *
import sys, os

class MyWidget(QtWidgets.QWidget):
    def __init__(self):
        super().__init__()
        self.setObjectName("MainWindow")
        self.setWindowTitle('oxxo.studio')
        self.resize(300, 200)
        self.ui()
        self.run()

    def ui(self):
        self.label = QtWidgets.QLabel(self)
        self.label.setText('0.0 / 0.0')
        self.label.setGeometry(210, 30, 100, 30)

        self.btn1 = QtWidgets.QPushButton(self)
        self.btn1.setText(' 播放 ')
        self.btn1.setGeometry(25, 30, 60, 30)
        self.btn1.setDisabled(True)
        self.btn1.clicked.connect(self.f1)

        self.btn2 = QtWidgets.QPushButton(self)
        self.btn2.setText(' 暫停 ')
        self.btn2.setGeometry(75, 30, 60, 30)
        self.btn2.clicked.connect(self.f2)

        self.btn3 = QtWidgets.QPushButton(self)
        self.btn3.setText(' 停止 ')
        self.btn3.setGeometry(125, 30, 60, 30)
        self.btn3.clicked.connect(self.f3)

        self.slider = QtWidgets.QSlider(self)
        self.slider.setOrientation(1)
```

```
        self.slider.setGeometry(30, 60, 240, 30)
        self.slider.setRange(0, 100)
        self.slider.setValue(50)
        self.slider.sliderMoved.connect(lambda: self.player.setPosition(self.
slider.value()))

        self.player = QMediaPlayer()
        path = os.getcwd()
        qurl = QUrl.fromLocalFile(path+'/test.mp3')
        music = QMediaContent(qurl)
        self.player.setMedia(music)
        self.player.durationChanged.connect(lambda: self.slider.
setMaximum(self.player.duration()))
        self.player.play()

    def f1(self):
        self.btn1.setDisabled(True)
        self.btn2.setDisabled(False)
        self.btn3.setDisabled(False)
        self.player.play()

    def f2(self):
        self.btn1.setDisabled(False)
        self.btn2.setDisabled(True)
        self.btn3.setDisabled(False)
        self.player.pause()

    def f3(self):
        self.btn1.setDisabled(False)
        self.btn2.setDisabled(False)
        self.btn3.setDisabled(True)
        self.player.stop()

    def playmusic(self):
        progress = self.player.position()
        self.slider.setValue(progress)
        self.label.setText(f'{str(round(progress/1000, 1))} /
{str(round(self.player.duration()/1000, 1))}')

    def run(self):
        self.timer = QTimer()                           # 加入定時器
        self.timer.timeout.connect(self.playmusic)      # 設定定時要執行的
function
        self.timer.start(1000)                          # 啟用定時器，設定間隔時間為 500 毫秒
```

```
if __name__ == '__main__':
    app = QtWidgets.QApplication(sys.argv)
    Form = MyWidget()
    Form.show()
    sys.exit(app.exec_())
```

❖ 範例程式碼：ch13/code18_class.py

13-6　QWebEngineView 顯示網頁元件

　　QWebEngincView 是 PyQt 裡的負責顯示網頁的元件，這個小節會介紹如何在 PyQt5 或 PyQt6 的視窗裡加入 QWebEngineView，並透過 QWebEngineView 顯示特定網頁以及進行簡單互動。

加入 QWebEngineView 顯示網頁元件

　　在 PyQt 裡如果要使用 QWebEngineView，需要先安裝 PyQt6-WebEngine 函式庫，輸入下方指令進行安裝 (PyQt6 安裝的函式庫和 PyQt5 不同)。

PyQt5：

```
pip install PyQtWebEngine
```

PyQt6：

```
pip install PyQt6-WebEngine
```

安裝 PyQtWebEngine 函式庫之後，使用 QtWebEngineWidgets.QWebEngineView() 方法建立網頁顯示元件，就能透過 load() 方法載入網頁 (需要使用 QtCore.QUrl(URL) 載入網頁的網址)。

```python
# 將 PyQt6 換成 PyQt5 就能改用 PyQt5
from PyQt6 import QtWidgets, QtCore, QtWebEngineWidgets
import sys
app = QtWidgets.QApplication(sys.argv)

Form = QtWidgets.QWidget()
Form.setWindowTitle('oxxo.studio')
Form.resize(800, 600)

widget = QtWebEngineWidgets.QWebEngineView(Form)    # 建立網頁顯示元件
widget.move(0,0)
widget.resize(800, 600)
widget.load(QtCore.QUrl("https://google.com"))      # 載入網頁

Form.show()
sys.exit(app.exec())
```

✦ 範例程式碼：ch13/code19.py

使用 class 寫法：

```python
from PyQt6 import QtWidgets, QtCore, QtWebEngineWidgets
import sys

class MyWidget(QtWidgets.QWidget):
    def __init__(self):
        super().__init__()
        self.setObjectName("MainWindow")
        self.setWindowTitle('oxxo.studio')
        self.resize(800, 600)
        self.ui()

    def ui(self):
        self.widget = QtWebEngineWidgets.QWebEngineView(self) # 建立網頁顯示元件
        self.widget.move(0,0)
        self.widget.resize(800, 600)
        self.widget.load(QtCore.QUrl("https://google.com"))      # 載入網頁
```

```
if __name__ == '__main__':
    app = QtWidgets.QApplication(sys.argv)
    Form = MyWidget()
    Form.show()
    sys.exit(app.exec())
```

❖ 範例程式碼：ch13/code19_class.py

🔗 網頁控制常用方法

載入網頁後，可以透過下列幾種常用方法，控制網頁顯示元件：

方法	說明
load()	載入網頁。
reload()	重新整理網頁。
forward()	前一頁。
back()	後一頁。
stop()	停止載入網頁。
title()	取得網頁標題。
icon()	取得網頁圖示。
selectedText()	取得網頁中所選取的文字。
loadFinished.connect(fn)	網頁載入完成後要執行的函式。
selectionChanged.connect(fn)	在網頁中發生選取事件時要執行的函式。

透過這些方法，就能用 PyQt 實現一個簡單的網頁瀏覽器。

```python
# 將 PyQt6 換成 PyQt5 就能改用 PyQt5
from PyQt6 import QtWidgets, QtCore, QtWebEngineWidgets
import sys
app = QtWidgets.QApplication(sys.argv)

Form = QtWidgets.QWidget()
Form.setWindowTitle('oxxo.studio')
Form.resize(800, 600)

btn1 = QtWidgets.QPushButton(Form)
btn1.setGeometry(10,10,80,30)
btn1.setText(' 重新整理 ')
btn1.clicked.connect(lambda: widget.reload())    # 重新載入網頁

btn2 = QtWidgets.QPushButton(Form)
btn2.setGeometry(100,10,80,30)
btn2.setText(' 下一頁 ')
btn2.clicked.connect(lambda: widget.forward())# 前往上一頁

btn3 = QtWidgets.QPushButton(Form)
btn3.setGeometry(190,10,80,30)
btn3.setText(' 上一頁 ')
btn3.clicked.connect(lambda: widget.back())     # 前往下一頁

btn4 = QtWidgets.QPushButton(Form)
btn4.setGeometry(280,10,80,30)
btn4.setText(' 停止 ')
btn4.clicked.connect(lambda: widget.stop())     # 停止網頁載入

input = QtWidgets.QLineEdit(Form)               # 建立單行輸入框
input.setGeometry(400,10,200,30)

def go():
    url = input.text()
    widget.load(QtCore.QUrl(url))               # 載入輸入的網址

btn5 = QtWidgets.QPushButton(Form)
btn5.setGeometry(600,10,80,30)
btn5.setText(' 前往 ')
btn5.clicked.connect(go)                         # 按下前往按鈕，執行 go 函式
```

```
def finished():
    Form.setWindowTitle(widget.title())          # 更新視窗標題
    Form.setWindowIcon(widget.icon())            # 更新視窗圖示

def show():
    print(widget.selectedText())                 # 印出選取的文字

widget = QtWebEngineWidgets.QWebEngineView(Form)
widget.move(0,60)
widget.resize(800, 540)
widget.load(QtCore.QUrl('https://google.com'))
widget.loadFinished.connect(finished)
widget.selectionChanged.connect(show)

Form.show()
sys.exit(app.exec())
```

❖ 範例程式碼：ch13/code20.py

使用 class 寫法：

```
# 將 PyQt6 換成 PyQt5 就能改用 PyQt5
from PyQt6 import QtWidgets, QtCore, QtWebEngineWidgets
import sys

class MyWidget(QtWidgets.QWidget):
    def __init__(self):
        super().__init__()
        self.setWindowTitle('oxxo.studio')
        self.resize(800, 600)
        self.web()
        self.ui()

    def web(self):
        self.widget = QtWebEngineWidgets.QWebEngineView(self)
        self.widget.move(0,60)
        self.widget.resize(800, 540)
        self.widget.load(QtCore.QUrl('https://google.com'))
        self.widget.loadFinished.connect(self.finished)
        self.widget.selectionChanged.connect(self.show)

    def ui(self):
        self.btn1 = QtWidgets.QPushButton(self)
        self.btn1.setGeometry(10,10,80,30)
```

```
        self.btn1.setText(' 重新整理 ')
        self.btn1.clicked.connect(lambda: self.widget.reload())

        self.btn2 = QtWidgets.QPushButton(self)
        self.btn2.setGeometry(100,10,80,30)
        self.btn2.setText(' 下一頁 ')
        self.btn2.clicked.connect(lambda: self.widget.forward())

        self.btn3 = QtWidgets.QPushButton(self)
        self.btn3.setGeometry(190,10,80,30)
        self.btn3.setText(' 上一頁 ')
        self.btn3.clicked.connect(lambda: self.widget.back())

        self.btn4 = QtWidgets.QPushButton(self)
        self.btn4.setGeometry(280,10,80,30)
        self.btn4.setText(' 停止 ')
        self.btn4.clicked.connect(lambda: self.widget.stop())

        self.btn5 = QtWidgets.QPushButton(self)
        self.btn5.setGeometry(600,10,80,30)
        self.btn5.setText(' 前往 ')
        self.btn5.clicked.connect(self.go)

        self.input = QtWidgets.QLineEdit(self)
        self.input.setGeometry(400,10,200,30)

    def go(self):
        url = self.input.text()
        self.widget.load(QtCore.QUrl(url))

    def finished(self):
        self.setWindowTitle(self.widget.title())
        self.setWindowIcon(self.widget.icon())

    def showMsg(self):
        print(self.widget.selectedText())

if __name__ == '__main__':
    app = QtWidgets.QApplication(sys.argv)
    Form = MyWidget()
    Form.show()
    sys.exit(app.exec())
```

❖ 範例程式碼：ch13/code20_class.py

小結

　　這個章節整理了在 PyQt 中顯示圖片、多媒體和網頁的相關模組和方法，包括 QLabel、QPixmap、QImage、Matplotlib、Pillow、OpenCV、QMediaPlayer 和 QWebEngineView…等。這些模組和方法可以讓使用者更加靈活地控制視窗的顯示和設計，提高應用程式的美觀度和實用性。透過學習和應用這些知識和技術，就能運用 PyQt 開發出更好的應用程式。

第 14 章

範例應用

這個章節會運用前幾個章節所學到的元件和功能,實際做出計算機、時鐘、攝影機、小畫家 ... 等十個常見又有趣的應用,透過這些應用,就能更熟悉 PyQt 的操作和用法。

❖ 本章節的範例程式碼:
https://github.com/oxxostudio/book-code/tree/master/pyqt/ch14

本章節的部分範例,使用 PyQt5 和 PyQt6 有些許差異,請注意程式碼裡的註解和說明。

14-1　簡單計算機

　　這個小節會透過 PyQt 的 QPushButton、QLabel 組合成一個簡單的計算機，實作過程中會利用字典（dict）定義按鈕群組，搭配邏輯判斷進行點擊後數值的加減乘除運算。

🔗 計算機畫面設計

　　參考「4-1、QLabel 標籤」教學範例，在畫面中加入 QLabel 顯示計算機數字和公式，接著參考「4-2、QPushButton 按鈕」教學範例，先建立一個字典型態的變數定義按鈕的文字（鍵）和座標位置（值），並將座標要改變的幅度和寬高尺寸獨立成變數方便後續計算，定義完成後就能透過 for 迴圈，根據字典內容一次建立完成所有的按鈕。

> 額外參考：
> - https://steam.oxxostudio.tw/category/python/basic/dictionary.html
> - https://steam.oxxostudio.tw/category/python/basic/loop.html#a1
>
> 注意 lambda 匿名函式裡需要額外加上 checked 參數。

```
# 將 PyQt6 換成 PyQt5 就能改用 PyQt5
from PyQt6 import QtWidgets
from PyQt6.QtCore import *
import sys

app = QtWidgets.QApplication(sys.argv)
MainWindow = QtWidgets.QMainWindow()
MainWindow.setObjectName("MainWindow")
MainWindow.setWindowTitle("oxxo.studio")
MainWindow.resize(300, 280)

label = QtWidgets.QLabel(MainWindow)     # 建立 QLabel
label.setGeometry(30, 10, 240, 40)       # 定義位置
# 定義樣式
label.setStyleSheet('''
```

```
      background:#ffffff;
      border:1px solid #000;
      font-size:20px;
      padding:5px;
''')
label.setAlignment(Qt.AlignmentFlag.AlignRight)      # 靠右對齊
label.setText('0')

# 定義按鈕群組中需要共用的變數
x = 30
y = 60
w = 60
h = 50

# 定義按鈕群組
btns = {
    '7':{'x':x,'y':y},
    '8':{'x':x+w,'y':y},
    '9':{'x':x+2*w,'y':y},
    '+':{'x':x+3*w,'y':y},
    '4':{'x':x,'y':y+h},
    '5':{'x':x+w,'y':y+h},
    '6':{'x':x+2*w,'y':y+h},
    '-':{'x':x+3*w,'y':y+h},
    '1':{'x':x,'y':y+2*h},
    '2':{'x':x+w,'y':y+2*h},
    '3':{'x':x+2*w,'y':y+2*h},
    '*':{'x':x+3*w,'y':y+2*h},
    'AC':{'x':x,'y':y+3*h},
    '0':{'x':x+w,'y':y+3*h},
    '=':{'x':x+2*w,'y':y+3*h},
    '/':{'x':x+3*w,'y':y+3*h},
}
# 依序取出按鈕群組中的每個項目
for i in btns:
    btns[i]['qw'] = QtWidgets.QPushButton(MainWindow) # 建立 QPuahButton
    # 定義樣式
    btns[i]['qw'].setStyleSheet('''
        QPushButton{
            font-size:16px;
            border-radius:5px;
            border:1px solid #000;
            background:#ccc;
```

```
                margin:3px;
            }
        QPushButton:pressed{
            background:#aaa;
        }
    ''')
    btns[i]['qw'].setText(i)      # 設定文字
    btns[i]['qw'].setGeometry(btns[i]['x'], btns[i]['y'], w, h)
# 設定位置和尺寸
    btns[i]['qw'].clicked.connect(lambda checked, n=i: showNum(n))
# 設定點擊按鈕時執行 showNum 函式

MainWindow.show()
sys.exit(app.exec())
```

❖ 範例程式碼：ch14/code01.py

🔗 計算機功能設計

畫面設計完成後，接著編輯 showNum 函式內容：

```
# 顯示數字函式，n 為點擊按鈕時要帶入的數值
def showNum(n):
    global num
    if n == 'AC':
        num = '0'      # 如果按下數字，數值歸零
    elif n == '=':
        try:
```

```
            num = str(eval(num))          # 如果按下等號，使用 eval() 計算結果
        except:
            num = 'error'                 # 如果計算結果發生錯誤，回傳 error
    else:
        if num == '0' and n in '0123456789':
            num = n    # 如果數值原本是 0，且按下數字鍵，就讓數字變成所按下的數字
        else:
            num = num + n                 # 否則就用字串的方式累加
    label.setText(num)                    # QLabel 顯示結果
    if num == 'error':
        num = '0'                         # 如果發生錯誤，數值歸零
```

✤ 範例程式碼：ch14/code02.py

🔗 完整程式碼

一般寫法：

```
# 將 PyQt6 換成 PyQt5 就能改用 PyQt5
from PyQt6 import QtWidgets
from PyQt6.QtCore import *
import sys

app = QtWidgets.QApplication(sys.argv)
MainWindow = QtWidgets.QMainWindow()
MainWindow.setObjectName("MainWindow")
MainWindow.setWindowTitle("oxxo.studio")
MainWindow.resize(300, 280)

label = QtWidgets.QLabel(MainWindow)
label.setGeometry(30, 10, 240, 40)
label.setStyleSheet('''
    background:#ffffff;
    border:1px solid #000;
    font-size:20px;
    padding:5px;
''')
label.setAlignment(Qt.AlignmentFlag.AlignRight)
label.setText('0')

num = '0'
def showNum(n):
    global num
```

```
    if n == 'AC':
        num = '0'
    elif n == '=':
        try:
            num = str(eval(num))
        except:
            num = 'error'
    else:
        if num == '0' and n in '0123456789':
            num = n
        else:
            num = num + n
    label.setText(num)
    if num == 'error':
        num = '0'

x = 30
y = 60
w = 60
h = 50
btns = {
    '7':{'x':x,'y':y},
    '8':{'x':x+w,'y':y},
    '9':{'x':x+2*w,'y':y},
    '+':{'x':x+3*w,'y':y},
    '4':{'x':x,'y':y+h},
    '5':{'x':x+w,'y':y+h},
    '6':{'x':x+2*w,'y':y+h},
    '-':{'x':x+3*w,'y':y+h},
    '1':{'x':x,'y':y+2*h},
    '2':{'x':x+w,'y':y+2*h},
    '3':{'x':x+2*w,'y':y+2*h},
    '*':{'x':x+3*w,'y':y+2*h},
    'AC':{'x':x,'y':y+3*h},
    '0':{'x':x+w,'y':y+3*h},
    '=':{'x':x+2*w,'y':y+3*h},
    '/':{'x':x+3*w,'y':y+3*h},
}

for i in btns:
    btns[i]['qw'] = QtWidgets.QPushButton(MainWindow)
    btns[i]['qw'].setStyleSheet('''
        QPushButton{
            font-size:16px;
```

```
            border-radius:5px;
            border:1px solid #000;
            background:#ccc;
            margin:3px;
        }
        QPushButton:pressed{
            background:#aaa;
        }
    ''')
    btns[i]['qw'].setText(i)
    btns[i]['qw'].setGeometry(btns[i]['x'], btns[i]['y'], w, h)
    btns[i]['qw'].clicked.connect(lambda checked, n=i: showNum(n))

MainWindow.show()
sys.exit(app.exec())
```

❖ 範例程式碼：ch14/code03.py

使用 class 寫法：

```
# 將 PyQt6 換成 PyQt5 就能改用 PyQt5
from PyQt6 import QtWidgets
from PyQt6.QtCore import *
import sys

class MyWidget(QtWidgets.QWidget):
    def __init__(self):
        super().__init__()
        self.setWindowTitle('oxxo.studio')
        self.resize(300, 280)
        self.ui()

    def ui(self):
        self.label = QtWidgets.QLabel(self)
        self.label.setGeometry(30, 10, 240, 40)
        self.label.setStyleSheet('''
            background:#ffffff;
            border:1px solid #000;
            font-size:20px;
            padding:5px;
        ''')
        self.label.setAlignment(Qt.AlignmentFlag.AlignRight)
        self.label.setText('0')
        self.num = '0'
```

```
        x = 30
        y = 60
        w = 60
        h = 50
        self.btns = {
            '7':{'x':x,'y':y},
            '8':{'x':x+w,'y':y},
            '9':{'x':x+2*w,'y':y},
            '+':{'x':x+3*w,'y':y},
            '4':{'x':x,'y':y+h},
            '5':{'x':x+w,'y':y+h},
            '6':{'x':x+2*w,'y':y+h},
            '-':{'x':x+3*w,'y':y+h},
            '1':{'x':x,'y':y+2*h},
            '2':{'x':x+w,'y':y+2*h},
            '3':{'x':x+2*w,'y':y+2*h},
            '*':{'x':x+3*w,'y':y+2*h},
            'AC':{'x':x,'y':y+3*h},
            '0':{'x':x+w,'y':y+3*h},
            '=':{'x':x+2*w,'y':y+3*h},
            '/':{'x':x+3*w,'y':y+3*h},
        }


        for i in self.btns:
            self.btns[i]['qw'] = QtWidgets.QPushButton(self)
            self.btns[i]['qw'].setStyleSheet('''
                QPushButton{
                    font-size:16px;
                    border-radius:5px;
                    border:1px solid #000;
                    background:#ccc;
                    margin:3px;
                }
                QPushButton:pressed{
                    background:#aaa;
                }
            ''')
            self.btns[i]['qw'].setText(i)
            self.btns[i]['qw'].setGeometry(self.btns[i]['x'], self.
btns[i]['y'], w, h)
            self.btns[i]['qw'].clicked.connect(lambda checked, n=i:
self.showNum(n))
```

```
    def showNum(self, n):
        if n == 'AC':
            self.num = '0'
        elif n == '=':
            try:
                self.num = str(eval(self.num))
            except:
                self.num = 'error'
        else:
            if self.num == '0' and n in '0123456789':
                self.num = n
            else:
                self.num = self.num + n
        self.label.setText(self.num)
        if self.num == 'error':
            self.num = '0'

if __name__ == '__main__':
    app = QtWidgets.QApplication(sys.argv)
    Form = MyWidget()
    Form.show()
    sys.exit(app.exec())
```

❖ 範例程式碼：ch14/code03_class.py

14-2 世界時鐘 (顯示各個城市的時間)

這個小節會使用 PyQt 的 QLabel 標籤，搭配標籤的文字變數應用，製作一個簡單的時鐘，最後還會搭配 Python 的 datetime 函式庫，製作出同時顯示不同時區時間的時鐘。

製作時鐘，顯示台灣本地時間

在畫面中加入兩個 QLabel，其中一個只是單純的文字提示，另外一個則是顯示目前時間，使用 datetime.datetime.now 取得目前所在位置時區的時間，並搭配 QTimer 定時器，就能讓時間每隔一秒進行更新。

額外參考：

- https://steam.oxxostudio.tw/category/python/library/datetime.html
- https://steam.oxxostudio.tw/category/python/pyqt6/category/python/library/datetime.html
- https://steam.oxxostudio.tw/category/python/pyqt6/qtimer.html

---

```
# 將 PyQt6 換成 PyQt5 就能改用 PyQt5
from PyQt6 import QtWidgets, QtCore
import sys
import datetime

app = QtWidgets.QApplication(sys.argv)

Form = QtWidgets.QWidget()
Form.setWindowTitle('oxxo.studio')
Form.resize(300, 300)

label1 = QtWidgets.QLabel(Form)                  # 加入 QLabel 顯示文字
label1.setGeometry(20,10,100,40)
label1.setStyleSheet('font-size:20px;')
label1.setText('目前時間：')

label2 = QtWidgets.QLabel(Form)                  # 加入 QLabel 顯示時間
label2.setGeometry(130,10,200,40)
label2.setStyleSheet('font-size:20px;')

GMT = datetime.timezone(datetime.timedelta(hours=8))
def count():
    now = datetime.datetime.now(tz=GMT).strftime('%H:%M:%S')   # 取得目前的時間，
                                                               # 格式使用 H:M:S
    label2.setText(now)                          # QLabel 顯示數字
```

```
timer = QtCore.QTimer()                      # 加入定時器
timer.timeout.connect(count)                 # 設定定時要執行的 function
timer.start(1000)                            # 啟用定時器，設定間隔時間為 500 毫秒

Form.show()
sys.exit(app.exec())
```

❖ 範例程式碼：ch14/code04.py

使用 class 寫法：

```
# 將 PyQt6 換成 PyQt5 就能改用 PyQt5
from PyQt6 import QtWidgets, QtCore
import sys
import datetime

class MyWidget(QtWidgets.QWidget):
    def __init__(self):
        super().__init__()
        self.setWindowTitle('oxxo.studio')
        self.resize(400, 300)
        self.ui()

    def ui(self):
        self.GMT = datetime.timezone(datetime.timedelta(hours=8))

        self.label1 = QtWidgets.QLabel(self)        # 加入 QLabel 顯示文字
        self.label1.setGeometry(20,10,100,40)
        self.label1.setStyleSheet('font-size:20px;')
        self.label1.setText('目前時間：')

        self.label2 = QtWidgets.QLabel(self)        # 加入 QLabel 顯示時間
        self.label2.setGeometry(130,10,200,40)
        self.label2.setStyleSheet('font-size:20px;')

    def clock(self):
        now = datetime.datetime.now(tz=self.GMT).strftime('%H:%M:%S')
# 取得目前的時間，格式使用 H:M:S
        self.label2.setText(now)        # QLabel 顯示數字

if __name__ == '__main__':
    app = QtWidgets.QApplication(sys.argv)
    Form = MyWidget()
```

```
    Form.show()
    timer = QtCore.QTimer()             # 加入定時器
    timer.timeout.connect(Form.clock)   # 設定定時要執行的 function
    timer.start(1000)                   # 啟用定時器，設定間隔時間為 500 毫秒
    sys.exit(app.exec())
```

❖ 範例程式碼：ch14/code04_class.py

世界時鐘，同時顯示不同時區時間

　　了解原理後，就能先建立不同時區的串列，再藉由串列搭配 for 迴圈產生對應的 QLabel（可以減少許多程式碼），就能在畫面中一次顯示多個時區的時間。

```
# 將 PyQt6 換成 PyQt5 就能改用 PyQt5
from PyQt6 import QtWidgets, QtCore
import sys
import datetime

app = QtWidgets.QApplication(sys.argv)

Form = QtWidgets.QWidget()
Form.setWindowTitle('oxxo.studio')
Form.resize(300, 300)

# 定義產生不同時區時間的函式
GMT = datetime.timezone(datetime.timedelta(hours=8))
def timezone(h):
    GMT = datetime.timezone(datetime.timedelta(hours=h))              # 取得時區
    now = datetime.datetime.now(tz=GMT).strftime('%H:%M:%S')          # 取得該時區的時間
```

```
        return now

name = ['倫敦','台灣','日本','紐約']          # 四個時區的名稱串列
loc_time = [1,8,9,-4]                      # 四個時區的 GMT 數字
labels_1 = {}
labels_2 = {}

for i in name:
    index = name.index(i)                  # 位置對應順序
    labels_1[i] = QtWidgets.QLabel(Form)    # 加入 QLabel 顯示位置
    labels_1[i].setGeometry(20, 10+index*30, 100, 40)
    labels_1[i].setStyleSheet('font-size:20px;')
    labels_1[i].setText(f'{i}時間：')
    labels_2[i] = QtWidgets.QLabel(Form)    # 加入 QLabel 顯示時間
    labels_2[i].setGeometry(130, 10+index*30, 100, 40)
    labels_2[i].setStyleSheet('font-size:20px;')
    labels_2[i].setText(f'{timezone(loc_time[index])}')# 取得該時區的時間

def clock():
    for i in name:
        index = name.index(i)
        labels_2[i].setText(f'{timezone(loc_time[index])}')

timer = QtCore.QTimer()            # 加入定時器
timer.timeout.connect(clock)       # 設定定時要執行的 function
timer.start(1000)                  # 啟用定時器，設定間隔時間為 500 毫秒

Form.show()
sys.exit(app.exec())
```

❖ 範例程式碼：ch14/code05.py

使用 class 寫法：

```
# 將 PyQt6 換成 PyQt5 就能改用 PyQt5
from PyQt6 import QtWidgets, QtCore
import sys
import datetime

class MyWidget(QtWidgets.QWidget):
    def __init__(self):
        super().__init__()
        self.setWindowTitle('oxxo.studio')
        self.resize(400, 300)
```

```python
        self.ui()

    def ui(self):
        self.name = ['倫敦','台灣','日本','紐約']       # 四個時區的名稱串列
        self.loc_time = [1,8,9,-4]                    # 四個時區的 GMT 數字
        self.labels_1 = {}
        self.labels_2 = {}

        for i in self.name:
            index = self.name.index(i)                # 位置對應順序
            self.labels_1[i] = QtWidgets.QLabel(self)
                                                      # 加入 QLabel 顯示位置
            self.labels_1[i].setGeometry(20, 10+index*30, 100, 40)
            self.labels_1[i].setStyleSheet('font-size:20px;')
            self.labels_1[i].setText(f'{i} 時間：')
            self.labels_2[i] = QtWidgets.QLabel(self)
                                                      # 加入 QLabel 顯示時間
            self.labels_2[i].setGeometry(130, 10+index*30, 100, 40)
            self.labels_2[i].setStyleSheet('font-size:20px;')
            self.labels_2[i].setText(f'{self.timezone(self.loc_
time[index])}')                                       # 取得該時區的時間

    def timezone(self, h):
        GMT = datetime.timezone(datetime.timedelta(hours=h))   # 取得時區
        now = datetime.datetime.now(tz=GMT).strftime('%H:%M:%S')
                                                      # 取得該時區的時間

        return now

    def clock(self):
        for i in self.name:
            index = self.name.index(i)
            self.labels_2[i].setText(f'{self.timezone(self.loc_
time[index])}')

if __name__ == '__main__':
    app = QtWidgets.QApplication(sys.argv)
    Form = MyWidget()
    Form.show()
    timer = QtCore.QTimer()                # 加入定時器
    timer.timeout.connect(Form.clock)      # 設定定時要執行的 function
    timer.start(1000)                      # 啟用定時器，設定間隔時間為 500 毫秒
    sys.exit(app.exec())
```

❖ 範例程式碼：ch14/code05_class.py

14-3 開啟多個檔案，儲存為壓縮檔

這個小節會將 PyQt 結合 Python 的 zipfile 標準函式庫，實作一個能透過介面開啟多個檔案，並將多個檔案壓縮為 zip 壓縮檔的應用功能。

🔗 在多行輸入框裡顯示檔案路徑

在畫面中加入兩個 QPushButton 按鈕以及一個 QTextEdit 多行輸入框，在點擊開啟檔案的按鈕時，使用 QFileDialog 選擇檔案，並將開啟的檔案路徑加入 fileList 空串列中，最後將串列內容透過換行符合併為文字，由多行輸入框顯示文字內容。

額外參考：https://steam.oxxostudio.tw/category/python/basic/list-2.html

```
# 將 PyQt6 換成 PyQt5 就能改用 PyQt5
from PyQt6 import QtWidgets
import sys
import zipfile

app = QtWidgets.QApplication(sys.argv)

Form = QtWidgets.QWidget()
Form.setWindowTitle('oxxo.studio')
Form.resize(400, 300)
```

```
fileList = []    # 建立最後檔案清單

def open():
    filePath , filterType = QtWidgets.QFileDialog.getOpenFileNames()
# 選擇檔案對話視窗
    print(filePath , filterType)
    # 如果檔案清單裡沒有開啟的檔案，就將檔案路徑存入清單中
    for i in filePath:
        if i not in fileList:
            fileList.append(i)             # 將開啟的檔案添加到輸出清單裡
    output = '\n'.join(fileList)           # 使用換行符號,合併檔案清單為文字
    input.setText(output)                  # 多行輸入框中顯示文字

btn1 = QtWidgets.QPushButton(Form)         # 在 Form 中加入一個 QPushButton
btn1.setText(' 選擇檔案 ')                   # 按鈕文字
btn1.setGeometry(20,5,80,35)
btn1.clicked.connect(open)

input = QtWidgets.QTextEdit(Form)          # QTextEdit 多行輸入框
input.setGeometry(20,40,360,240)
input.setLineWrapMode(input.LineWrapMode.NoWrap) # 設定不要自動換行,除非遇到換行符號

Form.show()
sys.exit(app.exec())
```

❖ 範例程式碼：ch14/code06.py

使用 class 寫法：

```
# 將 PyQt6 換成 PyQt5 就能改用 PyQt5
from PyQt6 import QtWidgets
import sys
import zipfile

class MyWidget(QtWidgets.QWidget):
    def __init__(self):
        super().__init__()
        self.setWindowTitle('oxxo.studio')
        self.resize(400, 300)
        self.ui()

    def ui(self):
        self.fileList = []
```

```
        self.btn1 = QtWidgets.QPushButton(self)
        self.btn1.setText('選擇檔案')
        self.btn1.setGeometry(20,5,80,35)
        self.btn1.clicked.connect(self.open)

        self.btn2 = QtWidgets.QPushButton(self)
        self.btn2.setText('壓縮存檔')
        self.btn2.setGeometry(300,5,80,35)

        self.input = QtWidgets.QTextEdit(self)
        self.input.setGeometry(20,40,360,240)
        self.input.setLineWrapMode(self.input.LineWrapMode.NoWrap)

    def open(self):
        filePath , filterType = QtWidgets.QFileDialog.getOpenFileNames()
        print(filePath , filterType)
        for i in filePath:
            if i not in self.fileList:
                self.fileList.append(i)
        output = '\n'.join(self.fileList)
        self.input.setText(output)

if __name__ == '__main__':
    app = QtWidgets.QApplication(sys.argv)
    Form = MyWidget()
    Form.show()
    sys.exit(app.exec())
```

❖ 範例程式碼：ch14/code06_class.py

儲存為 ZIP 壓縮檔

　　載入 zipfile 標準函式庫，點擊壓縮檔案的按鈕時，根據 fileList 檔案清單裡的路徑，將檔案壓縮成一個 test.zip 檔案。

額外參考：https://steam.oxxostudio.tw/category/python/library/zipfile.html

```python
# 將 PyQt6 換成 PyQt5 就能改用 PyQt5
from PyQt6 import QtWidgets
import sys
import zipfile

app = QtWidgets.QApplication(sys.argv)

Form = QtWidgets.QWidget()
Form.setWindowTitle('oxxo.studio')
Form.resize(400, 300)

fileList = []

def open():
    filePath , filterType = QtWidgets.QFileDialog.getOpenFileNames()
    print(filePath , filterType)
    for i in filePath:
        if i not in fileList:
            fileList.append(i)
    output = '\n'.join(fileList)
    input.setText(output)

def zipFile():
    zf = zipfile.ZipFile('test.zip', mode='w')  # 建立壓縮檔
    for i in fileList:
        zf.write(i)        # 檔案寫入壓縮檔
    zf.close()             # 關閉壓縮檔

btn1 = QtWidgets.QPushButton(Form)
btn1.setText(' 選擇檔案 ')
btn1.setGeometry(20,5,80,35)
btn1.clicked.connect(open)
```

```
btn2 = QtWidgets.QPushButton(Form)
btn2.setText(' 壓縮存檔 ')
btn2.setGeometry(300,5,80,35)
btn1.clicked.connect(zipFile)   # 點擊按鈕時執行壓縮的函式

input = QtWidgets.QTextEdit(Form)
input.setGeometry(20,40,360,240)
input.setLineWrapMode(input.LineWrapMode.NoWrap)

Form.show()
sys.exit(app.exec())
```

❖ 範例程式碼：ch14/code07.py

使用 class 寫法：

```
# 將 PyQt6 換成 PyQt5 就能改用 PyQt5
from PyQt6 import QtWidgets
import sys
import zipfile

class MyWidget(QtWidgets.QWidget):
    def __init__(self):
        super().__init__()
        self.setWindowTitle('oxxo.studio')
        self.resize(400, 300)
        self.ui()

    def ui(self):
        self.fileList = []

        self.btn1 = QtWidgets.QPushButton(self)
        self.btn1.setText(' 選擇檔案 ')
        self.btn1.setGeometry(20,5,80,35)
        self.btn1.clicked.connect(self.open)

        self.btn2 = QtWidgets.QPushButton(self)
        self.btn2.setText(' 壓縮存檔 ')
        self.btn2.setGeometry(300,5,80,35)
        self.btn2.clicked.connect(self.zipFile)

        self.input = QtWidgets.QTextEdit(self)
        self.input.setGeometry(20,40,360,240)
        self.input.setLineWrapMode(self.input.LineWrapMode.NoWrap)
```

```
    def open(self):
        filePath , filterType = QtWidgets.QFileDialog.getOpenFileNames()
        print(filePath , filterType)
        for i in filePath:
            if i not in self.fileList:
                self.fileList.append(i)
        output = '\n'.join(self.fileList)
        self.input.setText(output)

    def zipFile(self):
        zf = zipfile.ZipFile('test.zip', mode='w')
        for i in self.fileList:
            zf.write(i)
        zf.close()

if __name__ == '__main__':
    app = QtWidgets.QApplication(sys.argv)
    Form = MyWidget()
    Form.show()
    sys.exit(app.exec())
```

❖ 範例程式碼：ch14/code07_class.py

14-4 發送 LINE Notify（文字、表情、圖片）

這個小節會使用 PyQt 設計一個操作介面，在介面中可以輸入文字、貼圖代號以及選擇電腦中的檔案，將這些資料透過 LINE Notify 發送到指定的帳號或群組裡。

預計畫面和功能

介面裡會包含「輸入文字的欄位」、「傳送表情貼圖的號碼」以及「開啟圖片」的功能，預計完成的畫面如下：

🔗 安裝 Requests 函式庫

發送 LINE Notify 需要透過三方函式庫 Requests 函式庫，如果是使用 Colab 或 Anaconda，預設已經安裝了 requests 函式庫，不用額外安裝，如果是本機環境，輸入下列指令，就能安裝 requests 函式庫（依據每個人的作業環境不同，可使用 pip 或 pip3 或 pipenv）。

額外參考：
https://steam.oxxostudio.tw/category/python/spider/requests.html

```
pip install requests
```

🔗 申請 LINE Notify Token

登入 LINE Notify 網站並發行「權杖」(token)。

- LINE Notify：https://notify-bot.line.me/
- 參考：https://steam.oxxostudio.tw/category/python/spider/line-notify.html

🔗 完整程式碼

　　因為 LINE Notify 可以傳送文字、表情貼圖和圖片，所以可以設計「輸入欄位」以及「開啟檔案」的功能，實作出一個能夠傳送 LINE Notify 訊息的介面，程式邏輯設計的重點如下：

● 需要有傳送文字的欄位，如果沒有文字內容，預設會變成「一個空白」（必須要有一個空白才能傳送文字、表情或圖片）。

● 因為表情貼圖和圖片只能「擇一傳送」，因此可以使用「勾選方塊」設計出「切換」功能。

● 如果要傳送圖片，可以透過按鈕開啟檔案選取視窗，取得要傳送的圖片路徑，再透過讀取檔案的方式傳送二進位圖片。

　　詳細說明寫在程式碼中：

```python
# 將 PyQt6 換成 PyQt5 就能改用 PyQt5
from PyQt6 import QtWidgets
import sys
import requests

app = QtWidgets.QApplication(sys.argv)

Form = QtWidgets.QWidget()
Form.setWindowTitle('oxxo.studio')
Form.resize(400, 400)

# 建立要傳送的變數，預設都是空值
text = ''
img_url = ''
package_id = ''
sticker_id = ''
token = ''
package_id_temp = ''
sticker_id_temp = ''
img_url_temp = ''

# 取得要傳送的文字
def f1():
    global text
```

```
    text = input.toPlainText()          # 修改 text 變數內容為輸入欄位裡文字

label_1 = QtWidgets.QLabel(Form)        # 在 Form 裡加入標籤
label_1.setText(' 傳送文字 ')            # 設定標籤文字
label_1.setGeometry(20,5,100,40)

input = QtWidgets.QTextEdit(Form)        # QTextEdit 多行輸入框
input.setGeometry(20,40,360,150)
input.setLineWrapMode(input.LineWrapMode.NoWrap) # 設定不要自動換行，除非遇到換行符號
input.textChanged.connect(f1)           # 內容改變時執行 f1 函式

# 勾選傳送貼圖時要做的動作
def sticker():
    global package_id, sticker_id, img_url, package_id_temp, sticker_
id_temp, img_url_temp
    # 如果勾選
    if cb.isChecked():
        img_url_temp = img_url          # 將圖片網址存到暫存變數裡
        img_url = ''                    # 清空圖片網址
        package_id = package_id_temp    # 讀取暫存變數的 package ID
        sticker_id = sticker_id_temp    # 讀取暫存變數的 Sticker ID
        label_p.setDisabled(False)      # 啟用表情區域的標籤
        box_p.setDisabled(False)        # 啟用表情區域的輸入欄位
        label_s.setDisabled(False)      # 啟用表情區域的標籤
        box_s.setDisabled(False)        # 啟用表情區域的輸入欄位
        label_img.setDisabled(True)     # 停用圖片區域的標籤
        btn_img.setDisabled(True)       # 停用圖片區域的按鈕
        input_img.setDisabled(True)     # 停用圖片區域的輸入欄位
    else:
        img_url = img_url_temp          # 讀取暫存變數的圖片網址
        package_id_temp = package_id    # 將 package ID 存到暫存變數裡
        sticker_id_temp = sticker_id    # 將 Sticker ID 存到暫存變數裡
        package_id = ''                 # 清空 package_id
        sticker_id = ''                 # 清空 sticker_id
        label_p.setDisabled(True)       # 停用表情區域的標籤
        box_p.setDisabled(True)         # 停用表情區域的輸入欄位
        label_s.setDisabled(True)       # 停用表情區域的標籤
        box_s.setDisabled(True)         # 停用表情區域的輸入欄位
        label_img.setDisabled(False)    # 啟用圖片區域的標籤
        btn_img.setDisabled(False)      # 啟用圖片區域的按鈕
        input_img.setDisabled(False)    # 啟用圖片區域的輸入欄位

# 按下送出按鈕時，要發送 LINe Notify 的函式
```

```python
def sendLineNotify(msg='', token='', img_url='', package_id='',
sticker_id=''):
    # 如果 msg 為空，將 msg 改成一個空白（必須）
    if msg == '':
        msg = ' '
    # 如果沒有 token，就不執行傳送命令
    if token != '':
        url = 'https://notify-api.line.me/api/notify'
        token = token
        headers = {
        'Authorization': 'Bearer ' + token
        }
        # 如果具有 package ID 和 Sticker ID
        if package_id != '' and sticker_id != '':
            # 傳送表情貼圖
            data = {
                'message':msg,
                'stickerPackageId':package_id,
                'stickerId':sticker_id
            }
            result = requests.post(url, headers=headers, data=data)
        else:
            # 如果沒有圖片來源網址
            if img url == '':
                # 傳送文字
                data = {
                    'message':msg
                }
                result = requests.post(url, headers=headers, data=data)
            else:
                data = {
                    'message':msg
                }
                # 傳送夾帶二進位圖片的內容
                image = open(img_url, 'rb')
                imageFile = {'imageFile' : image}
                result = requests.post(url, headers=headers, data=data,
files=imageFile)
        print(result)   # 印出傳送結果，200 表示傳送成功

# 輸入表情 ID 的函式
def f2():
    global package_id, sticker_id
```

```
      package_id = box_p.text()          # 修改 package_id 變數內容為輸入欄位裡文字
      sticker_id = box_s.text()          # 修改 sticker_id 變數內容為輸入欄位裡文字

cb = QtWidgets.QCheckBox(Form)           # 加入複選按鈕
cb.move(15, 200)
cb.setText('傳送表情')
cb.clicked.connect(sticker)              # 如果勾選，執行 sticker()

label_help = QtWidgets.QLabel(Form)      # 超連結連到 LINE 表情網站
label_help.setText('( <a href="https://developers.line.biz/en/docs/
messaging-api/sticker-list/#specify-sticker-in-message-object">表情清單
</a> )')             # 設定標籤文字
label_help.setGeometry(20,215,100,30)
label_help.setOpenExternalLinks(True)    # 允許超連結

label_p = QtWidgets.QLabel(Form)         # 在 Form 裡加入標籤
label_p.setText('package ID')            # 設定標籤文字
label_p.setGeometry(120,190,100,40)
label_p.setDisabled(True)

box_p = QtWidgets.QLineEdit(Form)        # 加入單行輸入框
box_p.setGeometry(115,220,100,25)
box_p.setDisabled(True)
box_p.textChanged.connect(f2)            # 內容改變時執行 f2()

label_s = QtWidgets.QLabel(Form)         # 在 Form 裡加入標籤
label_s.setText('sticker ID')            # 設定標籤文字
label_s.setGeometry(230,190,100,40)
label_s.setDisabled(True)

box_s = QtWidgets.QLineEdit(Form)        # 加入單行輸入框
box_s.setGeometry(225,220,100,25)
box_s.setDisabled(True)
box_s.textChanged.connect(f2)            # 內容改變時執行 f2()

# 開啟圖片的韓式
def f3():
    filePath , filetype = QtWidgets.QFileDialog.
getOpenFileName(filter='IMAGE(*.jpg)')
    input_img.setText(filePath)

# 圖片欄位改變時的函式
def f4():
```

```
    global img_url
    img_url = input_img.text()            # 修改 img_url 變數內容為輸入欄位裡文字

label_img= QtWidgets.QLabel(Form)          # 在 Form 裡加入標籤
label_img.setText('傳送圖片')             # 設定標籤文字
label_img.setGeometry(20,255,100,30)

btn_img = QtWidgets.QPushButton(Form)      # 在 Form 中加入一個 QPushButton
btn_img.setText('開啟')                   # 按鈕文字
btn_img.setGeometry(15,280,60,30)
btn_img.clicked.connect(f3)                # 點擊按鈕時執行 f3()

input_img = QtWidgets.QLineEdit(Form)      # 建立單行輸入框
input_img.setGeometry(85,283,295,25)       # 設定位置和尺寸
input_img.textChanged.connect(f4)          # 輸入欄位改變時執行 f4()

# token 欄位內容改變時的函式
def f_token():
    global token
    token = input_token.text()             # 修改 token 變數內容為輸入欄位裡文字

label_token= QtWidgets.QLabel(Form)        # 在 Form 裡加入標籤
label_token.setText('LINE Notify Token')      # 設定標籤文字
label_token.setGeometry(20,320,200,30)

input_token = QtWidgets.QLineEdit(Form)       # 建立單行輸入框
input_token.setGeometry(15,350,295,25)        # 設定位置和尺寸
input_token.textChanged.connect(f_token)      # 輸入欄位改變時執行 f_token()

btn_send = QtWidgets.QPushButton(Form)         # 在 Form 中加入一個 QPushButton
btn_send.setText('送出')                      # 按鈕文字
btn_send.setGeometry(320,320,60,60)
btn_send.setStyleSheet('font-size:20px;')
# 點擊按鈕時執行 sendLineNotify()
btn_send.clicked.connect(lambda:sendLineNotify(text, token, img_url,
package_id, sticker_id))

Form.show()
sys.exit(app.exec())
```

❖ 範例程式碼：ch14/code08.py

使用 class 寫法：

```
# 將 PyQt6 換成 PyQt5 就能改用 PyQt5
from PyQt6 import QtWidgets
import sys
import requests

class MyWidget(QtWidgets.QWidget):
    def __init__(self):
        super().__init__()
        self.setWindowTitle('oxxo.studio')
        self.resize(400, 400)
        # 建立要傳送的變數，預設都是空值
        self.text = ''
        self.img_url = ''
        self.package_id = ''
        self.sticker_id = ''
        self.token = ''
        self.package_id_temp = ''
        self.sticker_id_temp = ''
        self.img_url_temp = ''
        self.ui()

    def ui(self):
        self.label_1 = QtWidgets.QLabel(self)              # 在 Form 裡加入標籤
        self.label_1.setText('傳送文字')                    # 設定標籤文字
        self.label_1.setGeometry(20,5,100,40)

        self.input = QtWidgets.QTextEdit(self)             # QTextEdit 多行輸入框
        self.input.setGeometry(20,40,360,150)
        self.input.setLineWrapMode(self.input.LineWrapMode.NoWrap)   # 設定不要
                                                             自動換行，除非遇到換行符號
        self.input.textChanged.connect(self.f1)            # 內容改變時執行 f1 函式

        self.cb = QtWidgets.QCheckBox(self)                # 加入複選按鈕
        self.cb.move(15, 200)
        self.cb.setText('傳送表情')
        self.cb.clicked.connect(self.sticker)              # 如果勾選，執行 sticker()

        self.label_help = QtWidgets.QLabel(self)           # 超連結連到 LINE 表情網站
        self.label_help.setText('( <a href="https://developers.line.
biz/en/docs/messaging-api/sticker-list/#specify-sticker-in-message-
object">表情清單</a> )')                                    # 設定標籤文字
        self.label_help.setGeometry(20,215,100,30)
```

```
self.label_help.setOpenExternalLinks(True)        # 允許超連結

self.label_p = QtWidgets.QLabel(self)             # 在 Form 裡加入標籤
self.label_p.setText('package ID')                # 設定標籤文字
self.label_p.setGeometry(120,190,100,40)
self.label_p.setDisabled(True)

self.box_p = QtWidgets.QLineEdit(self)            # 加入單行輸入框
self.box_p.setGeometry(115,220,100,25)
self.box_p.setDisabled(True)
self.box_p.textChanged.connect(self.f2)           # 內容改變時執行 f2()

self.label_s = QtWidgets.QLabel(self)             # 在 Form 裡加入標籤
self.label_s.setText('sticker ID')                # 設定標籤文字
self.label_s.setGeometry(230,190,100,40)
self.label_s.setDisabled(True)

self.box_s = QtWidgets.QLineEdit(self)            # 加入單行輸入框
self.box_s.setGeometry(225,220,100,25)
self.box_s.setDisabled(True)
self.box_s.textChanged.connect(self.f2)           # 內容改變時執行 f2()

self.label_img= QtWidgets.QLabel(self)            # 在 Form 裡加入標籤
self.label_img.setText(' 傳送圖片 ')               # 設定標籤文字
self.label_img.setGeometry(20,255,100,30)

self.btn_img = QtWidgets.QPushButton(self)        # 在 Form 中加入一個
                                                  # QPushButton
self.btn_img.setText(' 開啟 ')                     # 按鈕文字
self.btn_img.setGeometry(15,280,60,30)
self.btn_img.clicked.connect(self.f3)             # 點擊按鈕時執行 f3()

self.input_img = QtWidgets.QLineEdit(self)        # 建立單行輸入框
self.input_img.setGeometry(85,283,295,25)         # 設定位置和尺寸
self.input_img.textChanged.connect(self.f4)       # 輸入欄位改變時執行 f4()

self.label_token= QtWidgets.QLabel(self)          # 在 Form 裡加入標籤
self.label_token.setText('LINE Notify Token')     # 設定標籤文字
self.label_token.setGeometry(20,320,200,30)

self.input_token = QtWidgets.QLineEdit(self)      # 建立單行輸入框
self.input_token.setGeometry(15,350,295,25)       # 設定位置和尺寸
self.input_token.textChanged.connect(self.f_token)  # 輸入欄位改變時執行
                                                    # f_token()
```

```
            self.btn_send = QtWidgets.QPushButton(self)      # 在 Form 中加入一個
                                                               QPushButton
            self.btn_send.setText(' 送出 ')                    # 按鈕文字
            self.btn_send.setGeometry(320,320,60,60)
            self.btn_send.setStyleSheet('font-size:20px;')
            # 點擊按鈕時執行 sendLineNotify()
            self.btn_send.clicked.connect(lambda:self.sendLineNotify(self.
text, self.token, self.img_url, self.package_id, self.sticker_id))

    # 取得要傳送的文字
    def f1(self):
        self.text = self.input.toPlainText()    # 修改 text 變數內容為輸入欄位裡文字

    # 開啟圖片的韓式
    def f3(self):
        filePath , filetype = QtWidgets.QFileDialog.
getOpenFileName(filter='IMAGE(*.jpg)')
        self.input_img.setText(filePath)

    # 輸入表情 ID 的函式
    def f2(self):
        self.package_id = self.box_p.text()              # 修改 package_id 變數
                                                           內容為輸入欄位裡文字

        self.sticker_id = self.box_s.text()              # 修改 sticker_id 變數
                                                           內容為輸入欄位裡文字

    # 圖片欄位改變時的函式
    def f4(self):
        self.img_url = self.input_img.text()             # 修改 img_url 變數
                                                           內容為輸入欄位裡文字

    # token 欄位內容改變時的函式
    def f_token(self):
        self.token = self.input_token.text()             # 修改 token 變數內容
                                                           為輸入欄位裡文字

    # 勾選傳送貼圖時要做的動作
    def sticker(self):
        # 如果勾選
        if self.cb.isChecked():
            self.img_url_temp = self.img_url             # 將圖片網址存到暫存變數裡
            self.img_url = ''                            # 清空圖片網址
            self.package_id = self.package_id_temp       # 讀取暫存變數的
                                                           package ID
```

```python
            self.sticker_id = self.sticker_id_temp      # 讀取暫存變數的
                                                        # Sticker ID
            self.label_p.setDisabled(False)             # 啟用表情區域的標籤
            self.box_p.setDisabled(False)               # 啟用表情區域的輸入欄位
            self.label_s.setDisabled(False)             # 啟用表情區域的標籤
            self.box_s.setDisabled(False)               # 啟用表情區域的輸入欄位
            self.label_img.setDisabled(True)            # 停用圖片區域的標籤
            self.btn_img.setDisabled(True)              # 停用圖片區域的按鈕
            self.input_img.setDisabled(True)            # 停用圖片區域的輸入欄位
        else:
            self.img_url = self.img_url_temp            # 讀取暫存變數的圖片網址
            self.package_id_temp = self.package_id # 將 package ID 存到暫存變數裡
            self.sticker_id_temp = self.sticker_id # 將 Sticker ID 存到暫存變數裡
            self.package_id = ''                        # 清空 package_id
            self.sticker_id = ''                        # 清空 sticker_id
            self.label_p.setDisabled(True)              # 停用表情區域的標籤
            self.box_p.setDisabled(True)                # 停用表情區域的輸入欄位
            self.label_s.setDisabled(True)              # 停用表情區域的標籤
            self.box_s.setDisabled(True)                # 停用表情區域的輸入欄位
            self.label_img.setDisabled(False)           # 啟用圖片區域的標籤
            self.btn_img.setDisabled(False)             # 啟用圖片區域的按鈕
            self.input_img.setDisabled(False)           # 啟用圖片區域的輸入欄位

    # 按下送出按鈕時，要發送 LINe Notify 的函式
    def sendLineNotify(self, msg='', token='', img_url='', package_
id='', sticker_id=''):
        # 如果 msg 為空，將 msg 改成一個空白 （必須）
        if msg == '':
            msg = ' '
        # 如果沒有 token，就不執行傳送命令
        if token != '':
            url = 'https://notify-api.line.me/api/notify'
            token = token
            headers = {
            'Authorization': 'Bearer ' + token
            }
            # 如果具有 package ID 和 Sticker ID
            if package_id != '' and sticker_id != '':
                # 傳送表情貼圖
                data = {
                    'message':msg,
                    'stickerPackageId':package_id,
                    'stickerId':sticker_id
                }
```

```
          result = requests.post(url, headers=headers, data=data)
      else:
          # 如果沒有圖片來源網址
          if img_url == '':
              # 傳送文字
              data = {
                  'message':msg
              }
              result = requests.post(url, headers=headers, data=data)
          else:
              data = {
                  'message':msg
              }
              # 傳送夾帶二進位圖片的內容
              image = open(img_url, 'rb')
              imageFile = {'imageFile' : image}
              result = requests.post(url, headers=headers,
data=data, files=imageFile)
          print(result)   # 印出傳送結果，200 表示傳送成功

if __name__ == '__main__':
    app = QtWidgets.QApplication(sys.argv)
    Form = MyWidget()
    Form.show()
    sys.exit(app.exec())
```

❖ 範例程式碼：ch14/code08_class.py

14-5　搭配 OpenCV 實作電腦攝影機

這個小節會將 PyQt 結合 OpenCV 讀取攝影鏡頭的功能，實作一個能讀取電腦鏡頭的攝影機功能。

🔗 所需技術

要實作這個範例，必須要先具備基礎的 OpenCV 能力（至少要安裝 OpenCV）以及了解什麼是 threading 多執行緒，可以透過下列文章了解相關知識：

- https://steam.oxxostudio.tw/category/python/ai/opencv.html
- https://steam.oxxostudio.tw/category/python/ai/opencv-read-video.html
- https://steam.oxxostudio.tw/category/python/library/threading.html

🔗 結合 OpenCV 讀取攝影機畫面

載入對應的函式庫與模組，就能將 OpenCV 與 PyQt6 的程式整合，詳細解說在程式碼的註解中，下方列出一些重點：

- 因為 PyQt6 的視窗本身是「迴圈」，所以需要使用 threading 將 OpenCV 讀取影像的功能，放在另外的執行緒執行。
- OpenCV 讀取的影像色彩為 BGR，必須先轉換成 RGB，再使用 PyQt6 的 QImage 讀取，才能在視窗中正常顯示。

```
# 將 PyQt6 換成 PyQt5 就能改用 PyQt5
from PyQt6 import QtWidgets
from PyQt6.QtGui import QImage, QPixmap
import sys, cv2, threading

app = QtWidgets.QApplication(sys.argv)

Form = QtWidgets.QWidget()
Form.setWindowTitle('oxxo.studio')
Form.resize(300, 200)
```

```
label = QtWidgets.QLabel(Form)        # 建立 QLabel
label.setGeometry(0,0,300,200)        # 設定 QLabel 大小和視窗相同

def opencv():
    cap = cv2.VideoCapture(0)         # 設定攝影機鏡頭
    if not cap.isOpened():
        print("Cannot open camera")
        exit()
    while True:
        ret, frame = cap.read()       # 讀取攝影機畫面
        if not ret:
            print("Cannot receive frame")
            break
        frame = cv2.resize(frame, (300, 200))    # 改變尺寸和視窗相同
        frame = cv2.cvtColor(frame, cv2.COLOR_BGR2RGB)  # 轉換成 RGB
        height, width, channel = frame.shape     # 讀取尺寸和 channel 數量
        bytesPerline = channel * width           # 設定 bytesPerline ( 轉換使用 )
        # 轉換影像為 QImage，讓 PyQt6 可以讀取
        img = QImage(frame, width, height, bytesPerline, QImage.Format.
Format_RGB888)
        # img = QImage(frame, width, height, bytesPerline, QImage.
Format_RGB888)  # PyQt5 寫法
        label.setPixmap(QPixmap.fromImage(img)) # QLabel 顯示影像

video = threading.Thread(target=opencv)
video.start()

Form.show()
sys.exit(app.exec())
```

❖ 範例程式碼：ch14/code09.py

使用 class 寫法：

```
# 將 PyQt6 換成 PyQt5 就能改用 PyQt5
from PyQt6 import QtWidgets
from PyQt6.QtGui import QImage, QPixmap
import sys, cv2, threading, random

class MyWidget(QtWidgets.QWidget):
    def __init__(self):
        super().__init__()
        self.setWindowTitle('oxxo.studio')
        self.resize(300, 200)
```

```
        self.setUpdatesEnabled(True)
        self.ui()

    def ui(self):
        self.label = QtWidgets.QLabel(self)        # 建立 QLabel
        self.label.setGeometry(0,0,300,200)        # 設定 QLabel 大小和視窗相同


    def opencv(self):
        cap = cv2.VideoCapture(0)                  # 設定攝影機鏡頭
        if not cap.isOpened():
            print("Cannot open camera")
            exit()
        while True:
            ret, frame = cap.read()                # 讀取攝影機畫面
            if not ret:
                print("Cannot receive frame")
                break
            frame = cv2.resize(frame, (300, 200))       # 改變尺寸和視窗相同
            frame = cv2.cvtColor(frame, cv2.COLOR_BGR2RGB)  # 轉換成 RGB
            height, width, channel = frame.shape        # 讀取尺寸和 channel 數量
            bytesPerline = channel * width          # 設定 bytesPerline ( 轉換使用 )
            # 轉換影像為 QImage，讓 PyQt6 可以讀取
            img = QImage(frame, width, height, bytesPerline, QImage.
Format.Format_RGB888)
            # img = QImage(frame, width, height, bytesPerline, QImage.
Format_RGB888)  # PyQt5 寫法
            self.label.setPixmap(QPixmap.fromImage(img)) # QLabel 顯示影像

if __name__ == '__main__':
    app = QtWidgets.QApplication(sys.argv)
    Form = MyWidget()
    video = threading.Thread(target=Form.opencv)
    video.start()
    Form.show()
    sys.exit(app.exec())
```

❖ 範例程式碼：ch14/code09_class.py

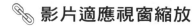 **影片適應視窗縮放**

如果要讓攝影機拍攝影片的尺寸可以隨著視窗縮放，就需要搭配視窗縮放的事件（參考「Chapter 03、建立視窗」），透過兩個全域變數紀錄視窗長寬，就能在改變視窗尺寸時，影片的尺寸也隨之變化。

```python
# 將 PyQt6 換成 PyQt5 就能改用 PyQt5
from PyQt6 import QtWidgets
from PyQt6.QtGui import QImage, QPixmap
import sys, cv2, threading

app = QtWidgets.QApplication(sys.argv)
window_w, window_h = 300, 200          # 定義預設長寬尺寸

Form = QtWidgets.QWidget()
Form.setWindowTitle('oxxo.studio')
Form.resize(window_w, window_h)        # 使用變數

def windowResize(self):
    global window_w, window_h          # 定義使用全域變數
    window_w = Form.width()            # 讀取視窗寬度
    window_h = Form.height()           # 讀取視窗高度
    label.setGeometry(0,0,window_w,window_h)  # 設定 QLabel 長寬

Form.resizeEvent = windowResize        # 定義視窗尺寸改變時的要執行的函式

label = QtWidgets.QLabel(Form)
label.setGeometry(0,0,window_w,window_h)  # 使用變數

def opencv():
    global window_w, window_h          # 定義使用全域變數
    cap = cv2.VideoCapture(0)
    if not cap.isOpened():
        print("Cannot open camera")
        exit()
    while True:
        ret, frame = cap.read()
        if not ret:
            print("Cannot receive frame")
            break
        frame = cv2.resize(frame, (window_w, window_h))   # 使用變數
        frame = cv2.cvtColor(frame, cv2.COLOR_BGR2RGB)
```

```
        height, width, channel = frame.shape
        bytesPerline = channel * width
        img = QImage(frame, width, height, bytesPerline, QImage.Format.
Format_RGB888)
        # img = QImage(frame, width, height, bytesPerline, QImage.
Format_RGB888)   # PyQt5 寫法
        label.setPixmap(QPixmap.fromImage(img))

video = threading.Thread(target=opencv)
video.start()

Form.show()
sys.exit(app.exec())
```

✦ 範例程式碼：ch14/code10.py

使用 class 寫法：

```
# 將 PyQt6 換成 PyQt5 就能改用 PyQt5
from PyQt6 import QtWidgets
from PyQt6.QtGui import QImage, QPixmap
import sys, cv2, threading, random

class MyWidget(QtWidgets.QWidget):
    def __init__(self):
        super().__init__()
        self.setWindowTitle('oxxo.studio')
        self.resize(300, 200)
        self.setUpdatesEnabled(True)
        self.window_w, self.window_h = 300, 200       # 定義預設長寬尺寸
        self.ui()

    def ui(self):
        self.label = QtWidgets.QLabel(self)
        self.label.setGeometry(0,0,self.window_w,self.window_h)   # 使用變數

    def resizeEvent(self, event):
        self.window_w = Form.width()       # 讀取視窗寬度
        self.window_h = Form.height()      # 讀取視窗高度
        self.label.setGeometry(0,0,self.window_w,self.window_h)   # 設定 QLabel
                                                                  # 長寬

    def opencv(self):
        cap = cv2.VideoCapture(0)
```

```
            if not cap.isOpened():
                print("Cannot open camera")
                exit()
            while True:
                ret, frame = cap.read()
                if not ret:
                    print("Cannot receive frame")
                    break
                frame = cv2.resize(frame, (self.window_w, self.window_h))
# 使用變數
                frame = cv2.cvtColor(frame, cv2.COLOR_BGR2RGB)
                height, width, channel = frame.shape
                bytesPerline = channel * width
                img = QImage(frame, width, height, bytesPerline, QImage.
Format.Format_RGB888)
                # img = QImage(frame, width, height, bytesPerline, QImage.
Format_RGB888)  # PyQt5 寫法
                self.label.setPixmap(QPixmap.fromImage(img))

if __name__ == '__main__':
    app = QtWidgets.QApplication(sys.argv)
    Form = MyWidget()
    video = threading.Thread(target=Form.opencv)
    video.start()
    Form.show()
    sys.exit(app.exec())
```

❖ 範例程式碼：ch14/code10_class.py

關閉視窗時，結束 OpenCV 程式

實作過程中可能會發現，當視窗關閉時，OpenCV 的程式仍然會繼續運作（因為兩個分處在不同的執行緒），如果要讓視窗關閉時也結束 OpenCV，就必須額外偵測視窗關閉事件，下方的程式執行後，當視窗關閉事件發生，會改變 ocv 全域變數的值，透過 ocv 全域變數，就能同時停止 OpenCV 程式的迴圈。

```python
# 將 PyQt6 換成 PyQt5 就能改用 PyQt5
from PyQt6 import QtWidgets
from PyQt6.QtGui import QImage, QPixmap
import sys, cv2, threading

app = QtWidgets.QApplication(sys.argv)
window_w, window_h = 300, 200

Form = QtWidgets.QWidget()
Form.setWindowTitle('oxxo.studio')
Form.resize(window_w, window_h)

def windowResize(self):
    global window_w, window_h
    window_w = Form.width()
    window_h = Form.height()
    label.setGeometry(0,0,window_w,window_h)

Form.resizeEvent = windowResize

ocv = True                       # 一開始設定為 True
def closeOpenCV(self):
    global ocv
    ocv = False                  # 關閉視窗時設定為 False
Form.closeEvent = closeOpenCV    # 關閉視窗事件發生時，執行 closeOpenCV 函式

label = QtWidgets.QLabel(Form)
label.setGeometry(0,0,window_w,window_h)

def opencv():
    global window_w, window_h, ocv
    cap = cv2.VideoCapture(0)
    if not cap.isOpened():
```

```
        print("Cannot open camera")
        exit()
    # while 迴圈改為 ocv
    while ocv:
        ret, frame = cap.read()
        if not ret:
            print("Cannot receive frame")
            break
        frame = cv2.resize(frame, (window_w, window_h))
        frame = cv2.cvtColor(frame, cv2.COLOR_BGR2RGB)
        height, width, channel = frame.shape
        bytesPerline = channel * width
        img = QImage(frame, width, height, bytesPerline, QImage.Format_
RGB888)
        # img = QImage(frame, width, height, bytesPerline, QImage.
Format_RGB888)  # PyQt5 寫法
        label.setPixmap(QPixmap.fromImage(img))

video = threading.Thread(target=opencv)
video.start()

Form.show()
sys.exit(app.exec())
```

❖ 範例程式碼：ch14/code11.py

使用 class 寫法：

```
# 將 PyQt6 換成 PyQt5 就能改用 PyQt5
from PyQt6 import QtWidgets
from PyQt6.QtGui import QImage, QPixmap
import sys, cv2, threading, random

class MyWidget(QtWidgets.QWidget):
    def __init__(self):
        super().__init__()
        self.setWindowTitle('oxxo.studio')
        self.resize(300, 200)
        self.setUpdatesEnabled(True)
        self.window_w, self.window_h = 300, 200          # 定義預設長寬尺寸
        self.ocv = True
        self.ui()

    def ui(self):
```

```python
        self.label = QtWidgets.QLabel(self)
        self.label.setGeometry(0,0,self.window_w,self.window_h)   # 使用變數

    def resizeEvent(self, event):
        self.window_w = Form.width()                 # 讀取視窗寬度
        self.window_h = Form.height()                # 讀取視窗高度
        self.label.setGeometry(0,0,self.window_w,self.window_h)# 設定 QLabel 長寬

    def closeEvent(self, event):
        self.ocv = False                             # 關閉視窗時設定為 False

    def opencv(self):
        cap = cv2.VideoCapture(0)
        if not cap.isOpened():
            print("Cannot open camera")
            exit()
        while self.ocv:
            ret, frame = cap.read()
            if not ret:
                print("Cannot receive frame")
                break
            frame = cv2.resize(frame, (self.window_w, self.window_h)) # 使用變數
            frame = cv2.cvtColor(frame, cv2.COLOR_BGR2RGB)
            height, width, channel = frame.shape
            bytesPerline = channel * width
            img = QImage(frame, width, height, bytesPerline, QImage.
Format.Format_RGB888)
            # img = QImage(frame, width, height, bytesPerline, QImage.
Format_RGB888)  # PyQt5 寫法
            self.label.setPixmap(QPixmap.fromImage(img))

if __name__ == '__main__':
    app = QtWidgets.QApplication(sys.argv)
    Form = MyWidget()
    video = threading.Thread(target=Form.opencv)
    video.start()
    Form.show()
    sys.exit(app.exec())
```

❖ 範例程式碼：ch14/code11_class.py

14-6 搭配 OpenCV 實作攝影機拍照和錄影

這個小節會延伸「14-5、搭配 OpenCV 實作電腦攝影機」範例，除了將 PyQt 結合 OpenCV 讀取攝影鏡，更會實作出透過電腦鏡頭的攝影機，進行拍照和錄影的功能。

範例程式說明

修改「14-5、搭配 OpenCV 實作電腦攝影機」文章的範例，在原本 OpenCV 與 PyQt6 整合程式裡，加入兩顆按鈕，一顆設定為拍照，一顆設定為錄影，詳細解說在程式碼的註解中，下方列出一些重點：

- 設定兩個全域變數，當拍照或錄影事件發生時，透過變數進行管控。
- 錄影的函式可藉由變數判斷正在錄影或停止錄影。
- OpenCV 的程式放在另外的執行緒中執行，避免與視窗的程式互相干擾。
- 儲存圖片或影片時，使用 random 的函式庫產生隨機檔名。

```python
# 將 PyQt6 換成 PyQt5 就能改用 PyQt5
from PyQt6 import QtWidgets
from PyQt6.QtGui import QImage, QPixmap
import sys, cv2, threading, random

app = QtWidgets.QApplication(sys.argv)
window_w, window_h = 300, 220            # 設定視窗長寬
scale = 0.58                             # 影片高度的比例


Form = QtWidgets.QWidget()
Form.setWindowTitle('oxxo.studio')
Form.resize(window_w, window_h)

# 視窗尺寸改變時的動作
def windowResize(self):
    global window_w, window_h, scale
    window_w = Form.width()              # 取得視窗寬度
    window_h = Form.height()             # 取得視窗高度
    label.setGeometry(0,0,window_w,int(window_w*scale))  # 設定 QLabel 尺寸
```

```
    btn1.setGeometry(10,window_h-40,70,30)   # 設定按鈕位置
    btn2.setGeometry(80,window_h-40,200,30)  # 設定按鈕位置


Form.resizeEvent = windowResize              # 視窗尺寸改變時觸發


ocv = True                                   # 啟用 OpenCV 的參考變數，預設 True
# 關閉視窗時的動作
def closeOpenCV(self):
    global ocv, output
    ocv = False                              # 關閉視窗後，設定成 False
    try:
        output.release()                     # 關閉視窗後，釋放儲存影片的資源
    except:
        pass                                 # 如果沒有按下錄製影片按鈕，就略過


Form.closeEvent = closeOpenCV                # 視窗關閉時觸發


label = QtWidgets.QLabel(Form)
label.setGeometry(0,0,window_w,int(window_w*scale)) # 設定 QLabel 位置和
尺寸


# 存檔時使用隨機名稱的函式
def rename():
    return str(random.random()*10).replace('.','')


photo= False                                 # 按下拍照紐時的參考變數，預設 False
# 按下拍照扭的動作
def takePhoto():
    global photo
    photo = True                             # 變數設定為 True


btn1 = QtWidgets.QPushButton(Form)
btn1.setGeometry(10,window_h-40,70,30)       # 設定拍照鈕的位置和尺寸
btn1.setText(' 拍照 ')
btn1.clicked.connect(takePhoto)              # 按下按鈕觸發拍照


fourcc = cv2.VideoWriter_fourcc(*'mp4v')     # 設定存檔影片格式
recorderType = False                         # 設定是否處於錄影狀態，預設 False

# 按下錄影按鈕的動作
def recordVideo():
    global recorderType, output
```

```
    if recorderType == False:
        # 如果按下按鈕時沒有在錄影
        # 設定錄影的檔案
        output = cv2.VideoWriter(f'{rename()}.mp4', fourcc, 20.0,
(window_w,int(window_w*scale)))
        recorderType = True                  # 改為 True 表示正在錄影
        btn2.setGeometry(80,window_h-40,200,30)# 因為內容文字變多，改變尺寸
        btn2.setText(' 錄影中，點擊停止並存擋 ')
    else:
        # 如果按下按鈕時正在錄影
        output.release()                     # 釋放檔案資源
        recorderType = False                 # 改為 False 表示停止錄影
        btn2.setGeometry(80,window_h-40,70,30)# 改變尺寸
        btn2.setText(' 錄影 ')

btn2 = QtWidgets.QPushButton(Form)
btn2.setGeometry(80,window_h-40,70,30)          # 設錄影照鈕的位置和尺寸
btn2.setText(' 錄影 ')
btn2.clicked.connect(recordVideo)               # 按下按鈕觸發錄影或停止錄影

def opencv():
    global window_w, window_h, scale, photo, output, recorderType
    cap = cv2.VideoCapture(0)
    if not cap.isOpened():
        print("Cannot open camera")
        exit()
    while ocv:
        ret, frame = cap.read()              # 讀取影格
        if not ret:
            print("Cannot receive frame")
            break
        frame = cv2.resize(frame, (window_w, int(window_w*scale)))
# 改變尺寸符合視窗
        if photo == True:
            photo = False                    # 按下拍照鈕時，會先設定 True，
                                             #   觸發後再設回 False
            name = rename()                  # 重新命名檔案
            cv2.imwrite(f'{name}.jpg', frame) # 儲存圖片
        if recorderType == True:
            output.write(frame)              # 按下錄影時，將檔案儲存到 output
        frame = cv2.cvtColor(frame, cv2.COLOR_BGR2RGB)  # 改為 RGB
        height, width, channel = frame.shape
        bytesPerline = channel * width
```

```
        img = QImage(frame, width, height, bytesPerline, QImage.Format.
Format_RGB888)
        # img = QImage(frame, width, height, bytesPerline, QImage.
Format_RGB888)                                      # PyQt5 寫法
        label.setPixmap(QPixmap.fromImage(img))    # 顯示圖片

video = threading.Thread(target=opencv)           # 將 OpenCV 的部分放入
                                                     threading 裡執行

video.start()

Form.show()
sys.exit(app.exec())
```

❖ 範例程式碼：ch14/code12.py

使用 class 寫法：

```
# 將 PyQt6 換成 PyQt5 就能改用 PyQt5
from PyQt6 import QtWidgets
from PyQt6.QtGui import QImage, QPixmap
import sys, cv2, threading, random

class MyWidget(QtWidgets.QWidget):
    def __init__(self):
        super().__init__()
        self.setWindowTitle('oxxo.studio')
        self.resize(480, 320)
        self.setUpdatesEnabled(True)
        self.ocv = True
        self.window_w, self.window_h = 300, 220   # 設定視窗長寬
        self.scale = 0.58                          # 影片高度的比例
        self.photo= False        # 按下拍照鈕時的參考變數，預設 False
        self.fourcc = cv2.VideoWriter_fourcc(*'mp4v') # 設定存檔影片格式
        self.recorderType = False                 # 設定是否處於錄影 狀態，預設 False
        self.ui()

    def ui(self):
        self.label = QtWidgets.QLabel(self)
        self.label.setGeometry(0,0,self.window_w,int(self.window_
w*self.scale)) # 設定 QLabel 位置和尺寸
        self.btn1 = QtWidgets.QPushButton(self)
        self.btn1.setGeometry(10,self.window_h-40,70,30)   # 設定拍照鈕的位置和尺寸
        self.btn1.setText(' 拍照 ')
        self.btn1.clicked.connect(self.takePhoto)          # 按下按鈕觸發拍照
```

```
        self.btn2 = QtWidgets.QPushButton(self)
        self.btn2.setGeometry(80,self.window_h-40,70,30)    # 設錄影照鈕的位置和尺寸
        self.btn2.setText(' 錄影 ')
        self.btn2.clicked.connect(self.recordVideo)    # 按下按鈕觸發錄影或停止錄影

    def resizeEvent(self, event):
        self.window_w = Form.width()      # 取得視窗寬度
        self.window_h = Form.height()     # 取得視窗高度
        self.label.setGeometry(0,0,self.window_w,int(self.window_
w*self.scale))   # 設定 QLabel 尺寸
        self.btn1.setGeometry(10,self.window_h-40,70,30)    # 設定按鈕位置
        self.btn2.setGeometry(80,self.window_h-40,200,30)   # 設定按鈕位置

    def closeEvent(self, event):
        self.ocv = False                  # 關閉視窗後，設定成 False
        try:
            self.output.release()         # 關閉視窗後，釋放儲存影片的資源
        except:
            pass                          # 如果沒有按下錄製影片按鈕，就略過

    # 存檔時使用隨機名稱的函式
    def rename(self):
        return str(random.random()*10).replace('.','')

    # 按下拍照扭的動作
    def takePhoto(self):
        self.photo = True                 # 變數設定為 True

    # 按下錄影按鈕的動作
    def recordVideo(self):
        if self.recorderType == False:
            # 如果按下按鈕時沒有在錄影
            # 設定錄影的檔案
            self.output = cv2.VideoWriter(f'{self.rename()}.mp4', self.
fourcc, 20.0, (self.window_w,int(self.window_w*self.scale)))
            self.recorderType = True                # 改為 True 表示正在錄影
            self.btn2.setGeometry(80,self.window_h-40,200,30)   # 因為內容文字變
                                                                  多，改變尺寸
            self.btn2.setText(' 錄影中，點擊停止並存擋 ')
        else:
            # 如果按下按鈕時正在錄影
            self.output.release()                   # 釋放檔案資源
            self.recorderType = False               # 改為 False 表示停止錄影
```

```python
            self.btn2.setGeometry(80,self.window_h-40,70,30)   # 改變尺寸
            self.btn2.setText(' 錄影 ')

    def opencv(self):
        cap = cv2.VideoCapture(0)
        if not cap.isOpened():
            print("Cannot open camera")
            exit()
        while self.ocv:
            ret, frame = cap.read()                 # 讀取影格
            if not ret:
                print("Cannot receive frame")
                break
            frame = cv2.resize(frame, (self.window_w, int(self.window_
w*self.scale)))   # 改變尺寸符合視窗
            if self.photo == True:
                self.photo = False                  # 按下拍照鈕時，會先設定
                                                    # True，觸發後再設回 False
                name = self.rename()                # 重新命名檔案
                cv2.imwrite(f'{name}.jpg', frame)     # 儲存圖片
            if self.recorderType == True:
                self.output.write(frame)            # 按下錄影時，將檔案儲存到 output
            frame = cv2.cvtColor(frame, cv2.COLOR_BGR2RGB)  # 改為 RGB
            height, width, channel = frame.shape
            bytesPerline = channel * width
            img = QImage(frame, width, height, bytesPerline, QImage.
Format.Format_RGB888)
            # img = QImage(frame, width, height, bytesPerline, QImage.
Format_RGB888)  # PyQt5 寫法
            self.label.setPixmap(QPixmap.fromImage(img))     # 顯示圖片

if __name__ == '__main__':
    app = QtWidgets.QApplication(sys.argv)
    Form = MyWidget()
    video = threading.Thread(target=Form.opencv)
    video.start()
    Form.show()
    sys.exit(app.exec())
```

❖ 範例程式碼：ch14/code12_class.py

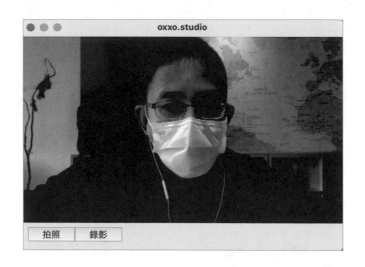

14-7 搭配 pyaudio 實作簡單錄音機

這個小節會使用 PyQt 結合「麥克風錄音」範例，實際做出一個可以透過電腦麥克風，進行錄音和存檔的簡單錄音機。

範例程式說明

首先使用 PyQt 做出一個簡單的介面，介面裡包含兩顆按鈕 (錄音和停止)，以及一個 QLabel 顯示文字提示，接著加入「麥克風錄音」文章裡的錄音程式，詳細解說在程式碼的註解中，下方列出一些重點：

- 因為錄音必須使用 while 迴圈，所以需要透過 threading 放在另外的執行緒中執行。

- 錄音的開始和結束，使用 threading 的「事件觸發」功能，當觸發了事件才會繼續進行。

- 存檔時使用 PyQt 內建的彈出輸入視窗，輸入檔名之後就會存檔。

```
# 將 PyQt6 換成 PyQt5 就能改用 PyQt5
from PyQt6 import QtWidgets
import pyaudio
```

```
import sys, wave, threading, random

app = QtWidgets.QApplication(sys.argv)

Form = QtWidgets.QWidget()
Form.setWindowTitle('oxxo.studio')
Form.resize(300, 200)

label = QtWidgets.QLabel(Form)      # 在 Form 中加入一個 QLabel
label.setGeometry(10, 10, 200, 30)
label.setText('準備開始錄音')

chunk = 1024                        # 記錄聲音的樣本區塊大小
sample_format = pyaudio.paInt16     # 樣本格式，可使用 paFloat32、paInt32、
paInt24、paInt16、paInt8、paUInt8、paCustomFormat
channels = 2                        # 聲道數量
fs = 44100                          # 取樣頻率，常見值為 44100（CD）、48000（
DVD）、22050、24000、12000 和 11025。
seconds = 5                         # 錄音秒數

def recording():
    global run, name, ok
    while True:
        event.wait()                # 等待事件被觸發
        event.clear()               # 觸發後將事件回歸原本狀態
        run = True                  # 設定 run 為 True 表示開始錄音
        print('開始錄音 ...')
        p = pyaudio.PyAudio()       # 建立 pyaudio 物件
        stream = p.open(format=sample_format, channels=channels,
rate=fs, frames_per_buffer=chunk, input=True)
        frames = []
        while run:
            data = stream.read(chunk)
            frames.append(data)              # 將聲音記錄到串列中
        print('停止錄音')
        stream.stop_stream()                 # 停止錄音
        stream.close()                       # 關閉串流
        p.terminate()
        event2.wait()                        # 等待事件被觸發
        event2.clear()                       # 觸發後將事件回歸原本狀態
        # 如果存檔按下確定，表示要儲存
        if ok == True:
            wf = wave.open(f'{name}.wav', 'wb')    # 開啟聲音記錄檔
```

```
                wf.setnchannels(channels)              # 設定聲道
                wf.setsampwidth(p.get_sample_size(sample_format)) # 設定格式
                wf.setframerate(fs)                    # 設定取樣頻率
                wf.writeframes(b''.join(frames))       # 存檔
                wf.close()
            else:
                pass

event = threading.Event()    # 註冊錄音事件
event2 = threading.Event()   # 註冊停止錄音事件
record = threading.Thread(target=recording)      # 將錄音的部分放入
                                                 threading 裡執行

record.start()

# 開始錄音
def start():
    btn1.setDisabled(True)
    btn2.setDisabled(False)
    label.setText('錄音中 ....')
    event.set()         # 觸發錄音開始事件

# 停止錄音
def stop():
    global run, name, ok
    btn1.setDisabled(False)
    btn2.setDisabled(True)
    label.setText('停止錄音')
    run = False         # 設定 run 為 False 停止錄音迴圈
    name, ok = QtWidgets.QInputDialog().getText(Form, '$', '存檔的檔名？')
    print(name, ok)
    if name == '':
        name = str(random.random()*10).replace('.','')   # 如果沒有檔名，使用
                                                          random 產生
    event2.set()        # 觸發錄音停止事件

btn1 = QtWidgets.QPushButton(Form)      # 在 Form 中加入一個 QPushButton
btn1.setGeometry(10,40,80,30)
btn1.setText('錄音')                     # 按鈕文字
btn1.clicked.connect(start)

btn2 = QtWidgets.QPushButton(Form)      # 在 Form 中加入一個 QPushButton
btn2.setGeometry(100,40,80,30)
btn2.setText('停止')                     # 按鈕文字
```

```
btn2.clicked.connect(stop)

Form.show()
sys.exit(app.exec())
```

❖ 範例程式碼：ch14/code13.py

使用 class 寫法：

```
# 將 PyQt6 換成 PyQt5 就能改用 PyQt5
from PyQt6 import QtWidgets
import pyaudio
import sys, wave, threading, random

class MyWidget(QtWidgets.QWidget):
    def __init__(self):
        super().__init__()
        self.setWindowTitle('oxxo.studio')
        self.resize(400, 300)
        self.setUpdatesEnabled(True)
        self.chunk = 1024                      # 記錄聲音的樣本區塊大小
        self.sample_format = pyaudio.paInt16   # 樣本格式，可使用 paFloat32、
paInt32、paInt24、paInt16、paInt8、paUInt8、paCustomFormat
        self.channels = 2                      # 聲道數量
        self.fs = 44100                        # 取樣頻率，常見值為 44100 (
CD )、48000 ( DVD )、22050、24000、12000 和 11025。
        self.seconds = 5                       # 錄音秒數
        self.ui()

    def ui(self):
        self.label = QtWidgets.QLabel(self)    # 在 Form 中加入一個 QLabel
        self.label.setGeometry(10, 10, 200, 30)
        self.label.setText('準備開始錄音')

        self.btn1 = QtWidgets.QPushButton(self) # 在 Form 中加入一個 QPushButton
        self.btn1.setGeometry(10,40,80,30)
        self.btn1.setText('錄音')              # 按鈕文字
        self.btn1.clicked.connect(self.start)

        self.btn2 = QtWidgets.QPushButton(self) # 在 Form 中加入一個
QPushButton
        self.btn2.setGeometry(100,40,80,30)
        self.btn2.setText('停止')              # 按鈕文字
        self.btn2.clicked.connect(self.stop)
```

```python
    # 開始錄音
    def start(self):
        self.btn1.setDisabled(True)
        self.btn2.setDisabled(False)
        self.label.setText('錄音中....')
        event.set()          # 觸發錄音開始事件


    # 停止錄音
    def stop(self):
        self.btn1.setDisabled(False)
        self.btn2.setDisabled(True)
        self.label.setText('停止錄音')
        self.run = False         # 設定 run 為 False 停止錄音迴圈
        self.name, self.ok = QtWidgets.QInputDialog().getText(Form,
'$', '存檔的檔名?')
        print(self.name, self.ok)
        if self.name == '':
            self.name = str(random.random()*10).replace('.','')   # 如果沒有檔名，
                                                       使用 random 產生

        event2.set()                       # 觸發錄音停止事件



    def recording(self):
        while True:
            event.wait()               # 等待事件被觸發
            event.clear()              # 觸發後將事件回歸原本狀態
            self.run = True            # 設定 run 為 True 表示開始錄音
            print('開始錄音...')
            p = pyaudio.PyAudio()      # 建立 pyaudio 物件
            stream = p.open(format=self.sample_format, channels=self.
channels, rate=self.fs, frames_per_buffer=self.chunk, input=True)
            frames = []
            while self.run:
                data = stream.read(self.chunk)
                frames.append(data)      # 將聲音記錄到串列中
            print('停止錄音')
            stream.stop_stream()         # 停止錄音
            stream.close()               # 關閉串流
            p.terminate()
            event2.wait()                # 等待事件被觸發
            event2.clear()               # 觸發後將事件回歸原本狀態
            # 如果存檔按下確定，表示要儲存
```

```
            if self.ok == True:
                wf = wave.open(f'{self.name}.wav', 'wb')  # 開啟聲音記錄檔
                wf.setnchannels(self.channels)            # 設定聲道
                wf.setsampwidth(p.get_sample_size(self.sample_format))# 設定格式
                wf.setframerate(self.fs)                  # 設定取樣頻率
                wf.writeframes(b''.join(frames))          # 存檔
                wf.close()
            else:
                pass



if __name__ == '__main__':
    app = QtWidgets.QApplication(sys.argv)
    Form = MyWidget()

    event = threading.Event()                        # 註冊錄音事件
    event2 = threading.Event()                       # 註冊停止錄音事件
    record = threading.Thread(target=Form.recording) # 將錄音的部分放
入 threading 裡執行
    record.start()
    Form.show()
    sys.exit(app.exec())
```

❖ 範例程式碼：ch14/code13_class.py

14-8　小畫家 (可調整畫筆顏色、粗細和存檔)

　　這個小節會將 PyQt 結合 QPixmap、QLabel 和 QPushbutton 等功能元件，實作一個簡單的小畫家功能 (調整畫筆粗細、顏色)，讓使用者可以使用滑鼠進行繪圖，並且將繪製的圖片存檔成為 PNG。

預計畫面功能與效果

要實作一個簡單的小畫家，大概需要有下列幾種要素：

- 開新檔案、另存檔案和關閉的視窗選單。
- 使用滑鼠繪圖的空白畫布。
- 顏色選擇按鈕以及畫筆粗細選擇按鈕。

透過這幾種要素的組合，預期可以得到下圖一樣的效果，接下來就準備按照下圖進行實作：

使用滑鼠繪圖

參考「12-1、QPainter 繪圖」和「10-1、偵測滑鼠事件」的教學範例，可以透過編輯 mousePressEvent、mouseMoveEvent 和 mouseReleaseEvent 屬性，實作出在 QPixmap 元件中繪圖的功能（PyQt6 的使用方法和 PyQt5 略有不同），詳細說明寫在下方程式碼中：

```
# 將 PyQt6 換成 PyQt5 就能改用 PyQt5
from PyQt6 import QtWidgets
from PyQt6.QtGui import *
from PyQt6.QtCore import *
```

```
import sys

app = QtWidgets.QApplication(sys.argv)
MainWindow = QtWidgets.QMainWindow()
MainWindow.setObjectName("MainWindow")
MainWindow.setWindowTitle("oxxo.studio")
MainWindow.resize(400, 300)                   # 主視窗大小

canvas = QPixmap(400,240)                      # 建立 QPixmap 元件作為畫布，並設定畫布大小
canvas.fill(QColor('#ffffff'))                 # 畫布填滿白色

label = QtWidgets.QLabel(MainWindow)           # 建立 QLabel
label.setGeometry(0, 0, 400, 240)              # 設定大小位置，下方留下一些空白
label.setPixmap(canvas)                        # 放入畫布

last_x, last_y = None, None                    # 設定兩個變數紀錄滑鼠座標
penSize = 10                                    # 畫筆預設粗細
penColor = QColor('#000000')                    # 畫筆預設顏色

# 放開滑鼠的函式
def release(self):
    global last_x, last_y
    last_x, last_y = None, None                # 清空座標內容

# 按下滑鼠的函式
def mousePress(self):
    global penColor, penSize, canvas
    mx = int(QEnterEvent.position(self).x())
    my = int(QEnterEvent.position(self).y())
    # mx = int(self.x())   # PyQt5 寫法
    # my = int(self.y())   # PyQt5 寫法
    qpainter = QPainter()                       # 建立 QPainter 元件
    qpainter.begin(canvas)                     # 在畫布中開始繪圖
    qpainter.setPen(QPen(QColor(penColor), penSize, Qt.PenStyle.
SolidLine, Qt.PenCapStyle.RoundCap)) # 設定畫筆樣式
    # qpainter.setPen(QPen(QColor(penColor), penSize, Qt.SolidLine,
Qt.RoundCap))  # PyQt5 寫法
    qpainter.drawPoint(mx, my)                 # 下筆畫出一個點
    qpainter.end()                             # 結束繪圖
    label.setPixmap(canvas)
    MainWindow.update()                        # 更新主視窗內容

# 按下滑鼠並移動滑鼠的函式
```

```
def draw(self):
    global last_x, last_y, penColor, penSize, canvas
    mx = int(QEnterEvent.position(self).x())
    my = int(QEnterEvent.position(self).y())
    # mx = int(self.x())  # PyQt5 寫法
    # my = int(self.y())  # PyQt5 寫法
    if last_x is None:
        last_x = mx                          # 紀錄滑鼠當下的座標
        last_y = my
        return
    qpainter = QPainter()                     # 建立 QPainter 元件
    qpainter.begin(canvas)                    # 在畫布中開始繪圖
    qpainter.setPen(QPen(penColor, penSize, Qt.PenStyle.SolidLine,
Qt.PenCapStyle.RoundCap)) # 設定畫筆樣式
    # qpainter.setPen(QPen(penColor, penSize, Qt.SolidLine,
Qt.RoundCap))  # PYQt5 寫法
    qpainter.drawLine(last_x, last_y, mx, my) # 下筆畫出一條線
    qpainter.end()                            # 結束繪圖
    label.setPixmap(canvas)
    MainWindow.update()                       # 更新主視窗內容
    last_x = mx                               # 紀錄結束座標
    last_y = my

label.mousePressEvent = mousePress    # 設定按下滑鼠並移動的事件
label.mouseMoveEvent = draw           # 設定按下滑鼠的事件
label.mouseReleaseEvent = release     # 設定放開滑鼠的事件

MainWindow.show()
sys.exit(app.exec())
```

❖ 範例程式碼：ch14/code14.py

使用 class 寫法：

```
# 將 PyQt6 換成 PyQt5 就能改用 PyQt5
from PyQt6 import QtWidgets
from PyQt6.QtGui import *
from PyQt6.QtCore import *
import sys

class MyWidget(QtWidgets.QWidget):
    def __init__(self):
        super().__init__()
        self.setWindowTitle('oxxo.studio')
```

```
        self.resize(300, 200)
        self.setUpdatesEnabled(True)
        self.last_x, self.last_y = None, None     # 設定兩個變數紀錄滑鼠座標
        self.penSize = 10                          # 畫筆預設粗細
        self.penColor = QColor('#000000')          # 畫筆預設顏色
        self.ui()

    def ui(self):
        self.canvas = QPixmap(400,240)             # 建立 QPixmap 元件作為畫布，並設
                                                   #   定畫布大小

        self.canvas.fill(QColor('#ffffff'))        # 畫布填滿白色

        self.label = QtWidgets.QLabel(self)        # 建立 QLabel
        self.label.setGeometry(0, 0, 400, 240)     # 設定大小位置，下方留下一些空白
        self.label.setPixmap(self.canvas)          # 放入畫布

    def mousePressEvent(self, event):
        mx = int(QEnterEvent.position(event).x())
        my = int(QEnterEvent.position(event).y())
        # mx = int(self.x())  # PyQt5 寫法
        # my = int(self.y())  # PyQt5 寫法
        qpainter = QPainter()                          # 建立 QPainter 元件
        qpainter.begin(self.canvas)                    # 在畫布中開始繪圖
        qpainter.setPen(QPen(QColor(self.penColor), self.penSize, Qt.PenStyle.
SolidLine, Qt.PenCapStyle.RoundCap)) # 設定畫筆樣式
        # qpainter.setPen(QPen(QColor(penColor), penSize, Qt.SolidLine,
Qt.RoundCap))  # PyQt5 寫法
        qpainter.drawPoint(mx, my)                     # 下筆畫出一個點
        qpainter.end()                                 # 結束繪圖
        self.label.setPixmap(self.canvas)
        self.update()                                  # 更新主視窗內容

    def mouseMoveEvent(self, event):
        mx = int(QEnterEvent.position(event).x())
        my = int(QEnterEvent.position(event).y())
        # mx = int(self.x())  # PyQt5 寫法
        # my = int(self.y())  # PyQt5 寫法
        if self.last_x is None:
            self.last_x = mx                           # 紀錄滑鼠當下的座標
            self.last_y = my
            return
        qpainter = QPainter()                          # 建立 QPainter 元件
        qpainter.begin(self.canvas)                    # 在畫布中開始繪圖
```

```
        qpainter.setPen(QPen(self.penColor, self.penSize, Qt.PenStyle.
SolidLine, Qt.PenCapStyle.RoundCap))          # 設定畫筆樣式
        # qpainter.setPen(QPen(penColor, penSize, Qt.SolidLine,
Qt.RoundCap))  # PYQt5 寫法
        qpainter.drawLine(self.last_x, self.last_y, mx, my) # 下筆畫出一條線
        qpainter.end()                        # 結束繪圖
        self.label.setPixmap(self.canvas)
        self.update()                         # 更新主視窗內容
        self.last_x = mx                      # 紀錄結束座標
        self.last_y = my

    def mouseReleaseEvent(self, event):
        self.last_x, self.last_y = None, None # 清空座標內容

if __name__ == '__main__':
    app = QtWidgets.QApplication(sys.argv)
    Form = MyWidget()
    Form.show()
    sys.exit(app.exec())
```

❖ 範例程式碼：ch14/code14_class.py

🔗 加入顏色選擇按鈕

延續上述的程式，在主程式裡加入下面的程式碼，執行後就會出現可以選擇並切換顏色的按鈕 (注意 lambda 要額外加入一個 checked 參數)。

```
# 點擊按鈕更換顏色函式
def changeColor(self, color):
```

```
    global penColor, btn
    penColor = QColor(color)                # 設定畫筆顏色
    for i in btn:
        btn[i].setDisabled(False)           # 啟用所有按鈕
    self.setDisabled(True)                   # 停用所點擊的按鈕


# 設定顏色清單
colors = ['#ff0000','#ff8800','#ffee00','#00cc00','#0066ff','#0000cc','#cc0
0cc','#000000','#ffffff']
btn = {}    # 因為有很多按鈕，所以使用字典方式紀錄元件
# 依序讀取顏色清單中的顏色
for i in colors:
    index = colors.index(i)                 # 取得該顏色的位置（按鈕定位使用）
    btn[i] = QtWidgets.QPushButton(MainWindow) # 建立按鈕元件
    # 設定樣式，當中額外設定禁用時的樣式
    btn[i].setStyleSheet('''
        QPushButton{
            background:'''+i+''';
            margin-right:5px;
        }
        QPushButton:disabled{
            border:3px solid #000;
        }
    ''')
    btn[i].setGeometry(index*30+10,250,30,30)    # 設定每個按鈕的位置
    btn[i].clicked.connect(lambda checked, b=btn[i], c=i:
changeColor(b, c))  # 設定點擊事件
```

使用 class 寫法（在 self.ui() 裡加上下面這段程式碼）：

```
# 設定顏色清單
self.colors = ['#ff0000','#ff8800','#ffee00','#00cc00','#0066ff','#0000cc',
'#cc00cc','#000000','#ffffff']
self.btn = {}    # 因為有很多按鈕，所以使用字典方式紀錄元件
# 依序讀取顏色清單中的顏色
for i in self.colors:
    index = self.colors.index(i)    # 取得該顏色的位置（按鈕定位使用）
    self.btn[i] = QtWidgets.QPushButton(self) # 建立按鈕元件
    # 設定樣式，當中額外設定禁用時的樣式
    self.btn[i].setStyleSheet('''
        QPushButton{
            background:'''+i+''';
            margin-right:5px;
```

```
    }
    QPushButton:disabled{
        border:3px solid #000;
    }
    ''')
    self.btn[i].setGeometry(index*30+10,250,30,30)    # 設定每個按鈕的位置
    self.btn[i].clicked.connect(lambda checked, b=self.btn[i], c=i:
self.changeColor(b, c)) # 設定點擊事件
```

使用 class 寫法 (在主程式碼裡新增下面這段)：

```
# 點擊按鈕更換顏色函式
def changeColor(self, thisBtn, color):
    self.penColor = QColor(color)        # 設定畫筆顏色
    for i in self.btn:
        self.btn[i].setDisabled(False)   # 啟用所有按鈕
    thisBtn.setDisabled(True)            # 停用所點擊的按鈕
```

🔗 加入畫筆粗細選擇按鈕

延續上述的程式，在主程式裡加入下面的程式碼，執行後就會出現可以選擇並切換畫筆粗細的按鈕。

```
# 切換畫筆粗細函式
def changeSize(self, size):
```

```
    global penSize
    btn_s.setDisabled(False)    # 啟用「細」的按鈕
    btn_m.setDisabled(False)    # 啟用「中」的按鈕
    btn_l.setDisabled(False)    # 啟用「粗」的按鈕
    penSize = size              # 設定畫筆粗細
    self.setDisabled(True)      # 停用所點選的按鈕

btn_s = QtWidgets.QPushButton(MainWindow)              # 建立「細」的按鈕
btn_s.setText('細')
btn_s.setGeometry(280, 250, 45, 30)                   # 設定位置
btn_s.clicked.connect(lambda: changeSize(btn_s, 3))   # 設定點擊事件
btn_m = QtWidgets.QPushButton(MainWindow)              # 建立「中」的按鈕
btn_m.setText('中')
btn_m.setGeometry(315, 250, 45, 30)                   # 設定位置
btn_m.setDisabled(True)                               # 因為預設中,所以先停用中的
                                                        按鈕
btn_m.clicked.connect(lambda: changeSize(btn_m, 10))  # 設定點擊事件
btn_l = QtWidgets.QPushButton(MainWindow)              # 建立「粗」的按鈕
btn_l.setText('粗')
btn_l.setGeometry(350, 250, 45, 30)                   # 設定位置
btn_l.clicked.connect(lambda: changeSize(btn_l, 20))  # 設定點擊事件
```

使用 class 寫法 (在 self.ui() 裡加上下面這段程式碼)：

```
self.btn_s = QtWidgets.QPushButton(self)              # 建立「細」的按鈕
self.btn_s.setText('細')
self.btn_s.setGeometry(280, 250, 45, 30)             # 設定位置
self.btn_s.clicked.connect(lambda: self.changeSize(self.btn_s, 3))
# 設定點擊事件
self.btn_m = QtWidgets.QPushButton(self)              # 建立「中」的按鈕
self.btn_m.setText('中')
self.btn_m.setGeometry(315, 250, 45, 30)             # 設定位置
self.btn_m.setDisabled(True)                         # 因為預設中,所以先停用中的按鈕
self.btn_m.clicked.connect(lambda: self.changeSize(self.btn_m, 10))
# 設定點擊事件
self.btn_l = QtWidgets.QPushButton(self)              # 建立「粗」的按鈕
self.btn_l.setText('粗')
self.btn_l.setGeometry(350, 250, 45, 30)             # 設定位置
self.btn_l.clicked.connect(lambda: self.changeSize(self.btn_l, 20))
# 設定點擊事件
```

使用 class 寫法 (在主程式碼裡新增下面這段)：

```
def changeSize(self, thisBtn, size):
    self.btn_s.setDisabled(False)     # 啟用「細」的按鈕
    self.btn_m.setDisabled(False)     # 啟用「中」的按鈕
    self.btn_l.setDisabled(False)     # 啟用「粗」的按鈕
    self.penSize = size               # 設定畫筆粗細
    thisBtn.setDisabled(True)         # 停用所點選的按鈕
```

🔗 加入視窗選單功能 (開新檔案、另存新檔)

延續上述的程式，在主程式裡加入下面的程式碼，執行後在視窗的最上方，就會出現視窗選單 (參考「7-1、QMenuBar、QMenu、QAction 視窗選單」)。

```
# 開新檔案的函式
def newFile():
    ret = mbox.question(MainWindow, 'question', '確定開新檔案？')  # 出現
對話視窗確認
    if ret == mbox.StandardButton.Yes:
        canvas.fill(QColor('#ffffff'))    # 如果按下 yes，用白色填滿畫布
        label.setPixmap(canvas)            # 重新設定畫布
    else:
        return                             # 否則就不做動作，跳出函式

# 儲存檔案的函式
def saveFile():
```

```
    filePath, filterType = QtWidgets.QFileDialog.
getSaveFileName(MainWindow, '另存新檔', '', 'JPG(*.jpg)')    # 建立開啟檔案
對話視窗，設定成存檔方式
    label.pixmap().save(filePath,'JPG',90)    # 儲存為 jpg，品質 90

# 關閉的函式
def closeFile():
    app.quit()    # 結束視窗

mbox = QtWidgets.QMessageBox(MainWindow)    # 建立對話視窗
menubar = QtWidgets.QMenuBar(MainWindow)    # 建立 menubar
menu_file = QtWidgets.QMenu('檔案')          # 建立一個 File 選項（QMenu）
action_new = QAction('開新檔案')             # 建立一個 new 選項（QAction）
action_new.triggered.connect(newFile)
menu_file.addAction(action_new)             # 將 new 選項放入 File 選項裡
action_save = QAction('另存新檔')            # 建立一個 save 選項（QAction）
menu_file.addAction(action_save)            # 將 save 選項放入 File 選項裡
action_save.triggered.connect(saveFile)
action_close = QAction('關閉')               # 建立一個 close 選項（QAction）
menu_file.addAction(action_close)           # 將 close 選項放入 File 選項裡
action_close.triggered.connect(closeFile)
menubar.addMenu(menu_file)                  # 將 File 選項放入 menubar 裡
```

使用 class 寫法（在 self.ui() 裡加入下面這段程式碼）：

```
self.mbox = QtWidgets.QMessageBox(self)    # 建立對話視窗
self.menubar = QtWidgets.QMenuBar(self)    # 建立 menubar
self.menu_file = QtWidgets.QMenu('檔案')    # 建立一個 File 選項（QMenu）
self.action_new = QAction('開新檔案')       # 建立一個 new 選項（QAction）
self.action_new.triggered.connect(self.newFile)
self.menu_file.addAction(self.action_new)  # 將 new 選項放入 File 選項裡
self.action_save = QAction('另存新檔')      # 建立一個 save 選項（QAction）
self.menu_file.addAction(self.action_save) # 將 save 選項放入 File 選項裡
self.action_save.triggered.connect(self.saveFile)
self.action_close = QAction('關閉')         # 建立一個 close 選項（QAction）
self.menu_file.addAction(self.action_close # 將 close 選項放入
File 選項裡
self.action_close.triggered.connect(self.closeFile)
self.menubar.addMenu(self.menu_file)                # 將 File 選項放入
menubar 裡
```

使用 class 寫法（在主程式裡加入下面這段）：

```
# 開新檔案的函式
def newFile(self):
    ret = self.mbox.question(self, 'question', '確定開新檔案？')  # 出現對話視窗確認
    if ret == self.mbox.StandardButton.Yes:
        self.canvas.fill(QColor('#ffffff'))        # 如果按下 yes，用白色填滿畫布
        self.label.setPixmap(self.canvas)          # 重新設定畫布
    else:
        return                                      # 否則就不做動作，跳出函式

# 儲存檔案的函式
def saveFile(self):
    filePath, filterType = QtWidgets.QFileDialog.getSaveFileName(self, '
另存新檔 ', '', 'JPG(*.jpg)')  # 建立開啟檔案對話視窗，設定成存檔方式
    self.label.pixmap().save(filePath,'JPG',90)# 儲存為 jpg，品質 90

# 關閉的函式
def closeFile(self):
    app.quit()    # 結束視窗
```

🔗 完整程式碼

- PyQt5：ch14/code15_5.py

- PyQt5（class 寫法）：ch14/code15_5_class.py

- PyQt6：ch14/code15_6.py

- PyQt6（class 寫法）：ch14/code15_6_class.py

14-9 開啟圖片轉檔儲存 (於調整品質與尺寸)

　　這個小節會將 PyQt 結合 Pillow 第三方函式庫，實作一個可以開啟並預覽圖片，並調整圖片尺寸，轉存為其他檔案格式的功能。

 ## 安裝 Pillow

　　輸入下列指令安裝 Pillow，根據個人環境使用 pip 或 pip3，如果使用 Anaconda Jupyter，已經內建 Pillow 函式庫。

```
pip install Pillow
```

 ## 預計畫面功能與效果

　　要實作一個「開啟圖片轉檔儲存」的功能，大概需要有下列幾種要素：

● 開新檔案、另存檔案和關閉的按鈕。

● 預覽圖片的空白畫布。

● 調整圖片尺寸的調整元件。

● 選擇儲存格式為 JPG 時的壓縮比調整滑桿。

　　透過這幾種要素的組合，預期可以得到下圖一樣的效果，接下來就準備按照下圖進行實作：

🔗 開啟並顯示圖片

　　參考「7-2、QFileDialog 選擇檔案對話視窗」和「4-1、QLabel 標籤」教學範例，在畫面中放入顯示圖片的畫布 (QPixmap 元件)，以及三顆各具功能 (開啟圖片、另存圖片、關閉) 的按鈕，點擊開啟圖片的按鈕之後，會先彈出檔案選取視窗，選擇檔案後會出現對話視窗進行再次詢問，確認後就會將圖片開啟在 QPixmap 的畫布裡，同時額外將圖片儲存在看不見的 Pillow 圖片元件中。

> 因為開啟在 QPixmap 裡的圖片長寬已經發生變化，加上最後需要使用 Pillow，所以額外產生一個 Pillow 圖片元件放置原始圖片資訊。

```python
# 將 PyQt6 換成 PyQt5 就能改用 PyQt5
from PyQt6 import QtWidgets
from PyQt6.QtGui import *
from PyQt6.QtCore import *
import sys
from PIL import Image

app = QtWidgets.QApplication(sys.argv)
MainWindow = QtWidgets.QMainWindow()
MainWindow.setObjectName("MainWindow")
MainWindow.setWindowTitle("oxxo.studio")
MainWindow.resize(480, 360)

canvas = QPixmap(360,360)                      # 建立 QPixmap 畫布元件
canvas.fill(QColor('#ffffff'))                 # 預設填滿白色

label = QtWidgets.QLabel(MainWindow)           # 建立 QLabel
label.setGeometry(0, 0, 360, 360)              # 設定大小和位置
label.setPixmap(canvas)                        # 放入 QPixmap

mbox = QtWidgets.QMessageBox(MainWindow)        # 建立對話視窗元件

# 開新檔案的函式
def newFile():
    global img      # 新增全域變數 img
    # 開啟檔案時限制為 jpg、png 和 gif 的圖片格式
```

```
    filePath , filetype = QtWidgets.QFileDialog.
getOpenFileName(filter='IMAGE(*.jpg *.png *.gif)')
    # 如果開啟檔案
    if filePath:
        ret = mbox.question(MainWindow, 'question', ' 確定開新檔案？')
# 彈出對話視窗詢問是否開啟
        # 如果點選 yes
        if ret == mbox.StandardButton.Yes:
        # if ret == mbox.Yes:            # PyQt5 寫法
            img = Image.open(filePath)   # 建立 Pillow 圖片元件紀錄圖片資訊
            canvas.load(filePath)        # 將圖片開啟到 QPixmap 畫布裡
            label.setPixmap(canvas)
            MainWindow.update()          # 更新視窗內容
        else:
            return


# 關閉視窗的函式
def closeFile():
    app.quit()


btn_open = QtWidgets.QPushButton(MainWindow)   # 開啟圖片按鈕
btn_open.setText(' 開啟圖片 ')
btn_open.setGeometry(370, 10, 100, 30)
btn_open.clicked.connect(newFile)                      # 點擊按鈕的動作


btn_save = QtWidgets.QPushButton(MainWindow)   # 另存圖片按鈕
btn_save.setText(' 另儲圖片 ')
btn_save.setGeometry(370, 40, 100, 30)


btn_close = QtWidgets.QPushButton(MainWindow)   # 關閉視窗的按鈕
btn_close.setText(' 關閉 ')
btn_close.setGeometry(370, 320, 100, 30)
btn_close.clicked.connect(closeFile)                   # 點擊按鈕的動作


MainWindow.show()
sys.exit(app.exec())
```

加入尺寸調整功能

延續上述的程式，在主程式裡加入下面的程式碼，執行後就會出現可以調整尺寸數值的元件。

```
label_size = QtWidgets.QLabel(MainWindow)        # 加入說明文字 QLabel
label_size.setGeometry(370, 70, 100, 30)
label_size.setText('尺寸改變')
label_size.setAlignment(Qt.AlignmentFlag.AlignCenter)
# label_size.setAlignment(Qt.AlignCenter)         # PyQt5 寫法

size =100                                         # 預設尺寸 100%
# 改變尺寸的函式
def changeSize():
    global size
    size = box_size.value()                       # 取得數值調整元件的數值

box_size = QtWidgets.QSpinBox(MainWindow)         # 建立數值調整元件
box_size.setGeometry(390, 100, 60, 30)          # 設定位置
box_size.setRange(0,200)                         # 設定調整範圍
box_size.setValue(size)                          # 設定預設值
box_size.valueChanged.connect(changeSize)       # 數值改變時連動的函式
```

加入 JPG 壓縮品質滑桿

延續上述的程式，在主程式裡加入下面的程式碼，執行後就會出現存檔格式的選項，當選擇 JPG 時可以設定壓縮品質 (預設 75)，如果選擇 PNG 則會停用 JPG 壓縮品質的調整功能。

```python
label_format = QtWidgets.QLabel(MainWindow)     # 說明文字 QLabel
label_format .setGeometry(370, 130, 100, 30)
label_format .setText(' 儲存格式 ')
label_format .setAlignment(Qt.AlignmentFlag.AlignCenter)
# label_format .setAlignment(Qt.AlignCenter)    # PyQt5 寫法

format = 'JPG'           # 預設壓縮格式
# 改變壓縮格式時的函式
def changeFormat():
    global format
    format = box_format.currentText()           # 取得選擇的壓縮格式
    if format == 'JPG':
        label_jpg.setDisabled(False)            # 如果是 JPG，啟用 JPG 壓縮說明文字
        label_jpg_val.setDisabled(False)        # 如果是 JPG，啟用壓縮數值顯示
        slider.setDisabled(False)               # 如果是 JPG，啟用滑桿
    else:
        label_jpg.setDisabled(True)         # 如果不是 JPG，停用 JPG 壓縮說明文字
        label_jpg_val.setDisabled(True)     # 如果不是 JPG，停用壓縮數值顯示
        slider.setDisabled(True)            # 如果不是 JPG，停用滑桿

box_format  = QtWidgets.QComboBox(MainWindow)    # 格式下拉選單
```

```
box_format .addItems(['JPG','PNG'])                      # 兩種選擇格式
box_format .setGeometry(370,160,100,30)
box_format .currentIndexChanged.connect(changeFormat)    # 切換時連動函式

label_jpg = QtWidgets.QLabel(MainWindow)   # JPG 壓縮說明文字
label_jpg.setGeometry(370, 190, 100, 30)
label_jpg.setText('JPG 壓縮品質 ')
label_jpg.setAlignment(Qt.AlignmentFlag.AlignCenter)

val = 75    # 預設壓縮數值

label_jpg_val = QtWidgets.QLabel(MainWindow)    # 壓縮數值顯示
label_jpg_val.setGeometry(370, 210, 100, 30)
label_jpg_val.setText(str(val))
label_jpg_val.setAlignment(Qt.AlignmentFlag.AlignCenter)
# label_jpg_val.setAlignment(Qt.AlignCenter)  # PyQt5 寫法
# 顯示壓縮數值的函式
def show():
    global val
    val = slider.value()                       # 取得滑桿數值
    label_jpg_val.setText(str(slider.value())) # 顯示滑桿數值

slider = QtWidgets.QSlider(MainWindow)          # 建立滑桿元件
slider.setOrientation(Qt.Orientation.Horizontal)                # 水平顯示
slider.setGeometry(370,230,100,30)
slider.setRange(0, 100)                         # 調整範圍
slider.setValue(val)                            # 預設值
slider.valueChanged.connect(show)               # 連動壓縮數值顯示函式
```

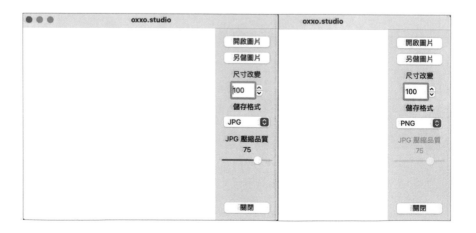

完成存檔功能

最後加入另存新檔的函式，並將另存新檔的按鈕連動該函式，存檔時彈出檔案視窗，並透過 Pillow 函式庫進行存檔作業。

```python
# 存檔函式
def saveFile():
    global format, val, img, size
    # 如果格式為 JPG
    if format == 'JPG':
        # 限制只能存 JPG
        filePath, filterType = QtWidgets.QFileDialog.getSaveFileName(filter='JPG(*.jpg)')
        # 如果確定存檔
        if filePath:
            # 根據尺寸調整數值設定尺寸
            nw = int ( img.size[0] * size/100 )
            nh = int ( img.size[1] * size/100 )
            img2 = img.resize((nw, nh))
            # 使用 Pillow 函式庫存檔
            img2.save(filePath, quality=val, subsampling=0)
    else:
        # 限制只能存 PNG
        filePath, filterType = QtWidgets.QFileDialog.getSaveFileName(filter='PNG(*.png)')
        if filePath:
            # 根據尺寸調整數值設定尺寸
            nw = int ( img.size[0] * size/100 )
            nh = int ( img.size[1] * size/100 )
            img2 = img.resize((nw, nh))
            # 使用 Pillow 函式庫存檔
            img2.save(filePath, 'png')

def closeFile():
    app.quit()

mbox = QtWidgets.QMessageBox(MainWindow)

btn_open = QtWidgets.QPushButton(MainWindow)
btn_open.setText(' 開啟圖片 ')
btn_open.setGeometry(370, 10, 100, 30)
btn_open.clicked.connect(newFile)
```

```
btn_save = QtWidgets.QPushButton(MainWindow)
btn_save.setText('另儲圖片')
btn_save.setGeometry(370, 40, 100, 30)
btn_save.clicked.connect(saveFile)        # 連動存檔函式
```

🔗 完整程式碼

- PyQt5：ch14/code16_5.py
- PyQt5（class 寫法）：ch14/code16_5_class.py
- PyQt6：ch14/code16_6.py
- PyQt6（class 寫法）：ch14/code16_6_class.py

14-10 調整圖片亮度對比、飽和度、銳利度

這個小節會綜合「13-1、顯示圖片的三種方法」、「12-3、QPainter 繪圖（儲存圖片）」以及「10-4、視窗中開啟新視窗」等文章範例，實際製作點一個可以開啟圖片，並且透過滑桿調整圖片亮度對比、飽和度與銳利度，完成後後儲存圖片為 JPG 或 PNG 的應用。

安裝 Pillow

輸入下列指令安裝 Pillow，根據個人環境使用 pip 或 pip3，如果使用 Anaconda Jupyter，已經內建 Pillow 函式庫。

```
pip install Pillow
```

介面設計

這個範例的介面設計，需要在畫面左側放入顯示圖片的「畫布」，畫面右側放入對應的「按鈕」以及調整「滑桿」，參考 4-1、QLabel 標籤、4-2、QPushButton 按鈕 和 6-4、QSlider 數值調整滑桿 三篇範例教學，將對應的元件放入畫面中。

- 函式庫需要 QtGui、QtCore 和 PIL。
- 下方程式碼先註解 connect 會需要用到的函式（先聚焦在介面設計），避免執行時發生錯誤。

```python
# 將 PyQt6 換成 PyQt5 就能改用 PyQt5
from PyQt6 import QtWidgets
from PyQt6.QtGui import *
from PyQt6.QtCore import *
import sys
from PIL import Image, ImageQt, ImageEnhance

class MyWidget(QtWidgets.QWidget):
    def __init__(self):
        super().__init__()
        self.setWindowTitle('oxxo.studio')
        self.resize(540, 360)
        self.setUpdatesEnabled(True)
        self.img = False     # 建立一個變數儲存圖片
        self.ui()
        self.adjustUi()

    # 主要按鈕和文字標籤
    def ui(self):
```

```
        self.canvas = QPixmap(360,360)          # 建立畫布元件
        self.canvas.fill(QColor('#ffffff'))     # 預設填滿白色
        self.label = QtWidgets.QLabel(self)     # 建立 QLabel 元件，作為顯示圖片使用
        self.label.setGeometry(0, 0, 360, 360)  # 設定位置和尺寸
        self.label.setPixmap(self.canvas)       # 放入畫布元件

        self.mbox = QtWidgets.QMessageBox(self)        # 建立對話視窗元件

        self.btn_open = QtWidgets.QPushButton(self)    # 開啟圖片按鈕
        self.btn_open.setText('開啟圖片')
        self.btn_open.setGeometry(400, 10, 100, 30)
        # self.btn_open.clicked.connect(self.newFile)

        self.btn_save = QtWidgets.QPushButton(self)    # 另存圖片按鈕
        self.btn_save.setText('另存圖片')
        self.btn_save.setGeometry(400, 40, 100, 30)
        # self.btn_save.clicked.connect(self.saveFile)

        self.btn_reset = QtWidgets.QPushButton(self)   # 重設數值按鈕
        self.btn_reset.setText('重設數值')
        self.btn_reset.setGeometry(400, 290, 100, 30)
        # self.btn_reset.clicked.connect(self.resetVal)

        self.btn_close = QtWidgets.QPushButton(self)   # 關閉視窗按鈕
        self.btn_close.setText('關閉')
        self.btn_close.setGeometry(400, 320, 100, 30)
        # self.btn_close.clicked.connect(self.closeFile)

    # 調整數值拉霸
    def adjustUi(self):
        self.label_adj_1 = QtWidgets.QLabel(self)      # 調整亮度說明文字
        self.label_adj_1.setGeometry(400, 80, 100, 30)
        self.label_adj_1.setText('調整亮度')
        self.label_adj_1.setAlignment(Qt.AlignmentFlag.AlignCenter)

        self.label_val_1 = QtWidgets.QLabel(self)      # 調整亮度數值
        self.label_val_1.setGeometry(500, 100, 40, 30)
        self.label_val_1.setText('0')
        self.label_val_1.setAlignment(Qt.AlignmentFlag.AlignCenter)

        self.slider_1 = QtWidgets.QSlider(self)        # 調整亮度滑桿
        self.slider_1.setOrientation(Qt.Orientation.Horizontal)
        self.slider_1.setGeometry(400,100,100,30)
```

```
self.slider_1.setRange(-100, 100)
self.slider_1.setValue(0)
# self.slider_1.valueChanged.connect(self.showImage)

self.label_adj_2 = QtWidgets.QLabel(self)        # 調整對比說明文字
self.label_adj_2.setGeometry(400, 130, 100, 30)
self.label_adj_2.setText(' 調整對比 ')
self.label_adj_2.setAlignment(Qt.AlignmentFlag.AlignCenter)

self.label_val_2 = QtWidgets.QLabel(self)        # 調整對比數值
self.label_val_2.setGeometry(500, 150, 40, 30)
self.label_val_2.setText('0')
self.label_val_2.setAlignment(Qt.AlignmentFlag.AlignCenter)

self.slider_2 = QtWidgets.QSlider(self)          # 調整對比滑桿
self.slider_2.setOrientation(Qt.Orientation.Horizontal)
self.slider_2.setGeometry(400,150,100,30)
self.slider_2.setRange(-100, 100)
self.slider_2.setValue(0)
# self.slider_2.valueChanged.connect(self.showImage)

self.label_adj_3 = QtWidgets.QLabel(self)        # 調整飽和度說明文字
self.label_adj_3.setGeometry(400, 180, 100, 30)
self.label_adj_3.setText(' 調整飽和度 ')
self.label_adj_3.setAlignment(Qt.AlignmentFlag.AlignCenter)

self.label_val_3 = QtWidgets.QLabel(self)        # 調整飽和度數值
self.label_val_3.setGeometry(500, 200, 40, 30)
self.label_val_3.setText('0')
self.label_val_3.setAlignment(Qt.AlignmentFlag.AlignCenter)

self.slider_3 = QtWidgets.QSlider(self)          # 調整飽和度滑桿
self.slider_3.setOrientation(Qt.Orientation.Horizontal)
self.slider_3.setGeometry(400,200,100,30)
self.slider_3.setRange(-100, 100)
self.slider_3.setValue(0)
# self.slider_3.valueChanged.connect(self.showImage)

self.label_adj_4 = QtWidgets.QLabel(self)        # 調整銳利度說明文字
self.label_adj_4.setGeometry(400, 230, 100, 30)
self.label_adj_4.setText(' 調整銳利度 ')
self.label_adj_4.setAlignment(Qt.AlignmentFlag.AlignCenter)
```

```
        self.label_val_4 = QtWidgets.QLabel(self)        # 調整銳利度數值
        self.label_val_4.setGeometry(500, 250, 40, 30)
        self.label_val_4.setText('0')
        # self.label_val_4.setAlignment(Qt.AlignmentFlag.AlignCenter)

        self.slider_4 = QtWidgets.QSlider(self)        # 調整銳利度滑桿
        self.slider_4.setOrientation(Qt.Orientation.Horizontal)
        self.slider_4.setGeometry(400,250,100,30)
        self.slider_4.setRange(-100, 100)
        self.slider_4.setValue(0)
        # self.slider_4.valueChanged.connect(self.showImage)

if __name__ == '__main__':
    app = QtWidgets.QApplication(sys.argv)
    Form = MyWidget()
    Form.show()
    sys.exit(app.exec())
```

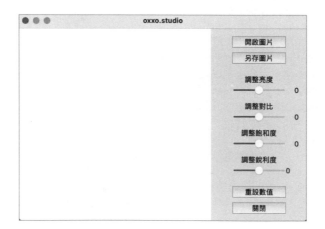

開啟圖片

在 class MyWidget 裡加入 newFile 和 closeFile 兩個新方法（函式），對應到點擊開啟圖片和關閉的按鈕，當使用者點擊關閉按鈕時（解除 connect 註解），會彈出對話視窗詢問是否關閉，當點擊開啟圖片時（解除 connect 註解），會彈出選擇檔案的視窗，選擇檔案後，會透過 Pillow 的 Image 方法開啟圖片，再藉由 ImageQt.toqimage 轉換成 Qpixmap 的格式顯示在畫布中。

```
# 開新圖片
def newFile(self):
    global output       # 建立一個全域變數，在不同視窗之間傳遞圖片資訊
    filePath , filetype = QtWidgets.QFileDialog.
getOpenFileName(filter='IMAGE(*.jpg *.png *.gif)')
    if filePath:
        # 如果選擇檔案，彈出視窗詢問是否開啟
        ret = self.mbox.question(self, 'question', '確定開新檔案？')
        # 如果確定開啟
        if ret == self.mbox.StandardButton.Yes:
            self.img = Image.open(filePath)              # 使用 Pillow Image 開啟
            output = self.img                            # 紀錄圖片資訊
            qimg = ImageQt.toqimage(self.img)            # 轉換成 Qpixmap 格式
            self.canvas = QPixmap(360,360).fromImage(qimg) # 顯示在畫布中
            self.label.setPixmap(self.canvas)            # 重設畫布內容
            self.update()                                # 更新視窗
        else:
            return

# 關閉
def closeFile(self):
    ret = self.mbox.question(self, 'question', '確定關閉視窗？')
    if ret == self.mbox.StandardButton.Yes:
        app.quit()                  # 如果點擊 yes，關閉視窗
    else:
        return
```

🔗 調整圖片亮度對比、飽和度、銳利度

接著在 class MyWidget 裡加入 resetVal 和 showImage 兩個新方法（函式），resetVal 對應到重設按鈕（解除 connect 註解），showImage 拖拉調整滑桿時的程式，當中透過 ImageEnhance.Brightness 調整亮度，ImageEnhance.Contrast 調整對比，ImageEnhance.Color 調整飽和度，ImageEnhance.Sharpnes 調整銳利度。

```python
# 重設
def resetVal(self):
    self.slider_1.setValue(0)          # 滑桿預設值 0
    self.slider_2.setValue(0)          # 滑桿預設值 0
    self.slider_3.setValue(0)          # 滑桿預設值 0
    self.slider_4.setValue(0)          # 滑桿預設值 0
    self.label_val_1.setText('0')      # 滑桿數值顯示 0
    self.label_val_2.setText('0')      # 滑桿數值顯示 0
    self.label_val_3.setText('0')      # 滑桿數值顯示 0
    self.label_val_4.setText('0')      # 滑桿數值顯示 0
    qimg = ImageQt.toqimage(self.img)                  # 圖片顯示 self.img 內容
    self.canvas = QPixmap(360,360).fromImage(qimg)     # 更新畫布內容
    self.label.setPixmap(self.canvas)                  # 重設畫布
    self.update()                                      # 更新視窗

# 調整並顯示圖片
def showImage(self):
    global output
    # 如果已經開啟圖片
    if self.img != False:
        val1 = self.slider_1.value()        # 取得滑桿數值
        val2 = self.slider_2.value()        # 取得滑桿數值
        val3 = self.slider_3.value()        # 取得滑桿數值
        val4 = self.slider_4.value()        # 取得滑桿數值
        self.label_val_1.setText(str(val1)) # 顯示滑桿數值
        self.label_val_2.setText(str(val2)) # 顯示滑桿數值
        self.label_val_3.setText(str(val3)) # 顯示滑桿數值
        self.label_val_4.setText(str(val4)) # 顯示滑桿數值
        output = self.img.copy()            # 複製 img 圖片（避免更動原始圖片）
        brightness = ImageEnhance.Brightness(output)     # 調整亮度
        output = brightness.enhance(1+int(val1)/100)# 讀取滑桿數值並轉換成調整的數值
        contrast = ImageEnhance.Contrast(output)         # 調整對比
        output = contrast.enhance(1+int(val2)/100)# 讀取滑桿數值並轉換成調整的數值
```

```
    color = ImageEnhance.Color(output)          # 調整飽和度
    output = color.enhance(1+int(val3)/100)    # 讀取滑桿數值並轉換成調整的數值
    sharpness = ImageEnhance.Sharpness(output)  # 調整銳利度
    output = sharpness.enhance(1+int(val4)/10) # 讀取滑桿數值並轉換成調整的數值

    qimg = ImageQt.toqimage(output)             # 圖片顯示 self.img 內容
    self.canvas = QPixmap(360,360).fromImage(qimg)  # 更新畫布內容
    self.label.setPixmap(self.canvas)           # 重設畫布
    self.update()                               # 更新視窗
```

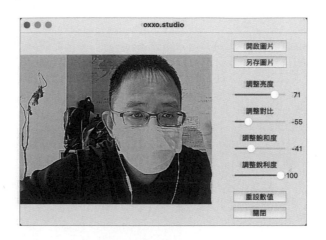

🔗 開新視窗，設定另存圖片格式

在 class MyWidget 裡加入 saveFile 新方法（函式），對應到點擊另存圖片按鈕，當使用者點擊另存圖片按鈕時（解除 connect 註解），會開啟新的視窗。

```
def saveFile(self):
    self.nw = saveWindow()       # 連接新視窗
    self.nw.show()               # 顯示新視窗
```

在程式中新增另外一個名為 saveWindow 的 class 負責新視窗的顯示，開啟新視窗後，可以選擇儲存的格式和尺寸，按下確認後彈出對話視窗，選擇 yes 就會另存圖片。

```python
class saveWindow(QtWidgets.QWidget):
    def __init__(self):
        super().__init__()
        self.setWindowTitle(' 選擇存檔格式 ')              # 新視窗標題
        self.resize(300, 180)                            # 新視窗尺寸
        self.ui()

    def ui(self):
        self.label_size = QtWidgets.QLabel(self)          # 顯示尺寸縮放比例説明文字
        self.label_size.setGeometry(15, 10, 80, 30)
        self.label_size.setText(' 尺寸改變 ')

        self.imgsize =100                                 # 預設圖片尺寸縮放比例

        self.box_size = QtWidgets.QSpinBox(self)          # 尺寸縮放調整元件
        self.box_size.setGeometry(15, 40, 60, 30)
        self.box_size.setRange(0,200)
        self.box_size.setValue(self.imgsize)
        self.box_size.valueChanged.connect(self.changeSize)# 串連調整函式

        self.label_format = QtWidgets.QLabel(self)        # 存檔格式説明文字
        self.label_format.setGeometry(100, 10, 100, 30)
        self.label_format.setText(' 儲存格式 ')

        self.format = 'JPG'                               # 預設格式

        self.box_format  = QtWidgets.QComboBox(self)      # 下拉選單元件
        self.box_format.addItems(['JPG','PNG'])           # 兩個選項
        self.box_format.setGeometry(90,40,100,30)
        self.box_format.currentIndexChanged.connect(self.changeFormat)
                                                          # 串連改變時的程式

        self.label_jpg = QtWidgets.QLabel(self)           # 壓縮品質説明文字
        self.label_jpg.setGeometry(100, 70, 100, 30)
        self.label_jpg.setText('JPG 壓縮品質 ')

        self.val = 75                                     # 預設 JPG 壓縮品質

        self.label_jpg_val = QtWidgets.QLabel(self)       # 壓縮品質數值
        self.label_jpg_val.setGeometry(190, 100, 100, 30)
        self.label_jpg_val.setText(str(self.val))

        self.slider = QtWidgets.QSlider(self)             # 壓縮品質調整滑桿
```

```
        self.slider.setOrientation(Qt.Orientation.Horizontal)      # 水平顯示
        self.slider.setGeometry(100,100,80,30)
        self.slider.setRange(0, 100)                    # 數值範圍
        self.slider.setValue(self.val)                  # 預設值
        self.slider.valueChanged.connect(self.changeVal)  # 串連改變時的函式

        self.btn_ok = QtWidgets.QPushButton(self)       # 確定儲存按鈕
        self.btn_ok.setText(' 確定儲存 ')
        self.btn_ok.setGeometry(200, 10, 90, 30)
        self.btn_ok.clicked.connect(self.saveImage)     # 串連儲存函式

        self.btn_cancel = QtWidgets.QPushButton(self)   # 取消儲存按鈕
        self.btn_cancel.setText(' 取消 ')
        self.btn_cancel.setGeometry(200, 40, 90, 30)
        self.btn_cancel.clicked.connect(self.closeWindow)  # 串連關閉視窗函式

    # 改變尺寸
    def changeSize(self):
        self.imgsize = self.box_size.value()            # 取得改變的數值

    # 改變格式
    def changeFormat(self):
        self.format = self.box_format.currentText()     # 顯示目前格式
        if self.format == 'JPG':
            self.label_jpg.setDisabled(False)           # 如果是 JPG，啟用 JPG 壓縮
                                                        #   品質調整相關元件
            self.label_jpg_val.setDisabled(False)
            self.slider.setDisabled(False)
        else:
            self.label_jpg.setDisabled(True)            # 如果是 JPG，停用 JPG 壓縮品
                                                        #   質調整相關元件
            self.label_jpg_val.setDisabled(True)
            self.slider.setDisabled(True)

    # 改變數值
    def changeVal(self):
        self.val = self.slider.value()                  # 取得滑桿數值
        self.label_jpg_val.setText(str(self.slider.value()))

    # 存檔
    def saveImage(self):
        global output
        if self.format == 'JPG':
```

```
                filePath, filterType = QtWidgets.QFileDialog.
getSaveFileName(filter='JPG(*.jpg)')
            if filePath:
                nw = int ( output.size[0] * self.imgsize/100 )  # 根據縮放比例調整
                                                                   大小
                nh = int ( output.size[1] * self.imgsize/100 )
                img2 = output.resize((nw, nh))                    # 調整大小
                img2.save(filePath, quality=self.val, subsampling=0) # JPG 存檔
                self.close()
        else:
                filePath, filterType = QtWidgets.QFileDialog.
getSaveFileName(filter='PNG(*.png)')
            if filePath:
                nw = int ( output.size[0] * self.imgsize/100 )   # 根據縮放比例調
                                                                   整大小
                nh = int ( output.size[1] * self.imgsize/100 )
                img2 = output.resize((nw, nh))                    # 調整大小
                img2.save(filePath, 'png')                        # PNG 存檔
                self.close()

    def closeWindow(self):
        self.close()
```

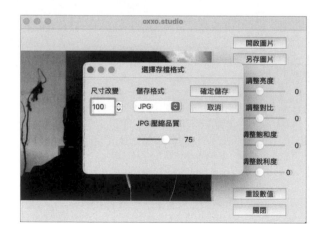

完整程式碼

- PyQt5：ch14/code17_5.py
- PyQt5（class 寫法）：ch14/code17_5_class.py
- PyQt6：ch14/code17_6.py
- PyQt6（class 寫法）：ch14/code17_6_class.py

小結

　　這個章節所整理的十個常見應用，能夠充分活用本書所介紹的 PyQt 元件與方法，畢竟學習 PyQt 的主要目的就是開發介面，活用所學到的程式碼，就能開發出更多有趣又實用的應用程式。

附錄

前 言

只要熟悉了 PyQt 的用法，就能輕鬆設計出許多應用程式介面，雖然 PyQt 有自己的元件和方法，但是整體的操作仍然構築在 Python 的基礎上，透過最後的附錄整理的網址，列出本書會使用到的一些相關語法，掌握這些程式語法後，就能更清楚 PyQt5 和 PyQt6 的開發技巧，以及認識如何將 PyQt 產生的介面，打包成 MacOS app 或 Windows 執行檔的方法。

A-1 使用 **py2app** 製作 **MacOS app**

使用 py2app 製作 MacOS 應用程式時，會將所有安裝的函式庫一併打包，因此請使用虛擬環境，控制打包的內容只有「使用到的函式庫」，避免產生的應用程式過於龐大且可能會有互相干擾的狀況，使用虛擬環境請參考下面兩篇文章：

- Anaconda Jupyter：https://steam.oxxostudio.tw/category/python/ai/ai-mediapipe.html#a2
- Python 本機環境：https://steam.oxxostudio.tw/category/python/info/virtualenv.html

進入虛擬環境後，建議使用下方指令將 pip 升級到最新版，避免產生的 app 因為 pip 版本不同而無法執行的狀況。

- pip install --upgrade pip

升級 pip 之後，安裝要打包的 Python 檔案裡所有需要用到的函式庫，輸入下列指令，安裝 py2app 函式庫 (在虛擬環境底下)。

- pip install py2app

安裝後，建立一個 Python 檔案 (範例為 test.py)，在終端機中輸入下列指令，建立生成 app 執行檔的設定檔 setup.py。

- py2applet --make-setup test.py

在終端機輸入下列指令，執行後就根據設定檔，產生 MacOS 應用程式。

- python setup.py py2app

打包過程完成後 (最後出現 done 文字)，會產生 build 和 dist 兩個資料夾，build 資料夾內容為打包過程中所需要的檔案，dist 資料夾內容就是最後產生的 MacOS 應用程式，進入 dist 資料夾，就可以執行應用程式。

透過 py2app 就可以透過 Python 開發桌面的應用程式，但由於作業系統彼此可能不相容的問題，建議如果透過這種方式開發應用程式，還是要在不同的作業系統進行測試，或透過不同的作業系統開發對應的版本。

A-2 使用 PyInstaller 製作 Windows 執行檔

使用 PyInstaller 可以將使用 PyQt6 生成的界面程序打包成 Windows 執行檔 (.exe)，與附錄 1 所提到的 MacOS app 打包函式類似，如果要將程式打包成執行檔，建議都使用虛擬環境的方式，避免函式庫互相影響。

首先使用下列命令安裝 PyInstaller：

- pip install pyinstaller

- pip install pyinstaller

安裝後，建立一個 Python 檔案 (範例為 test.py)，在命令提示字元輸入下列指令，建立生成 exe 執行檔。

- pyinstaller --onefile test.py

執行命令後，PyInstaller 會產生成一個 dist 資料夾，資料夾裡會包含打包後的應用程式檔案。

透過 pyinstaller 就可以透過 Python 開發 Windows 的應用程式，和 MacOS 的打包結果相同，因為作業系統可能存在彼此不相容的問題，建議如果透過這種方式開發應用程式，仍然也要在不同的作業系統進行測試，或透過不同的作業系統開發對應的版本。

A-3 Python 基本資料型別

● 變　數 variable：https://steam.oxxostudio.tw/category/python/basic/variable.html

● 數　字 number：https://steam.oxxostudio.tw/category/python/basic/number.html

● 文字與字串 string：https://steam.oxxostudio.tw/category/python/basic/string.html

● 串列 list：https://steam.oxxostudio.tw/category/python/basic/list.html

● 字　典 dictionary：https://steam.oxxostudio.tw/category/python/basic/dictionary.html

● 元組（數組）tuple：https://steam.oxxostudio.tw/category/python/basic/tuple.html

● 集合 set：https://steam.oxxostudio.tw/category/python/basic/set.html

A-4 Python 重要的基本語法

- 縮排和註解：https://steam.oxxostudio.tw/category/python/basic/ident.html

- 邏輯判斷：https://steam.oxxostudio.tw/category/python/basic/if.html

- 重複迴圈：https://steam.oxxostudio.tw/category/python/basic/loop.html

- 函式 function：https://steam.oxxostudio.tw/category/python/basic/function.html

A-5 學習 PyQt 一定要會的物件類別 class

- 類別 class：https://steam.oxxostudio.tw/category/python/basic/class.html